电站W火焰锅炉燃烧系统改造与优化调整

贵州电网有限责任公司　组编

中国水利水电出版社

www.waterpub.com.cn

·北京·

内 容 提 要

本书介绍了电站 W 火焰锅炉燃烧技术。全书共 5 章，包括电站 W 火焰锅炉、电站锅炉燃烧数值模拟、煤燃烧特性的实验室研究、超临界 W 火焰锅炉壁温控制与调整、W 火焰锅炉燃烧系统改造与优化调整。

本书主要内容是对编者所从事的燃烧系统改造与优化调整实际工作的总结，涵盖了国内主要类型的 W 火焰锅炉。本书可供火电厂及从事锅炉试验研究、运行、设计制造等方面的工程技术人员阅读参考。

图书在版编目（CIP）数据

电站W火焰锅炉燃烧系统改造与优化调整 / 贵州电网
有限责任公司组编. -- 北京 ： 中国水利水电出版社，
2020.12
　ISBN 978-7-5170-9296-4

　Ⅰ．①电… Ⅱ．①贵… Ⅲ．①W型火焰锅炉－锅炉改
造 Ⅳ．①TK229.6

中国版本图书馆CIP数据核字（2020）第266030号

书　　名	**电站 W 火焰锅炉燃烧系统改造与优化调整** DIANZHAN W HUOYAN GUOLU RANSHAO XITONG GAIZAO YU YOUHUA TIAOZHENG
作　　者	贵州电网有限责任公司　组编
出版发行	中国水利水电出版社 （北京市海淀区玉渊潭南路 1 号 D 座　100038） 网址：www. waterpub. com. cn E-mail：sales@waterpub. com. cn 电话：（010）68367658（营销中心）
经　　售	北京科水图书销售中心（零售） 电话：（010）88383994、63202643、68545874 全国各地新华书店和相关出版物销售网点
排　　版	中国水利水电出版社微机排版中心
印　　刷	清淞永业（天津）印刷有限公司
规　　格	184mm×260mm　16 开本　13.75 印张　335 千字
版　　次	2020 年 12 月第 1 版　2020 年 12 月第 1 次印刷
印　　数	0001—1500 册
定　　价	**68.00 元**

本书编委会

主　编　石　践

参编人员　黄锡兵　周　科　席光辉　罗小鹏
　　　　　赵志军　陈玉忠

前言
QIANYAN

我国一次能源结构以煤为主，全国发电量中燃煤发电量所占比重也最大，并且这种情况短期内难以得到根本性的改变。我国的煤炭资源中有相当比例的低挥发分煤，想要高效利用，以目前技术水平，唯有发电一条途径。而W火焰锅炉就是电站燃用低挥发分煤的主要设备之一，在我国得到了广泛的应用和很大的发展。经过多年的引进、消化、吸收，经过不断研究、改进和创新，在业界不懈的努力下，我国W火焰锅炉技术得到了长足的进步，但同时也还存在很多不足，面临许多新的挑战。

本书是对贵州电网有限责任公司电力科学研究院锅炉专业近年来在W火焰锅炉燃烧技术试验研究工作上的一个全面总结，对三种主要类型的W火焰锅炉燃烧系统的改造和优化调整工作进行了详尽的介绍，同时也对低质量流速超临界W火焰直流锅炉受热面壁温控制与调整的相关内容进行了介绍，具有很高的实用价值，可以供相关研究人员和运行人员参考。

本书由石践主编。其中石践编写了第1章、第5章的大部分内容，席光辉编写了第2章，周科编写了第3章，罗小鹏编写了第4章和第5章5.1.3、5.1.4节，赵志军编写了第5章5.3.2节和第1章1.4.4节，陈玉忠第5章5.3.1节，黄锡兵编写了第1章1.1节。本书在编写过程中得到了贵州电网有限责任公司电力科学研究院锅炉所全体技术人员，以及华中科技大学等研究合作单位和贵州省内相关电厂技术人员的大力支持，在此深表感谢！此外，本书还得到了贵州省高层次创新人才培养计划（黔科合平台人才〔2016〕5665）的支持。

由于时间水平所限，书中错误和缺点难免，欢迎批评指正。

编者

2020 年 5 月

目 录
MULU

第1章 电站 W 火焰锅炉

1.1 电站锅炉及其分类

1.1.1 电站锅炉及其主要设备和系统

锅炉是火力发电厂中发电的三大主机之一，对火力发电厂的安全性、经济性和可靠性都有着重要的影响。如图1-1所示，在常规火力发电厂中，锅炉的作用是使燃料燃烧放热，并将热量传给工质，以产生一定压力和温度的蒸汽。然后锅炉产生的蒸汽被引入汽轮机膨胀做功，推动汽轮机的转子旋转，进而带动发电机发出电能，然后将电能升压后送到电网，再由电网送到用户。

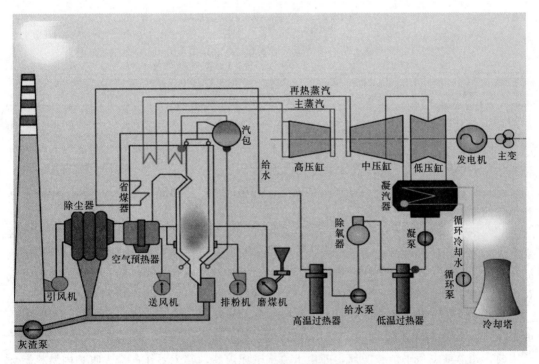

图1-1 火力发电厂生产流程示意图

如图1-2所示，整个锅炉由锅炉本体和其他的辅助设施构成，锅炉本体设备是锅炉设备的主要部分，主要涉及"锅内"和"炉内"两大过程。其中锅内过程是指高压的锅炉给水在流过由金属管道构成汽水系统的过程中逐步被加热成高温、高压蒸汽的过程；炉内过程是指燃料和空气在锅炉在流动、混合、燃烧生成高温烟气，释放热量并传递给汽水系统中的工作介质，然后排出锅炉的过程。

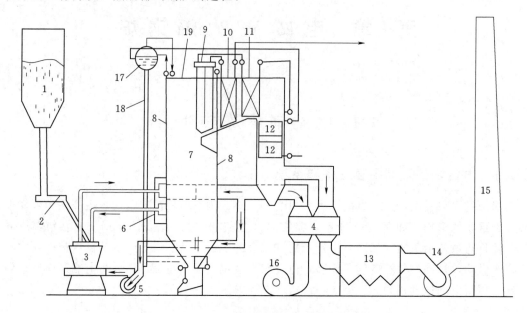

图 1-2　锅炉主要设备和系统构成

1—原煤仓；2—给煤机；3—磨煤机；4—空气预热器；5—排粉风机；6—燃烧器；7—炉膛；8—水冷壁；
9—屏式过热器；10—高温过热器；11—低温过热器；12—省煤器；13—除尘器；14—引风机；
15—烟囱；16—送风机；17—汽包；18—下降管；19—顶棚过热器

1. 汽水系统

吸收燃料放出的热量，使水蒸发并最后变成具有一定参数的过热蒸汽，供汽轮机用汽。它一般由省煤器、汽包、下降管、水冷壁、过热器、再热器、汽（水）联箱与导管等组成。其各部分的主要功能如下：

（1）省煤器。位于锅炉尾部垂直烟道中，利用排烟余热加热给水，降低排烟温度，提高锅炉效率，节约燃料。

（2）汽包。位于锅炉顶部，是一个圆筒形的承压容器，其下部是水，上部是汽，它接受省煤器的来水。同时汽包与下降管、水冷壁下联箱、水冷壁、水冷壁上联箱等共同组成循环回路，水在水冷壁中吸热生成的饱和汽水混合物也汇集于汽包，饱和汽水混合物经汽包内的分离器，分离出的饱和蒸汽供给过热器继续加热。

（3）下降管。是水冷壁的供水管，其作用是把汽包中的水引入下联箱再分配到各水冷壁管。

（4）水冷壁。位于炉膛四周，即由水冷壁围成炉膛，其主要任务是吸收炉内燃料燃烧释放出的辐射热，使水冷壁管内的水受热蒸发，它是近代锅炉的主要蒸发受热面。

（5）过热器。主要布置在锅炉的水平烟道和尾部垂直烟道中，其作用是利用锅炉内的高温烟气将汽包来的饱和蒸汽加热成为具有一定温度的过热蒸汽。

（6）再热器。主要布置在锅炉的水平烟道和尾部垂直烟道中，其作用是利用锅炉内的高温烟气将汽轮机中作过部分功的蒸汽再次进行加热升温，然后再送往汽轮机中继续做功。

（7）汽（水）联箱与导管。是直径较粗的管子，用以联络上述汽水系统的主要部件，并起到汇集、混合、分配工质的作用。

2．风、烟、燃烧系统

燃烧系统的任务是使燃料在炉内良好地燃烧，放出热量，它由炉膛、燃烧器、空气预热器和风、烟道等组成。其各部分的主要功能如下：

（1）炉膛。是一个由水冷壁围成的供燃料燃烧的空间，燃料在该空间内呈悬浮状燃烧，炉膛外侧的水冷壁用保温材料进行保温。

（2）燃烧器。位于炉膛墙壁上，其作用是把燃料和空气以一定速度喷入炉内，使其在炉内能进行良好的混合，以保证燃料适时、稳定地着火并迅速接近完全地燃烧。

（3）空气预热器。位于锅炉尾部烟道中，其作用是利用烟气余热来加热空气，空气经预热后再送入炉膛和燃料制备系统，对于燃料的燃烧、制备和输送都是有利的。

（4）风、烟道。起到输送和分配空气和烟气的作用。

3．其他锅炉本体设备

此外，锅炉本体设备还有炉墙和构架。炉墙用于构成封闭的炉膛和烟道，以保证锅炉的燃烧过程和传热过程正常进行。构架用来支承或悬吊汽包、锅炉受热面、炉墙等全部锅炉构件。

4．其他辅助设备和系统

（1）通风设备。提供燃料燃烧和制粉所需的空气以及把燃料燃烧生成的烟气排出炉外。它包括送风机、引风机、烟风道、烟囱等。

（2）输煤设备。其作用是将进入发电厂的煤或厂内储煤场的煤运送到锅炉房中的原煤斗。它包括卸煤设备、受煤设备、煤场机械、输煤皮带、煤中杂物清除设备、碎煤机、给（配）煤设备、煤量计量设备等。在现代发电厂中，输煤设备是由专门的燃运车间（或部门）管理的。

（3）制粉系统设备。其任务是将煤干燥并制成合格的煤粉，送入炉内燃烧。制粉系统的型式有多种，不同型式的制粉系统其设备有所不同。如传统的配球磨机中间储仓式制粉系统，制粉设备主要由原煤仓、给煤机、磨煤机、粗粉分离器、细粉分离器、排粉风机、锁气器、木块分离器、输粉风管等设备组成；现代大型煤粉锅炉广泛应用的配中速磨直吹式制粉系统，制粉设备主要由原煤仓、给煤机、磨煤机（含粗粉分离器）、一次风机、密封风机、输粉风管等设备组成。

（4）给水设备。其任务是保证不断地向锅炉供应给水，它包括给水泵、给水管道和阀门等。由于给水泵位于汽机房内，故通常将给水泵及一部分给水管道划归汽机车间管理。

（5）烟气处理设备。烟气处理设备（脱硝设备、除尘器、脱硫设备）的作用是消除烟气中绝大部分的氮氧化物、飞灰和硫氧化物，以减轻烟气对环境的污染和对引风机的磨损。其中脱硝设备、脱硫设备的工艺系统比较复杂，拥有的设备众多。

（6）灰渣设备。灰渣设备是用来清除炉膛下部积聚的灰渣和由除尘器分离出来的飞灰，并将其送往渣仓、储灰库或储灰场等。

（7）锅炉附件。锅炉附件包括安全门、水位计、吹灰器、热工仪表、自动控制装置等。安全门用来控制锅炉蒸汽压力不超压，以确保锅炉和汽轮机工作的安全；水位计用来监视汽包等容器的水位；吹灰器用来清除锅炉受热面的积灰，以保持受热面清洁；热工仪表用来监视锅炉的热工参数；自动控制装置用来自动控制和调节锅炉的运行情况等。热工仪表和自动控制装置由专门的热工车间管理。

为了保证锅炉本体设备安全、可靠、经济、环保地运行，上述各种辅助设备及附件都是必不可少的。

1.1.2　电站锅炉的基本类型

1. 按蒸发受热面循环方式分类

电站锅炉按蒸发受热面循环方式主要分为自然循环锅炉、强制循环锅炉、直流锅炉三种。

自然循环锅炉特点是：蒸发受热面内的工质依靠下降管内水与上升管段内的汽水混合物的密度差所产生的压力差进行循环。受热面内工质压力等级越低，循环动力越大，运行越可靠，最高可应用到亚临界锅炉。水循环示意图如图1-3（a）所示。

根据热力学蒸汽循环理论，蒸汽压力、温度升高将提高机组的热经济性，因而现代锅炉压力、温度等级也越来越高。随着压力等级的升高。自然循环锅炉下降管和上升管之间的密度差逐渐缩小，容易发生水循环不良，如膜态沸腾等现象，这时管子内壁面的连续水膜被破坏，使水冷壁冷

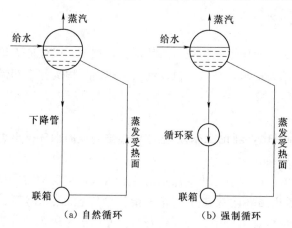

图 1-3　锅炉蒸发受热面循环示意图

却能力急剧下降，从而导致传热恶化，引起管壁超温。为防止自然循环锅炉膜态沸腾等传热恶化现象，除了采取诸如内螺纹水冷壁管、大管径水冷壁管、控制水质、防止内壁结垢、控制变负荷时压力变化速度等措施外，保证管内工质足够的质量流速、增加循环动力是最有效的方法，并且当压力较高时，汽水密度差下降，水循环动力减弱且汽包的汽水分离困难，于是有了强制循环锅炉。而强制循环锅炉特点是：借助循环泵增大下降管和上升管段的循环动力，保证水冷壁管的足够冷却。水循环示意图见图1-3（b）。

配备了循环泵的强制循环锅炉水冷壁内工质流速加快，在变负荷过程中各受热面受热更加均匀，能加快启炉和停炉的时间，不易因负荷变动大导致水冷壁受热不均产生拉裂等问题。

但当水冷壁内工质压力接近或超过临界压力（22.12MPa）时，汽水混合物密度几乎一样，汽水系统分离难以实现，只能采用直流锅炉（图1-4）。虽然亚临界锅炉也可以采用直流锅炉，但目前大多数还是达到超临界参数以后才采用直流锅炉。

相对自然循环和强制循环锅炉，直流炉最大的区别就是取消了汽包。在给水泵压头的作用下，给水在水冷壁内受热变成蒸汽后直接进入过热器。为了在启动过程中保护水冷壁并回收工质，直流锅炉配有专门的启动系统，以便启动时及很低负荷时有足够的水量通过蒸发受热面，保护水冷壁不被烧坏。

直流锅炉水容积和蓄热能力相对较小，负荷变动响应迅速。由于没有自补偿能力（或能力较弱），直流锅炉不同水冷壁管间出现流量偏差和热偏差，危及锅炉安全，需要采取专门的措施进行防控。

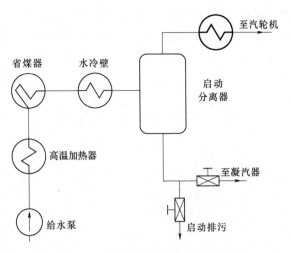

图 1-4　直流锅炉水汽系统示意图

锅炉压力的变化是出现不同循环方式锅炉的主要原因。而单纯以压力大小的变化又可以将锅炉分为低压锅炉（压力小于 2.5MPa）、中压锅炉（2.94～4.90MPa）、高压锅炉（7.8～13.8MPa）、超高压锅炉（13.8～16.7MPa）、亚临界锅炉（16.7～22.1MPa）、超临界锅炉（主蒸汽压力大于 22.12MPa）和超超临界锅炉（主蒸汽压力大于 26.0MPa）等。实际上，提高蒸汽参数与发展大容量机组是提高常规火电厂效率及降低单位容量造价最有效的途径。与同容量的亚临界机组相比，理论上采用超临界机组可提高效率 2%～2.5%，采用超超临界机组可提高效率 4%～5%。

2. 按燃烧方式分类

按燃烧方式的不同，电站锅炉主要分为四角切圆燃烧锅炉、前后墙对冲燃烧锅炉、W火焰锅炉和循环流化床锅炉四种。

（1）四角切圆燃烧锅炉。如图 1-5 所示，四角切圆燃烧锅炉采用直流燃烧器，布置在炉膛的四角或接近四角的位置，四个燃烧器的几何轴线与炉膛中心形成一个或两个假想的切圆。它的特点是：切圆燃烧炉膛内各燃烧器射流之间的相互作用对炉内燃烧有重要影响，某一角燃烧器煤粉气流着火所需热量，除依靠本身烟气卷吸外，还来自上游邻角煤粉火焰的加热。切圆燃烧方式由于着火条件好，煤种适应性强，燃烧后期气流扰动强有利于煤粉燃尽等优点而得到广泛应用。但在炉膛内燃烧器喷出的煤粉气流会出现一定程度的偏斜，偏斜严重时，会导致煤粉气流刷墙，造成水冷壁结渣，影响锅炉安全运行。

（2）前后墙对冲燃烧锅炉。如图 1-6 所示，前后墙对冲燃烧锅炉燃烧器布置于炉膛前后墙，前后墙火焰气流在炉膛中央相互撞击后，气流大部分向炉膛上方运动，少部分气流向下冲到冷灰斗，在炉膛内形成对称的 L 形火焰。它的特点是：启动方便、煤种适应性强，具有良好的抗结焦抗高温腐蚀特性、燃烧稳定、NO_x 排放量低和不受机组容量限制等优点，它既可以用于燃烧优质烟煤的锅炉，也可用于燃烧贫煤、劣质烟煤等一系列燃料的锅炉。对冲燃烧能够使能量输入沿炉膛宽度方向均匀分布，随着锅炉容量的增加，一般只需调整炉膛宽度来增加炉膛断面。但如对冲的两个燃烧器负荷不对称，炉内高温火焰将向负荷低一侧偏斜,导致水冷壁结渣。而且在低负荷或切换磨煤机停用部分燃料时,沿炉膛宽度方向烟气温度偏差将加大,不利于炉膛出口受热面工作。

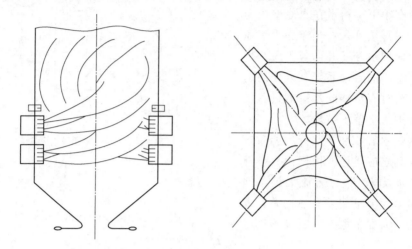

图 1-5 四角切圆燃烧锅炉燃烧器的结构

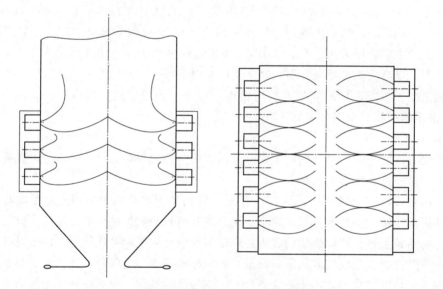

图 1-6 前后墙对冲燃烧锅炉燃烧器的结构

(3) W 火焰锅炉。W 火焰锅炉炉膛分为上下两个部分,下炉膛容积扩大一倍左右,前后墙上下炉膛之间各有一段斜坡水冷壁形成的拱部,燃烧器就布置在拱上,煤粉气流倾斜一定角度从拱上向下喷射并着火燃烧。燃烧基本在下炉膛内进行,主要用于燃烧低挥发分的无烟煤和贫煤。着火后的煤粉气流到炉膛下部后煤粉颗粒重量减轻,此时火焰受到燃烧室下部分级风的托起作用,向上转折流动,在下炉膛形成 "W" 形状的火焰(图 1-7)。

W 火焰锅炉煤粉在炉内停留时间长,炉内火焰充满度好,适合无烟煤燃烧速度慢的特点,利于煤粉燃尽。尽管采用了分级燃烧等技术降低燃烧过程产生的 NO_x,但由于无烟煤的燃烧需要较高的炉膛温度,导致 NO_x 的生成量远大于四角切圆锅炉的一般水平。

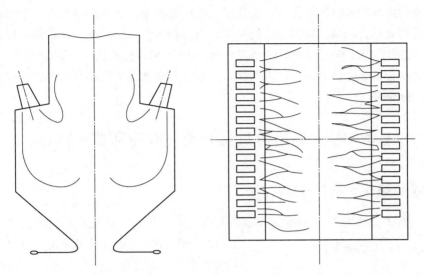

图 1-7 W 火焰锅炉燃烧器的结构

下炉膛大量卫燃带的敷设，使 W 火焰锅炉容易产生结渣的问题。但为了燃用同等低挥发分煤而同样采用卫燃带时，其他燃烧方式的锅炉也同样存在结渣的问题，甚至更难控制和处理。

（4）循环流化床锅炉。循环流化床锅炉的结构如图 1-8 所示。循环流化床锅炉原理是：将一定粒度范围的煤粒经给煤机送入炉膛燃烧，依靠流化风的携带，煤粒向上进入密相区和稀相区继续燃烧，一部分较粗的煤粉回落至炉床，形成循环流化床锅炉内循环，一部分经分离器分离下来的物料通过返料器回到炉床，继续循环燃烧，这个回路构成循环流化床锅炉的外循环。分离器出来的细粉经分离器出口烟道进入尾部烟道。

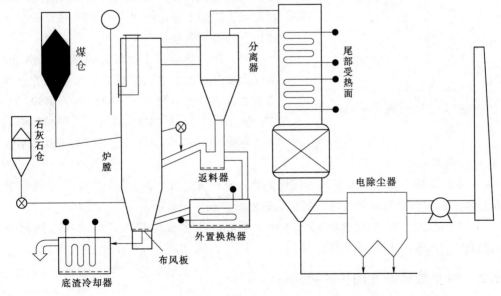

图 1-8 循环流化床锅炉的结构

循环流化床锅炉燃料适应性广，能燃用几乎所有类型的煤，还能燃用其余煤粉炉不能充分利用的煤矸石、泥煤、垃圾、生物质等；负荷调节范围大，不像煤粉锅炉那样，低负荷时要用油助燃；循环流化床锅炉燃烧温度低，因而 NO_x 排放低（一般小于 $300mg/m^3$）。此外因为温度合适、混合好、反应时间长，因而在分离器前喷入还原剂的脱硝效果也比在煤粉锅炉上好得多。

1.2　W 火焰锅炉及其分类、分布和技术特点

1.2.1　W 火焰锅炉及其分类

W 火焰锅炉又称为双 U 型燃烧或双拱燃烧锅炉，由 U 型燃烧锅炉发展而来。最早由美国福斯特惠勒公司（简称 FW）提出并制造。国际上其他主要制造商还有美国巴布科克·威尔科克斯有限公司（简称 B&W）和英国三井巴布科克能源有限公司（简称 MBEL）等。如图 1-9 所示，W 火焰锅炉由上下两部分炉膛组成，下炉膛前后墙分别向前后突出，在上下炉膛结合部形成炉拱，燃烧器布置在炉拱上向下喷射，进入下炉膛后再转折向上，形成"W"形状的火焰，然后进入上炉膛，这也是 W 火焰锅炉名称的由来。

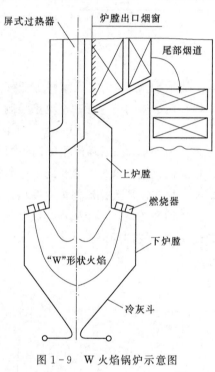

图 1-9　W 火焰锅炉示意图

按照压力等级和汽水流动方式分，目前 W 火焰锅炉主要有亚临界自然循环 W 火焰锅炉和超临界直流 W 火焰锅炉两种类型。而按照燃烧器类型和配风方式的不同，国内主流 W 火焰锅炉技术大致可分为以下类型：

（1）FW 类型，采用双旋风筒直流燃烧器，空气大部分由拱下送入。国内主要由东方电气集团东方锅炉股份有限公司（简称东方锅炉厂）按 FW 专利许可证设计制造。此外上海锅炉厂有限公司（简称上海锅炉厂）也引进了 FW 的 600MW 等级 W 火焰锅炉技术。

（2）B&W 类型，采用双调风旋流燃烧器，空气大部分由拱上送入。国内主要由北京巴布科克·威尔科克斯有限公司（简称北京巴威公司）设计制造。

（3）MBEL 类型，采用缝隙式直流燃烧器，国内主要由哈尔滨锅炉厂有限责任公司（简称哈尔滨锅炉厂）设计制造。

1.2.2　W 火焰锅炉在国内的投运情况

我国低挥发分煤储量丰富（其中无烟煤约占我国煤炭储量的 19%），是电站锅炉的重要

燃料，但由于挥发分含量低而极难稳燃和燃尽。W火焰锅炉是燃用低挥发分煤的主要炉型，具有煤种适应性广、可靠性高、低负荷稳燃能力较强、调峰范围宽等优点，因而W火焰锅炉在我国得到了非常广泛的应用，目前全国投运的W火焰锅炉逾百台，其中半数左右为FW技术的W火焰锅炉。贵州是全国W火焰锅炉最多的省份，涵盖了三种主要的技术类型。截至2016年，贵州电网统调装机容量共计4615.9万kW，火电装机容量2595万kW。贵州已投产亚临界自然循环W火焰锅炉26台（除了黔东电厂2台600MW等级锅炉归湖南电网调度外，其余皆为300MW等级贵州电网统调机组），600MW等级超临界直流W火焰锅炉14台（其中二郎电厂2台机组归重庆电网调度），W火焰锅炉装机容量占贵州整个火电装机容量的约60%。详情参见表1-1和表1-2。

表1-1　　　　　　　　　贵州亚临界自然循环W火焰锅炉投运情况

生产厂家	技术类型	锅炉型号	功率等级	数量
东方锅炉厂	FW	DG1025/18.2-Ⅱ10	300MW	2
		DG1025/18.2-Ⅱ15	300MW	6
		DG1025/18.2-Ⅱ17	300MW	4
		DG2028/17.45-Ⅱ3	600MW	2
北京巴威公司	B&W	B&WB1025/17.4-M	300MW	6
哈尔滨锅炉厂	MBEL	HG1025/17.3-WM18	300MW	6

表1-2　　　　　　　　　　贵州超临界直流W火焰锅炉投运情况

生产厂家	技术类型	锅炉型号	功率等级	数量
东方锅炉厂	FW	DG1900/25.4-Ⅱ8	600MW	2
		DG2076/25.73-Ⅱ12	600MW	2
		DG2010/25.31-Ⅱ12	600MW	2
		DG2020/25.31-Ⅱ12	600MW	2
北京巴威公司	B&W	B&WB-1900/25.4-M	600MW	4
哈尔滨锅炉厂	MBEL	HG-1900/25.4-WM10	600MW	2

1.2.3　W火焰锅炉的技术特点

W火焰锅炉在燃烧低反应煤方面具有较强的优势，是燃用低挥发分煤的主要炉型，其独特的炉膛结构决定了其鲜明而独特的技术特点。

1. 燃烧和传热在上下炉膛间相对分离

W火焰锅炉的下炉膛向外凸出，相对于上炉膛是一个相对巨大和封闭的结构。一方面，为W型的煤粉火焰提供了充足的空间，从而为取得足够长的火焰行程和煤粉停留时间创造了条件，根据FW的研究计算，其350MW等级W火焰锅炉煤粉颗粒的停留时间为2.9s，660MW等级W火焰锅炉煤粉颗粒的停留时间达到了3.4s，而充足的煤粉停留时间对于提高低反应煤的燃尽率是非常有利的（图1-10）；另一方面，下炉膛敷设有大量的卫燃带（特别是在拱部和燃烧器出口着火区域），加上半封闭的拱形结构，为燃烧器

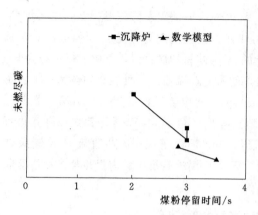

图 1-10　美国福斯特惠勒（FW）W 火焰锅炉未燃尽碳与煤粉停留时间的关系

出口煤粉的着火稳燃提供了大量的辐射热，相对绝热的下炉膛产生的高温环境也有利于煤粉燃尽，同时下炉膛的几何构型也为上行高温烟气向燃烧器出口着火区的回流创造了条件，而这种高温烟气的回流也是保证着火稳燃的重要手段。

W 火焰锅炉的上炉膛承担了整个水冷壁的吸热的主要部分，而适当的水冷壁吸热比例是保证适当的锅炉汽温及其调整特性的关键。除了喉部的很少一部分外，W 炉的上炉膛一般是没有卫燃带的，并且上炉膛烟气速度较快，煤粉停留时间较短，因而在能在上炉膛燃尽的燃料份额是很有限的，煤粉的着火稳燃和大部分燃料燃尽都需要在下炉膛完成，因而下炉膛和燃烧设备合理设计、相互之间的良好匹配和良好的运行控制是保证 W 火焰锅炉良好燃烧性能的关键，特别应该注意避免一次风火焰"短路"而过早进入上炉膛。虽然对 NO_x 排放要求的提高和拱上燃尽风的应用，上炉膛承担的燃尽的份额和有所增加，但问题的实质和基本面并未改变。

2. 普遍采用浓淡分离和分级送风燃烧技术

W 火焰锅炉普遍采用了下炉膛分级送风的技术，燃烧空气（二次风或三次风）一部分由拱上送入、一部分由拱下送入，但不同类型的 W 火焰锅炉燃烧空气在拱上和拱下的分配比例不同。W 火焰锅炉燃烧器喷口向下布置，普遍采用了浓淡分离的燃烧技术，一次风煤粉浓度可提高到 1.5～2.0kg 煤粉/1kg 空气（常规的煤粉浓度为 0.3～0.7kg 煤粉/1kg 空气），可以大幅度减少煤粉气流的着火热，有利于提高低反应煤的着火稳定性，同时也有利于减少 NO_x 的生成。由于低挥发分煤火焰传播速度较低，因此采用较低一次风速有利于煤粉气流的着火稳定。

3. W 火焰锅炉 NO_x 生成量相对较高、下炉膛容易结渣

虽然下炉膛分级送风有利于减少 NO_x 的生成，但 W 火焰锅炉燃烧器都布置在同一标高，燃料相对集中，加上大量卫燃带的存在，燃烧温度较高，因而 W 火焰锅炉 NO_x 的生成量仍然比较大，同时也造成 W 火焰锅炉下炉膛容易结渣（但优于传统切圆燃烧方式），特别是在翼墙、侧墙等温度较高又缺少空气冷却的部位。近年随着环保要求的提高，普遍采用了拱上燃尽风技术，但对燃烧效率影响比较大，在可接受的范围内，脱硝装置入口 NO_x 浓度一般在 750mg/m³ 左右，在目前技术条件下要想实现超低排放的要求还有相当大的难度。

4. 燃烧器独立性、可调节性比较强

W 火焰锅炉燃烧器的独立性较强，各燃烧器之间的干扰或者帮助作用比较小，各燃烧器的调整对相应部位烟气的影响比较明显。因此，通过合理的运行调整可以较明显地减小 W 火焰锅炉炉膛出口的烟温偏差与汽温偏差。

图 1-11 是 FW 在一台 350MW 等级 W 火焰锅炉上进行的，调整满负荷工况下再热器出口汽温分布的试验情况。由图 1-11 可见，通过对燃烧器挡板的优化调整，沿炉宽的

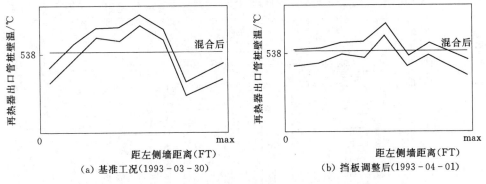

（a）基准工况（1993-03-30）　　　　（b）挡板调整后（1993-04-01）

图1-11　燃烧器挡板调整前后再热器出口气温分布

再热器出口汽温分布的均匀性得到了显著的改善。

5. 大部分W火焰锅炉都配备了双进双出球磨机

煤粉细度对W火焰锅炉的稳燃和燃尽都至关重要，为了保证煤粉细度和煤质适应性，绝大部分W火焰锅炉都采用了钢球磨煤机制粉系统。鉴于直吹系统在可靠性、控制性能、占地面积、制粉系统漏风和环境卫生等方面的优势，以及中储式系统乏气布置的困难，大部分W火焰锅炉都采用了双进双出球磨机直吹式制粉系统。少部分W火焰锅炉在燃用极难着火稳燃的煤种时，为提高一次风温，采用了热风送风的中储式钢球磨制粉系统。

6. 超临界W火焰直流锅炉普遍采用低质量流速垂直上升内螺纹管水冷壁

由于W火焰锅炉下炉膛结构的限制和影响，采用常规的螺旋管圈水冷壁是非常困难的。而由于在低质量流速下超临界垂直水冷壁管之间仍然存在较明显自补偿特性，使得采用低质量流速、垂直上升、优化内螺纹管水冷壁的超临界W火焰直流锅炉成为可能。但超临界W火焰直流锅炉水冷壁超温爆管问题仍然比较突出，特别是在没有全混合中间混合集箱的情况下。

1.3　W火焰锅炉的整体结构和主要性能指标

1.3.1　亚临界自然循环W火焰锅炉

1. 东方锅炉厂亚临界自然循环W火焰锅炉

以DG1025/18.2-Ⅱ15型锅炉（图1-12）为例，它是东方锅炉厂按照FW许可证转让的W火焰锅炉引进技术设计、制造的亚临界压力中间一次再热的自然循环锅炉。锅炉配双进双出球磨机直吹式制粉系统，采用双拱形单炉膛，24只双旋风筒燃烧器布置于下炉膛前后拱上，呈"W"形火焰，尾部双烟道结构，采用挡板调节再热汽温，固态排渣，全钢结构，全悬吊结构，平衡通风，半露天布置。

水汽流程：自给水管来的水从炉后直接进入省煤器入口集箱，水流经省煤器受热面吸热后进入省煤器出口集箱，经连接管引至省煤器汇集集箱，由此从锅筒两端引入，给水在锅筒两端引入后经内部多孔的给水管路均匀分配，与炉水混合经下降管、引入管进入炉

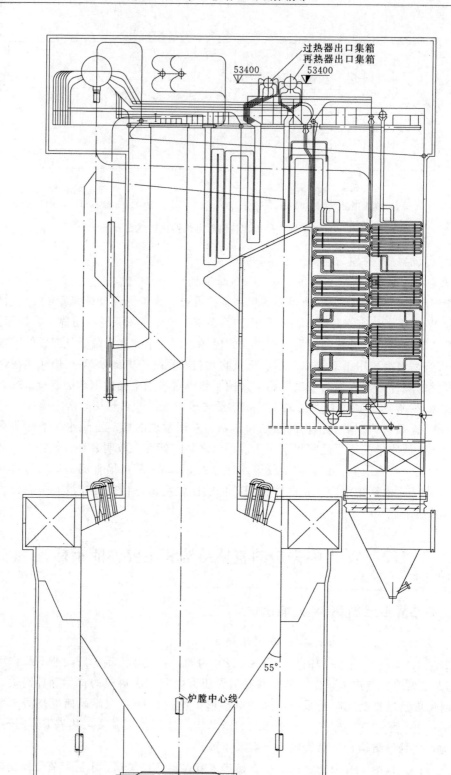

图 1-12　DG1025/18.2-Ⅱ15 型锅炉总图

腔，水通过受热的水冷壁向上流动并且产生蒸汽，汽水混合物在水冷壁上集箱汇集后，经引出管引入汽包，并在汽包内进行汽水分离，从汽包中分离出来的饱和蒸汽依次经过顶棚管、热回收区、水平烟道、中隔墙、低温过热器、大屏过热器和高温过热器。汽包分离出来的水与给水混合后进入炉膛水冷壁进行再循环。调节蒸汽温度的喷水减温器装于低温过热器与大屏过热器之间和大屏过热器与高温过热器之间。从汽机高压缸排汽进入位于热回收区的低温再热器进口集箱，再热蒸汽经过冷段、热段再热器后，从再热器出口集箱引出至汽机中压缸。再热蒸汽温度的调节通过位于热回收区的省煤器下方的烟气调节挡板进行控制。

烟风流程：两台送风机将空气通过暖风器送往两台三分仓再生式空气预热器，离开锅炉的热烟气将其热量传送给进入的空气，受热的一次风与部分冷一次风混合进入磨煤机，然后进入煤粉燃烧器，受热的二次风进入燃烧器风箱，并通过各调节挡板而进入炉膛，在此与燃烧的燃料进行混合。由燃料燃烧产生的热烟气将热传递给炉膛水冷壁和大屏过热器，继而穿过高温过热器、热端再热器进入热回收区，热回收区内的中隔墙将后竖井分成前、后两个平行烟道，前烟道内布置冷段再热器，后烟道内布置低温过热器。在热回收区的下端装有省煤器及烟气调节挡板，烟气流经省煤器后进入再生式空气预热器，最后进入除尘器，流向烟囱，排向大气。

在海拔1271.5m、平均大气压875.8hPa条件下，燃用表1-3所示的设计煤种时，锅炉不投油最低稳燃负荷不大于35%BMCR，在额定参数下运行时，锅炉保证热效率不低于91.01%（按低位发热值，煤粉细度$R_{90} \leqslant 9\%$）。固体不完全燃烧热损失$q_4 \leqslant 2.8\%$，飞灰含碳量不大于6.8%。主要性能参数见表1-4。

表1-3　　　　　　　　DG1025/18.2-Ⅱ15型锅炉设计、校核煤种

项　目	符号	单位	设计煤种	校核煤种
收到基碳	C_{ar}	%	59.95	65.71
收到基氢	H_{ar}	%	2.25	2.36
收到基氧	O_{ar}	%	0.57	0.90
收到基氮	N_{ar}	%	0.94	0.74
收到基硫	S_{ar}	%	2.29	2.29
收到基水分	M_{ar}	%	7.0	8.0
收到基灰分	A_{ar}	%	27.0±3	20.0
收到基低位发热值	$Q_{net,ar}$	kJ/kg	21465±1256	24668
空气干燥基水分	M_{ad}	%	1.67	
干燥无灰基挥发分	V_{daf}	%	9.0	7.0
可磨性系数	HGI	%	66	69
灰变形温度（弱还原性气氛）	DT	℃	1168	1230
灰软化温度（弱还原性气氛）	ST	℃	1210	1360
灰流动温度（弱还原性气氛）	FT	℃	1286	1470

表 1-4　　　　　　**DG1025/18.2-Ⅱ15 型锅炉主要性能参数（设计煤种）**

项　目		单位	定压运行（C·P）			
			BMCR	BECR（考核）	切高温加热器	35%BECR
锅炉参数	过热蒸汽流量	t/h	1025	900.7	786.8	356.5
	过热器出口压力	MPa.a	17.5	17.27	17.13	7.62
	过热蒸汽出口温度	℃	540	540	540	529
	再热蒸汽流量	t/h	851.3	754.1	772.3	313.03
	再热蒸汽进/出口压力	MPa.a	3.908/3.732	3.48/3.32	3.63/3.47	1.43/1.36
	再热蒸汽进/出口温度	℃	331.4/540	315.8/540	327.2/540	312.1/500
	给水温度	℃	280	270.2	173.5	223
过热器一级减温水喷水量		t/h	19.1	13.3	68	22.9
过热器二级减温水喷水量		t/h	10.5	8.0	40	11.5
过热器侧烟气份额		%	53.9	47.8	48.8	43.1
再热器侧烟气份额		%	46.1	52.2	51.2	56.9
空气预热器进口空气温度		℃	27	20	30	45
空气预热器出口一次风温		℃	329	327	322	296
空气预热器出口二次风温		℃	341	337	333	299
计算燃料耗量		kg/h	126010	112900	115700	48600
锅炉计算效率（按低位热值）		%	91.08	91.76	91.4	92.03
炉膛出口过剩空气系数			1.3	1.3	1.3	1.4
烟气温度	炉膛出口（高过进口）	℃	1107	1081	1088	924
	高温过热器出口	℃	940	915	919	745
	高温再热器出口	℃	876	852	856	686
	低温过热器出口	℃	393	387	396	336
	低温再热器出口	℃	415	406	412	352
	省煤器出口（过热器侧/再热器侧）	℃	379/394	372/386	368/379	314/328
	空气预热器出口（修正前/修正后）	℃	131/127	124/118	130/124	116/108
介质温度	省煤器进口	℃	280	270.2	173.5	223
	省煤器出口（过热器侧/再热器侧）	℃	283/284	281/279	189/188	236/232
	低过出口	℃	406	403	437	388
	大屏出口	℃	450	448	454	425
	高过出口	℃	540	540	540	529
	低再出口	℃	492	492	492	452
	高再出口	℃	540	540	540	500

注　BMCR—锅炉最大连续蒸发量；BECR—锅炉额定连续蒸发量；MPa.a—绝对压力单位。

2. 北京巴威公司亚临界自然循环 W 火焰锅炉

以 B&WB-1025/17.4-M 型锅炉（图 1-13）为例，它是北京巴威公司引进 B&W 技术生产的产品，采用 B&W 型 RBC 燃煤锅炉的标准布置，是采用自然循环、一次再热、单炉膛、W 火焰燃烧方式、平衡通风、尾部双烟道、烟气挡板调温、固态排渣、露天布

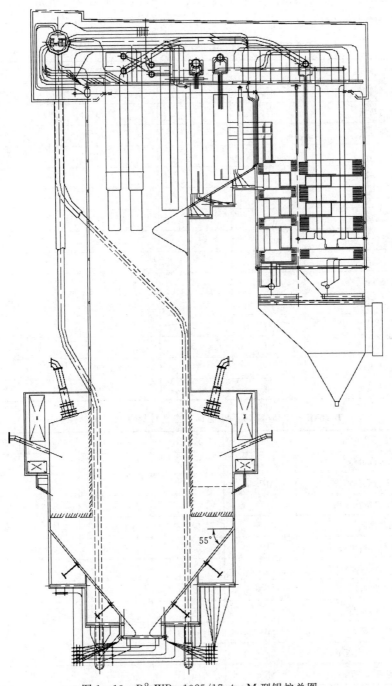

图 1-13　B&WB-1025/17.4-M 型锅炉总图

置的全钢架结构燃煤锅炉，采用 4 台双进双出球磨机及 16 只浓缩型 EI - XCL 双调风旋流燃烧器。该型锅炉水汽流程和烟风流程与 DG1025/18.2 - Ⅱ15 型锅炉大致相同。

在海拔 1179.5m、年平均气压 877.4hPa 条件下下，燃用表 1 - 5 所示的设计煤种时，锅炉不投油最低稳燃负荷不大于 40％BMCR，在额定参数下运行时，锅炉保证热效率不低于 91.31％（按低位发热值，煤粉细度 $R_{90} \leqslant 8\%$），设计飞灰含碳量 6.9％。主要性能参数见表 1 - 6。

表 1 - 5　　　　　　　　　B＆WB - 1025/17.4 - M 型锅炉设计、校核煤种

项　目	符号	单位	设计煤种	校核煤种
收到基碳	C_{ar}	％	63.52	58.02
收到基氢	H_{ar}	％	2.09	1.90
收到基氧	O_{ar}	％	1.02	0.89
收到基氮	N_{ar}	％	0.92	0.83
收到基硫	S_{ar}	％	0.69	0.69
收到基水分	M_{ar}	％	8.0	10.0
收到基灰分	A_{ar}	％	23.76	27.67
收到基低位发热值	$Q_{net,ar}$	kJ/kg	23082	20992
空气干燥基水分	M_{ad}	％	2.25	2.75
干燥无灰基挥发分	V_{daf}	％	7.35	6.95
可磨性系数	HGI	％	55	55
灰变形温度	DT	℃	1105	1105
灰软化温度	ST	℃	＞1500	＞1500
灰半球温度	HT	℃	＞1500	＞1500
灰流动温度	FT	℃	＞1500	＞1500

表 1 - 6　　　　　　　B＆WB - 1025/17.4 - M 型锅炉主要性能参数（设计煤种）

项　目	单位	BMCR	100％THA	40％BMCR	切高温加热器
过热蒸汽流量	t/h	1025.0	894.7	410.0	783.9
过热器出口蒸汽压力	MPa.a	17.50	17.30	8.63	17.15
过热器出口蒸汽温度	℃	540	540	533	540
再热蒸汽流量	t/h	847.4	746.1	339.0	768.0
再热蒸汽进口压力	MPa.a	3.871	3.408	1.619	3.567
再热蒸汽进口温度	℃	326	313	310	325
再热蒸汽出口压力	MPa.a	3.706	3.264	1.556	3.420
再热蒸汽出口温度	℃	540	540	510	540
汽包工作压力	MPa.a	18.74	18.26	9.25	17.89
省煤器入口给水流量	t/h	965.4	857.2	354.6	659.8
省煤器进口水压	MPa.a	19.11	18.57	9.44	18.17

续表

项 目	单位	BMCR	100%THA	40%BMCR	切高温加热器
给水温度	℃	280	271	227	174
过热器喷水压力	MPa.a	20.11	19.55	11.22	18.83
过热器喷水温度	℃	176	171	142	174
过热器一级喷水量	t/h	52.6	32.2	50.2	120.1
过热器二级喷水量	t/h	0.0	0.0	4.5	0.0
省煤器出口过剩空气系数		1.250	1.250	1.644	1.250
空气预热器进口一次风量	kg/s	56.9	52.5	35.3	54.4
空气预热器进口二次风量	kg/s	289.8	254.1	173.1	263.8
空气预热器进口一次风温	℃	28	28	28	28
空气预热器进口二次风温	℃	23	23	42	23
空气预热器出口一次风温	℃	364	356	327	349
空气预热器出口二次风温	℃	375	364	329	359
烟气温度	炉膛出口	℃	1018	975	805	984
	高温过热器出口	℃	969	929	771	938
	低温过热器出口	℃	472	449	412	465
	高温再热器出口	℃	786	752	616	759
	低温再热器出口	℃	408	406	343	406
	省煤器进口	℃	469	446	409	462
	省煤器出口	℃	423	401	362	394
	空气预热器进口	℃	419	402	358	398
	空气预热器出口（未修正）	℃	130	125	112	123
	空气预热器出口（对漏风修正）	℃	124	119	107	118
热平衡	q_2	%	5.09	4.78	4.13	4.70
	q_3	%	0.00	0.00	0.00	0.00
	q_4	%	2.89	2.89	2.89	2.89
	q_5	%	0.19	0.22	0.44	0.21
	未记入热损失（含 q_6）	%	0.3	0.3	0.3	0.3
	锅炉计算效率（基于 LHV）	%	91.53	91.81	92.24	91.90
	燃煤消耗量	t/h	126.9	113.0	55.9	116.7

注 THA—汽轮机热耗率试验工况；LHV—燃煤低位热值；q_2—排烟热损失；q_3—可燃气体未完全燃烧热损失；
q_4—未完全燃烧热损失固体；q_5—锅炉散热损失；q_6—灰渣物理热损失。

3. 哈尔滨锅炉厂亚临界自然循环 W 火焰锅炉

以 HG-1025/17.3-WM18 型锅炉（图 1-14）为例，它是哈尔滨锅炉厂引用 MBEL
技术生产的燃煤 W 火焰锅炉，为亚临界、自然循环、一次中间再热、W 火焰燃烧方式、
双拱单炉膛、平衡通风、尾部双烟道、烟气挡板调温、固态排渣、露天布置、全钢架悬吊
式汽包炉，采用 4 台双进双出球磨机及 16 只旋风分离直流狭缝式燃烧器（每 2 个燃烧

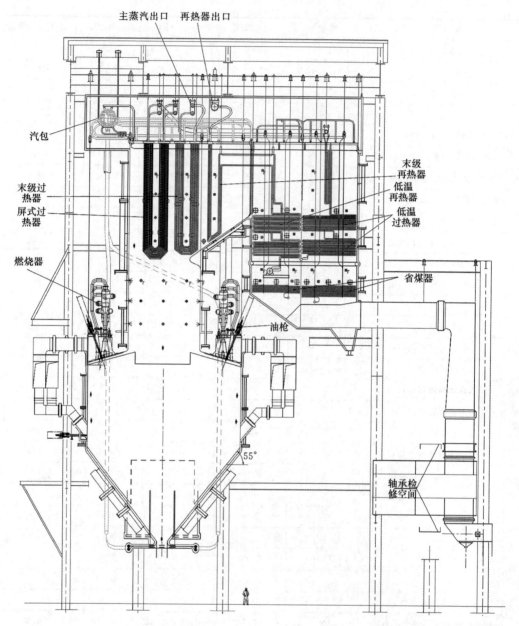

图 1-14　HG-1025/17.3-WM18 型锅炉总图

一组，共 8 组）。该型锅炉水汽流程和烟风流程也与 DG1025/18.2-Ⅱ15 型锅炉大致相同。

　　在海拔 1179.5m、年平均气压 877.4hPa 条件下，燃用表 1-5 所示的设计煤种时，锅炉不投油最低稳燃负荷不大于 40%BMCR，在额定参数下运行时，锅炉保证热效率不低于 90.2%（按低位发热值，煤粉细度 $R_{90} \leqslant 8\%$），设计飞灰含碳量 13%。主要性能参数见表 1-7。

表 1-7　　　　　HG-1025/17.3-WM18 型锅炉主要性能参数（设计煤种）

名　称	单位	BMCR	BECR	40%MCR	切高温加热器
过热蒸汽流量	t/h	1025	909.6	410	785
过热器出口蒸汽压力	MPa.a	17.5	17.25	9.12	17.08
过热器出口蒸汽温度	℃	540	540	530	540
再热蒸汽流量	t/h	830.8	743.2	332.3	759.6
再热蒸汽进口压力	MPa.a	3.73	3.34	1.41	3.47
再热蒸汽进口温度	℃	323	313	305	321
再热蒸汽出口压力	MPa.a	3.554	3.18	1.34	3.3
再热蒸汽出口温度	℃	540	540	520	540
汽包工作压力	MPa.a	18.873	18.35	9.67	17.92
省煤器入口给水流量	t/h	1000	894.6	392	685
省煤器进口水压	MPa.a	19.265	18.542	9.912	18.252
给水温度	℃	278	270	227	172
过热器一级喷水流量	t/h	14	9	12	80
过热器二级喷水流量	t/h	11	6	6	20
过热器喷水温度	℃	175	175	175	172
过热器喷水压力	MPa.a	19.5	19.3	10.7	19.5
省煤器出口过剩空气系数		1.21	1.21	1.23	1.21
空气预热器进口一次风量	kg/s	56.93	53.30	36.64	53.53
空气预热器进口二次风量	kg/s	268.78	241.69	130.21	252.95
空气预热器进口一次风温	℃	26	26	26	26
空气预热器进口二次风温	℃	23	23	45.8	23
空气预热器出口一次风温	℃	352	346	312	347
空气预热器出口二次风温	℃	364	356	315	357
热平衡	q_2（含未测量热损失：0.3%）	%	4.77	4.52	3.57	4.50
	q_3	%	0	0	0	0
	q_4	%	4.6	4.6	5.1	4.6
	q_5	%	0.25	0.27	0.37	0.26
	q_6	%	0.09	0.09	0.09	0.09
	锅炉效率（低位发热值）	%	90.29	90.52	90.87	90.55
	燃煤消耗量	t/h	127.3	114.5	56.3	119.4
烟气温度	炉膛出口	℃	1020	990	760	990
	末级过热器出口	℃	1020	990	760	990
	水平低温过热器出口	℃	455	440	320	450
	末级再热器出口	℃	900	870	670	880
	低温再热器出口	℃	425	425	410	420
	省煤器进口	℃	445	435	393	440
	省煤器出口	℃	403	391	341	394
	空气预热器进口	℃	403	391	341	394
	空气预热器出口（未修正）	℃	124	118	98	119
	空气预热器出口（对漏风修正）	℃	118	113	90	114

1.3.2　超临界 W 火焰直流锅炉

1. 东方锅炉厂超临界 W 火焰直流锅炉

以 DG2076/25.73－Ⅱ12 型锅炉（图 1－15）为例，它是东方锅炉厂设计、制造的超临界参数、W 火焰燃烧、垂直管圈水冷壁变压运行、一次再热、挡板调节再热汽温、平衡通风、露天布置、固态排渣、全钢构架、全悬吊结构 Ⅱ 型直流锅炉。锅炉上炉膛在炉拱至混合集箱之间的水冷壁采用与下炉膛相同的优化内螺纹管。锅炉采用双进双出钢球磨煤机正压直吹冷一次风制粉系统，每台炉配 6 台双进双出钢球磨煤机，每台磨煤机带 4 只双旋风煤粉燃烧器，24 只煤粉燃烧器顺列布置在下炉膛的前后墙炉拱上，前后墙水冷壁上部还布置有 26 个燃尽风调风器。

水汽流程：自主给水管路来的水由炉侧一端引入位于尾部竖井后烟道下部的省煤器入口集箱，流经省煤器受热面吸热后，由省煤器出口集箱端部引出经集中下降管、下水连接管进入水冷壁入口集箱，经下部/中部水冷壁管、水冷壁中间混合集箱、上部水冷壁管、水冷壁出口集箱进入水冷壁出口混合集箱汇集后，经引入管引入汽水分离器进行汽水分离，循环运行时从分离器分离出来的水进入储水罐，蒸汽则依次流经顶棚管、后竖井/水平烟道包墙、低温过热器、屏式过热器和高温过热器。进入直流运行时，全部工质均通过汽水分离器进入顶棚管。调节过热蒸汽温度的喷水减温器分别装于低温过热器与屏式过热器之间和屏式过热器与高温过热器之间。汽机高压缸排汽进入位于后竖井前烟道的低温再热器后，流经水平烟道内的高温再热器，从再热器出口集箱引出至汽机中压缸。再热蒸汽温度的调节通过位于省煤器和低温再热器后下方的烟气调节挡板进行控制，在低温再热器出口管道上布置再热器事故喷水减温器作为事故状态下的调节手段。

烟风流程：送风机将空气送往两台三分仓空气预热器，锅炉的热烟气将其热量传送给进入的空气，受热的一次风与部分冷一次风混合进入磨煤机，然后进入布置在前后墙拱的煤粉燃烧器，受热的二次风进入燃烧器风箱，并通过各调节挡板而进入每个燃烧器二次风通道，同时部分二次风进入燃烧器上部的燃尽风喷口。由燃料燃烧产生的热烟气将热传递给炉膛水冷壁和屏式过热器，继而穿过高温过热器、高温再热器进入后竖井包墙，后竖井包墙内的中隔墙将后竖井分成前后两个平行烟道，前烟道内布置低温再热器，后烟道内布置低温过热器和省煤器。烟气调节挡板布置在低温再热器和省煤器后，烟气流经调节挡板后分成两个烟道进入空气预热器，在预热器进口烟道上设有烟气关断挡板，可实现单台空气预热器运行。烟气最后进入除尘器，流向烟囱，排向大气。

在年平均大气压 868.8hPa 条件下，燃用表 1－8 所示的设计煤种，煤粉细度 $R_{90}=5\%$、均匀性系数 $n=1.1$ 时，在锅炉额定负荷（BRL）考核工况下，锅炉保证热效率不小于 91.3%（按收到基低位发热值）；燃用设计煤种，煤粉细度为 $R_{90}=6\%$、均匀性系数 $n=1.1$ 时，在锅炉 BRL 考核工况下，锅炉保证热效率不小于 91.1%（按收到基低位发热值）。锅炉设计带基本负荷运行并参与调峰。在 BMCR 时保证 NO_x 排放浓度不大于 900mg/m³（标态干基，$O_2=6\%$）。主要性能参数见表 1－9。

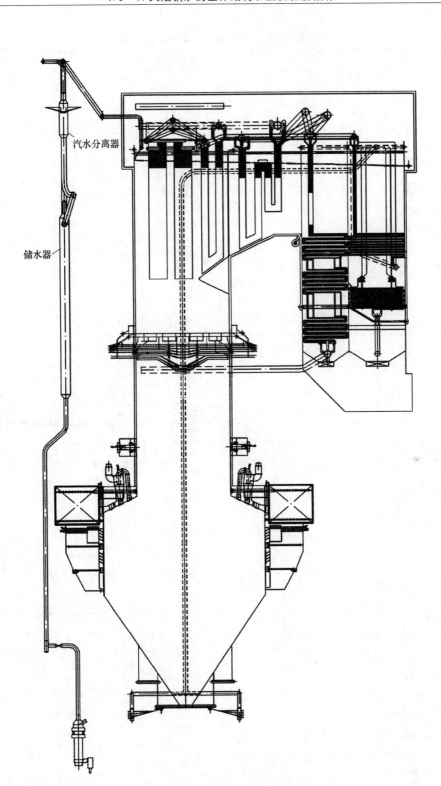

汽水分离器

储水器

图 1-15 DG2076/25.73-Ⅱ12 型锅炉总图

表 1 - 8　　　　　　　DG2076/25.73 - Ⅱ 12 型锅炉设计、校核煤种

项　目	符号	单位	设计煤种	校核煤种 1	校核煤种 2
全水分	M_{ar}	%	6.9	9.9	8.5
收到基灰分	A_{ar}	%	22.83	26.31	26.77
收到基碳	C_{ar}	%	64.44	58.45	56.43
收到基氢	H_{ar}	%	2.31	1.91	1.89
收到基氧	O_{ar}	%	0.92	0.88	2.56
收到基氮	N_{ar}	%	0.88	0.72	0.99
全硫	$S_{t,ar}$	%	1.72	1.83	2.86
空干基水分	M_{ad}	%	3	2.57	1.2
干燥无灰基挥发分	V_{daf}	%	7.72	8.5	12.4
收到基低位发热量	$Q_{net,ar}$	kJ/kg	24050	21600	20700
可磨性系数	HGI		53	44	56
灰变形温度	DT	℃	1280	1400	1280
灰软化温度	ST	℃	1330	1430	1350
灰流动温度	FT	℃	1440	1480	1410

表 1 - 9　　　　　DG2076/25.73 - Ⅱ 12 型锅炉主要性能参数（设计煤种）

项　目	单位	BMCR	BRL	THA	切高温加热器	BRL（考核）
过热蒸汽出口流量	t/h	2076.00	2015.20	1853.30	1623.90	2015.20
过热器蒸汽出口压力	MPa.a	25.83	25.76	25.59	25.36	25.76
过热器蒸汽出口温度	℃	573	573	573	573	573
再热蒸汽流量	t/h	1728.29	1671.06	1553.39	1585.71	1671.06
再热蒸汽进口压力	MPa.a	4.81	4.64	4.33	4.51	4.64
再热蒸汽出口压力	MPa.a	4.60	4.44	4.16	4.33	4.44
再热器蒸汽进口温度	℃	322	318	311	320	318
再热器蒸汽出口温度	℃	571	571	571	571	571
给水温度	℃	290	288	283	195	288
过热器一级喷水量	t/h	83.04	80.61	74.13	64.96	80.61
过热器二级喷水量	t/h	83.04	80.61	74.13	64.96	80.61
空气预热器进口一次风温	℃	45	45	50	55	30
空气预热器进口二次风温	℃	45	45	50	55	25
空气预热器出口一次风温	℃	339	341	339	310	345
空气预热器出口二次风温	℃	364	365	359	331	367
排烟温度（未修正）	℃	144	144	147	138	126
排烟温度（修正）	℃	140	140	143	135	122
实际燃料消耗量	t/h	245.72	241.06	224.42	230.80	241.06
上炉膛断面放热强度	kW/m²	4981.03	4886.54	4549.31	4678.70	4886.54
下炉膛断面放热强度	kW/m²	2898.06	2843.08	2646.87	2722.15	2843.08
容积放热强度	kW/m³	86.00	84.37	78.55	80.78	84.37
有效投影辐射受热面放热强度	kW/m²	257.09	252.21	234.80	241.48	252.21
省煤器出口过剩空气系数		1.25	1.25	1.25	1.25	1.25

2. 北京巴威公司超临界 W 火焰直流锅炉

以 B&WB-1900/25.4-M 型锅炉（图 1-16）为例，它是北京巴威公司按 B&W 的 W 火焰及超临界系列锅炉技术标准，结合工程燃用的设计、校核煤质特性和自然条件，进行性能、结构优化设计的超临界参数 W 火焰锅炉。锅炉为超临界参数、垂直炉膛、一

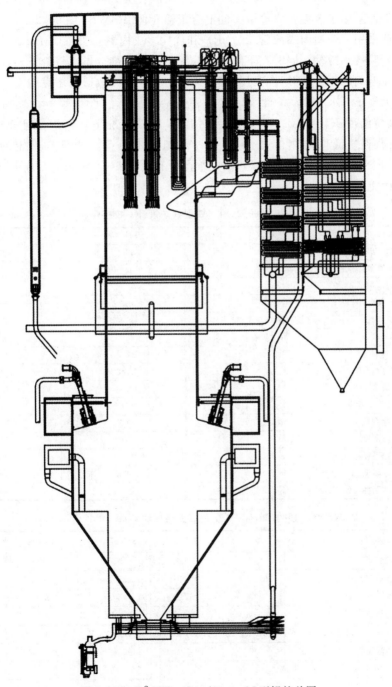

图 1-16　B&WB-1900/25.4-M 型锅炉总图

次中间再热、平衡通风、固态排渣、全钢构架、露天布置的 Ⅱ 型锅炉，配有带循环泵的内置式启动系统。锅炉采用双进双出钢球磨冷一次风机正压直吹系统，每台炉配 6 台磨煤机、24 只浓缩型 EI-XCL 低 NOₓ 双调风旋流燃烧器。尾部设置分烟道，采用烟气调节挡板调节再热器出口汽温。

B&WB-1900/25.4-M 型锅炉的汽水和烟风流程大致与 DG2076/25.73-Ⅱ12 型锅炉相同，它们都采用了全混合水冷壁中间混合集箱，但 B&WB-1900/25.4-M 型锅炉下部炉膛水冷壁采用了普通内螺纹管（MLR）和优化多头内螺纹管（OMLR），而上部炉膛均采用了光管膜式水冷壁，同时在下降管的分配集箱上的部分供水管管子入口设置了节流孔。此外，该型锅炉原设计并没有设置燃尽风，而是在后续改造时增设的。

在平均大气压 868.8hPa 条件下，燃用表 1-10 所示的设计煤种，煤粉细度 $R_{90} \leqslant$ 7%（设计煤粉细度 $R_{90} = 6\%$）时，在锅炉 BRL 考核工况下，锅炉保证热效率不小于 91.35%（按收到基低位发热值）。锅炉设计承担基本负荷，并具有一定的调峰能力。BMCR 时保证 NOₓ 排放浓度（燃尽风改造前）不大于 1000mg/m³（标态干基，$O_2 = 6\%$）。主要性能参数见表 1-11。

表 1-10   **B&WB-1900/25.4-M 型锅炉设计、校核煤种**

项目	符号	单位	设计煤种	校核煤种
收到基碳	C_{ar}	%	58.97	55.79
收到基氢	H_{ar}	%	1.61	1.36
收到基氧	O_{ar}	%	0.68	0.35
收到基氮	N_{ar}	%	0.72	0.50
收到基硫	S_{ar}	%	2.60	2.60
收到基水分	M_{ar}	%	8.0	10.0
收到基灰分	A_{ar}	%	27.42	29.40
收到基低位发热值	$Q_{net,ar}$	kJ/kg	21402	20074
空气干燥基水分	M_{ad}	%	2.28	2.45
干燥无灰基挥发分	V_{daf}	%	8.06	7.50
可磨性系数	HGI	%	65	65
灰变形温度	DT	℃	1200	1200
灰软化温度	ST	℃	1380	1380
灰半球温度	HT	℃	1390	1390
灰流动温度	FT	℃	1400	1400

表 1-11   **B&WB-1900/25.4-M 型锅炉主要性能参数（设计煤种）**

	项目	单位	BMCR	THA	75%THA	50%THA
锅炉规范	过热蒸汽流量	t/h	1900	1672	1226	823
	过热蒸汽压力	MPa.g	25.40	25.11	19.69	13.07
	过热蒸汽温度	℃	571	571	571	571
	再热蒸汽流量	t/h	1618	1434	1071	733
	再热蒸汽压力（进/出）	MPa.g	4.539/4.349	4.025/3.859	3.004/2.879	2.031/1.945
	再热蒸汽温度（进/出）	℃	318.7/569	306.6/569	306.9/569	318/558
	排污率	%	—	—	—	—
	给水温度	℃	282	274	256	235

续表

	项 目	单位	BMCR	THA	75%THA	50%THA
热平衡	锅炉计算效率	%	91.54	91.90	92.08	92.14
	排烟温度（未修正）	℃	128	120	113	108
	燃料消耗量	t/h	260	234	179	125
热损失	干烟气热损失	%	4.63	4.30	4.07	3.92
	燃料中 H_2 及 H_2O 热损失	%	0.21	0.19	0.17	0.15
	空气中水分热损失	%	0.12	0.11	0.10	0.10
	不完全燃烧热损失	%	3.03	3.03	3.03	3.03
	散热损失	%	0.17	0.17	0.25	0.36
	未计损失	%	0.30	0.30	0.30	0.30
汽水系统	过热器一级喷水量	t/h	38.0	33.4	24.5	16.5
	过热器二级喷水量	t/h	57.0	50.2	36.8	24.7
	再热器喷水量	t/h	—	—	—	—
	过热器/再热器喷水温度	℃	282/187	274/182	256/171	235/157
烟风系统	空气预热器进/出口过量空气系数		1.25/1.32	1.25/1.33	1.34/1.44	1.48/1.63
	进/出空气预热器烟气量	t/h	2552/2687	2298/2424	1874/1998	1430/1562
	空气预热器进/出口烟温（考虑漏风）	℃	416/123	401/116	378/108	355/102
	空气预热器进/出口一次风温	℃	28/372	28/360	28/344	28/329
	空气预热器进/出口二次风温	℃	23/379	23/366	28/349	34/332
	空气预热器进/出口一次风量	t/h	369/282	344/258	294/210	243/156
	空气预热器进/出口二次风量	t/h	1965/1916	1785/1744	1474/1435	1146/1102

3. 哈尔滨锅炉厂超临界 W 火焰直流锅炉

以 HG-1900/25.4-WM10 型锅炉（图 1-17）为例，它是哈尔滨锅炉厂设计制造的一次中间再热、超临界压力变压运行、带内置式再循环泵启动系统的直流锅炉，单炉膛、平衡通风、固态排渣、全钢架、全悬吊结构、Ⅱ型、露天布置。锅炉燃用无烟煤，采用 W 火焰燃烧方式，在前后拱上共布置有 24 个煤粉燃烧器、6 台 BBD4360 双进双出磨煤机直吹式制粉系统。尾部设置分烟道，采用烟气调节挡板调节再热器出口汽温。

HG-1900/25.4-WM10 型锅炉的汽水流程与 DG2076/25.73-Ⅱ12 型锅炉相同。但需要说明的是，该型锅炉原设计中间混合集箱为非全混合式（后续改造时改为全混合式中间混合集箱），用于水冷壁在上下炉膛间的过渡。原设计没有在水冷壁系统设置节流孔圈，锅炉下炉膛和上炉膛下半部分水冷壁采用改进型内螺纹管，并在水冷壁系统设置有压力平衡管道。

锅炉烟风流程也大致与 DG2076/25.73-Ⅱ12 型锅炉相同。但需要说明的是，HG-1900/25.4-WM10 型锅炉原本没有采用典型的英巴缝隙式燃烧器布置方式，而是采用了改进型的"多次引射分级燃烧技术"进行燃烧器喷口布置，加强了一次风火焰的下冲和对高温烟气的卷吸，英巴典型的旋风筒分离器也改为百叶窗浓缩器。此外原设计并没有设置

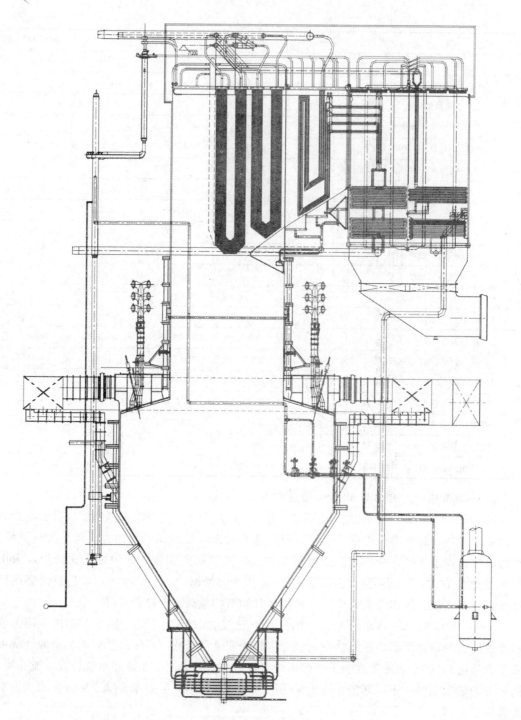

图 1－17　HG－1900/25.4－WM10 型锅炉总图

燃尽风，而是在后来增设的。投运后，由于水冷壁超温爆管严重，燃烧器也进行了多次改造，最后又基本恢复了英巴的典型布置方式。

在平均大气压 874.4hPa 条件下，燃用表 1－12 所示的设计煤种，煤粉细度 $R_{90} \leqslant 7\%$

时，在锅炉 BRL 考核工况下，锅炉保证热效率不小于 91.4%（按收到基低位发热值）。锅炉设计带基本负荷并参与调峰，锅炉在燃用设计煤种时，不投油最低稳燃负荷为 40% BMCR。锅炉正常运行时（B-MCR 和 THA 工况时）NO_x 的排放保证值小于 1100mg/Nm^3（标态干基，$O_2=6\%$）。主要性能参数见表 1-13。

表 1-12　　　　　　　HG-1900/25.4-WM10 型锅炉设计、校核煤种

项　目	符号	单位	设计煤种	校核煤种
收到基碳	C_{ar}	%	55.94	52.53
收到基氢	H_{ar}	%	2.15	1.33
收到基氧	O_{ar}	%	0.64	0.65
收到基氮	N_{ar}	%	0.87	0.41
收到基硫	S_{ar}	%	2.80	2.90
收到基水分	M_{ar}	%	8.0	10.0
收到基灰分	A_{ar}	%	29.6	32.18
收到基低位发热值	$Q_{net,ar}$	kJ/kg	21002	19217
空气干燥基水分	M_{ad}	%	21.002	19.217
干燥无灰基挥发分	V_{daf}	%	9.51	8.66
可磨性系数	HGI	%	70	70
灰变形温度	DT	℃	1210	1130
灰软化温度	ST	℃	1280	1200
灰半球温度	HT	℃	1310	1220
灰流动温度	FT	℃	1370	1260

表 1-13　　　　　　　HG-1900/25.4-WM10 型锅炉设计、校核煤种

名　称	单位	BMCR	TRL	THA
过热器出口蒸汽流量	t/h	1900	1808	1670.9
过热器出口压力	MPa.g	25.4	25.28	25.11
过热器出口温度	℃	571	571	571
再热器出口蒸汽流量	t/h	1607.4	1525.6	1423.2
再热器进口压力	MPa.g	4.717	4.467	4.188
再热器出口压力	MPa.g	4.537	4.290	4.021
再热器进口温度	℃	319.7	313.0	306.7
再热器出口温度	℃	569	569	569
给水压力	MPa.g	28.2	27.84	27.33
给水温度	℃	283.9	280.2	275.6
预热器进口烟气温度	℃	374	370	366
排烟温度（修正前/后）	℃	135.6/130	133.9/127.8	130.7/125.7
预热器进口一、二次风温	℃	30/23	30/23	30/23
预热器出口一次风温	℃	350.6	346.7	332.2
预热器出口二次风温	℃	323.9	321.7	318.8
省煤器出口过量空气系数		1.21	1.21	1.26
燃煤耗量	t/h	287.7	276.5	258.8
锅炉计算热效率（按低位热值）	%	91.951	92.035	92.18

注　TRL—汽机额定负荷。

1.4　W火焰锅炉燃烧系统与设备

1.4.1　W火焰锅炉的炉膛

1. 炉膛轮廓与相关参数

按照《大容量煤粉燃烧锅炉炉膛选型导则》（DL/T 831—2015）定义，表征 W 火焰锅炉炉膛轮廓几何结构及燃烧器布置的特征尺寸如图 1-18 所示。

对于 W 火焰锅炉炉膛，选型准则一般可取用全炉膛容积放热强度 q_V（kW/m³）、下炉膛容积放热强度 $q_{V,L}$（kW/m³）、下炉膛断面放热强度 $q_{F,L}$（MW/m²）、燃尽区容积放热强度 q_m（kW/m³）或燃尽高度 h_1（m）等 4 项主要轮廓特征参数，其中

$$q_V = \frac{Q_r}{V} \times 10^3 \times \frac{P}{P_o} \qquad (1-1)$$

$$q_{V,L} = \frac{Q_r}{V_L} \times 10^3 \times \frac{P}{P_o} \qquad (1-2)$$

$$q_F = \frac{Q_r}{F_C} \times \left(\frac{P}{P_o}\right)^{2/3} \qquad (1-3)$$

$$q_m = \frac{Q_r}{V_m} \times 10^3 \times \frac{P}{P_o} \qquad (1-4)$$

$$h_1 = \frac{q_F}{q_m} \times \left(\frac{P_o}{P}\right)^{1/3} \qquad (1-5)$$

$$F_C = WD \qquad (1-6)$$

$$V_m = WD_U h_1 \qquad (1-7)$$

$$Q_r = B\,(1 - q_4/100) \times Q_{net,ar} \qquad (1-8)$$

式中　V——炉膛有效容积，是冷灰斗计算截面到炉膛出口烟窗之间的容积，m³；

　　　　F_C——炉膛断面积，m²；

　　　　V_m——燃尽区炉膛计算容积，m³；

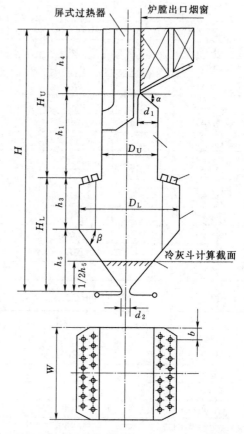

图 1-18　W 火焰锅炉炉膛轮廓尺寸示意图

H—炉膛高度，为从炉底排渣喉口至炉膛顶棚管中心线距离；W—炉膛宽度，左右侧墙水冷壁管中心线间距离；H_L—下炉膛高度，从炉底排渣喉口至拱顶上折点垂直距离；H_U—上炉膛高度，从拱顶上折点至炉膛顶棚管中心线垂直距离；D_L—下炉膛深度；D_U—上炉膛深度；h_1—燃尽区高度，为拱顶上折点至折焰角尖端的垂直距离；h_3—拱顶上折点至冷灰斗上折点的垂直距离；h_4—折焰角尖端或上折点至顶棚管中心线的垂直距离；h_5—冷灰斗高度，即排渣喉口至冷灰斗上折点的垂直距离；d_1—折焰角深度，即 Π 形炉折焰角尖端至后墙水冷壁中心线的水平距离；d_2—排渣喉口净深度；b—炉膛横断面上炉墙切角形成的小直角边尺寸；α—折焰角下倾角；β—冷灰斗斜坡与水平面夹角

Q_r——锅炉输入热功率，MW；

V_L——下炉膛有效容积，m^3；

B——锅炉 BMCR 设计燃煤量，kg/s；

$Q_{net,ar}$——设计燃煤低位发热量 MJ/kg；

q_4——固体未完全燃烧热损失，%；

P、P_o——设计大气压和基准大气压，kPa。

此外，比较重要的一些参数还有：上/下炉膛深度比 D_U/D_L、卫燃带敷设面积 $A_r(m^2)$ 及其占下炉膛有效辐射受热面的比例 $P_r(\%)$、一次风喷口中心线与侧墙距离 $L_s(m)$、下炉膛宽深比 W/D_L 等。表 1-14 是主要类型 W 火焰锅炉炉膛轮廓尺寸和相关参数以及《大容量煤粉燃烧锅炉炉膛选型导则》（DL/T 831—2015）的推荐值（海拔修正后，$P=87kPa$、$P_o=98kPa$）。

表 1-14　　主要类型 W 火焰锅炉炉膛轮廓尺寸和相关参数的对比

项目	单位	东方锅炉厂		北京巴威公司		哈尔滨锅炉厂		标准推荐值	
		300MW	600MW	300MW	600MW	300MW	600MW	300MW	600MW
q_V	kW/m^3	93.72	86	90.4	89.8	90.72	74.88	80~93	71~84
$q_{V,L}$	kW/m^3	203.36	206.20	188.5	216.7	157.8	144.7	169~204	195~222
$q_{F,L}$	MW/m^2	2.340	2.898	2.321	2.851	2.358	2.514	2.0~2.8	2.3~2.8
h_1	m	15.436	24.244	14.672	21.686	10.000	14.444	16~21	21~24
L_s	m	3.383	3.752	2.963	4.411	4.512	4.104	1.5-3	
D_U/D_L		0.555	0.582	0.539	0.565	0.470	0.529	>0.5	
P_r	%	59.5	41.6	41.6	39.9	44.3	20.27	30~55	—
A_r	m^2	781	925	612.5	850	640	494	—	—
H	m	42	58	44.700	54.126	44.056	58.2	—	—
W	m	24.765	32.121	21.900	31.813	20.7	26.680	—	—
H_L	m	17.671	21.565	18.450	20.494	22.056	27.663	—	—
D_L	m	13.726	17.100	15.600	16.550	17.224	23.666	—	—
W/D_L		1.804	1.878	1.404	1.922	1.202	1.110	—	—

此外，除了 B&W 型部分 300MW 等级自然循环 W 火焰锅炉外，大部分 W 火焰锅炉都采用了八角形横截面的下炉膛（即带切角的下炉膛，如图 1-18 所示），它的好处是避免了角部受热较弱的水冷壁管，这对超临界直流 W 火焰锅炉更加重要。

2. 卫燃带的敷设

卫燃带对于 W 火焰锅炉的性能有很大的影响，不同技术类型和流派的 W 火焰锅炉卫燃带的敷设面积和敷设方式各不相同。FW 型 W 火焰锅炉卫燃带的敷设比例较大，也比较有代表性。

FW 型 W 火焰锅炉卫燃带布置示意图如图 1-19 所示，在燃烧器出口附近的区域①、②、③的卫燃带是最重要的，它们反射的辐射热是一次风煤粉着火稳燃的重要热源，区域③、④是比较容易结渣的地方，严重时会在其下方产生堆积和堵塞，同时为了便于排渣，在区域③、④和区域⑤、⑥之间以及排渣口附近特地留出较大空白区域并设置有吹扫风以

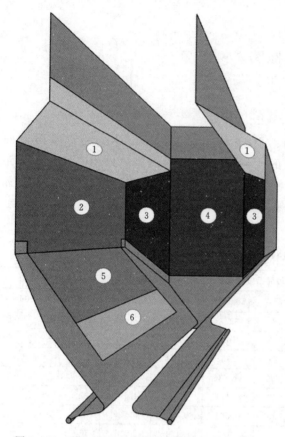

图 1-19　FW 型 W 火焰锅炉卫燃带布置示意图

防止渣块的堆积。

一般 FW 型 W 火焰锅炉在除了区域⑤、⑥以外的其他区域都布置有卫燃带，在 300MW 等级锅炉所，卫燃带在下炉膛的敷设比例接近 60%。

B&W 型 W 火焰锅炉卫燃带布置如图 1-20 所示，一般布置在下炉膛的上半部分（分级风口以上）。以 B&WB-1025/17.4-M 型锅炉为例，卫燃带面积 612.5m²，高度 6.866m，在易结渣部位（20.6m 标高、比乏气风略低）增设了贴壁风；而 B&WB-1900/25.4-M 型锅炉卫燃带面积 850m²，高度约 7m，并且增设了翼墙吹扫风。

和其他类型 W 火焰锅炉使用捣打料卫燃带不同，MBEL 型 W 火焰锅炉一般使用预制的耐火砖通过销钉安装在水冷壁上构成卫燃带［图 1-21（a）］，并在有的地方采用了花敷的方式［图 1-21（b）］。一般 MBEL 的 W 火焰锅炉拱部没有设置卫燃带，并且在锅炉炉膛拱部靠近前后墙处设置了向下贴水冷壁喷射的防结渣贴壁风。

典型的 MBEL 型 W 火焰锅炉卫燃带布置方式如图 1-22（a）所示。根据不同的实际情况，不同的电厂在此基础上又有所增减和调整，总的来说，调整的优先顺序大致与图 1-19 所示的情况一致，比如 HG-1900/25.4-WM10 型锅炉就在拱部使用了捣打料敷设卫燃带，此外还增设了翼墙吹扫风。卫燃带减得最多的如图 1-22（b）所示，但前提是稳燃和燃尽要有足够的保障。

1.4.2　W 火焰锅炉的燃烧设备

1. FW 燃烧系统和设备

如图 1-23 所示，双旋风筒燃烧器是 FW 型 W 火焰锅炉的标准配置。

燃烧所需要的二次风分别从拱上和拱下的二次风口进入炉膛。对应于每个燃烧器，二次风箱用隔板分隔成彼此独立、可单独调节的单元，每一单元内布置 A、B、C、D、E、F 等 6 个二次风道及挡板（A、B 和 D、E 为手动，C 和 F 为远控，600MW 超临界锅炉 D、E 合并为 D），分别控制拱上、拱下二次风量，其中拱上二次风约占 30%，其余为供下二次风。二次风室结构可参见图 1-24。此外还有 G 挡板用于控制下炉膛 4 角（图 1-19 区域③和⑤之间）吹扫风。

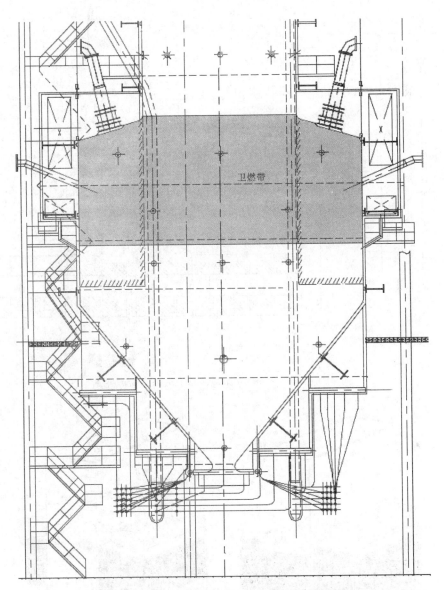

图 1-20　B&W 型 W 火焰锅炉卫燃带布置示意图

　　FW 型 300MW 等级和 600MW 等级 W 火焰锅炉典型的燃烧器数量都是 24 只，它们
与直吹式制粉系统磨煤机的对应关系如图 1-25 和图 1-26 所示，相对于炉膛中心呈中心
对称布置（前后左右交叉），以尽量保持燃烧器热量输入的均匀性。

　　2. B&W 燃烧系统和设备

　　对于燃用低挥发分煤，B&W 型 W 火焰锅炉的典型设计是采用直吹式双进双出球磨
煤机加浓缩型 EI-XCL 燃烧器。如图 1-27 和图 1-28 所示，一次风煤粉气流先通过一
段偏心异径管加速和弯头的离心分离作用，然后在浓缩装置中使淡相（约 50% 的一次风
和 10%～15% 煤粉）分离出来，经乏气管（有缩孔和快关门远控）引到拱下乏气喷
口（外侧装有冷却风套管，喷口允许 30mm 的膨胀滑动）喷入炉膛燃烧，而剩下的浓相

31

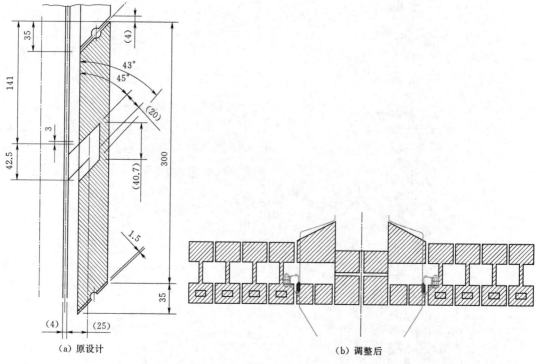

（a）原设计   （b）调整后

图 1 - 21　MBEL 型 W 火焰锅炉卫燃带的敷设方式

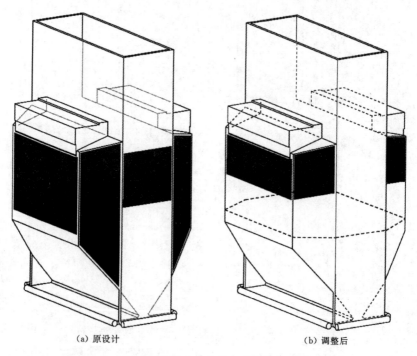

（a）原设计   （b）调整后

图 1 - 22　MBEL 型 W 火焰锅炉卫燃带布置区域示意图

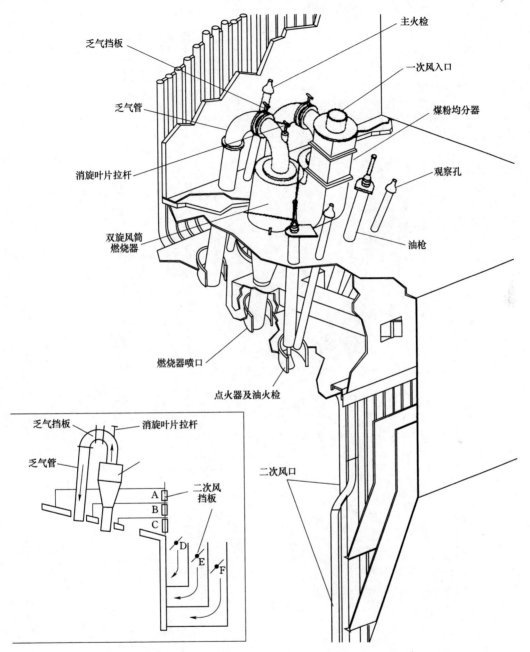

图 1-23 FW 型 W 火焰锅炉燃烧设备

煤粉气流由燃烧器一次风喷口喷入炉内燃烧。

燃烧所需空气大部分从拱上通过燃烧器内外二次风通道引入炉膛，单个燃烧器二次风总量由调风套筒控制（可远控），内外二次风之间的比例由调风盘控制，而内外二次风的旋流强度由相应的旋流叶片调节。

B&W 型 300MW 等级 W 火焰锅炉燃烧器数量为 16 只、600MW 等级为 24 只，以炉膛中心线对称，它们与直吹式制粉系统磨煤机的对应关系如图 1-29 和图 1-30 所示，相

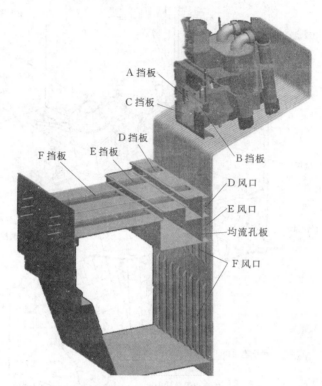

A 挡板
C 挡板
D 挡板
F 挡板 E 挡板
B 挡板
D 风口
E 风口
均流孔板
F 风口

图 1-24 FW 型 W 火焰锅炉二次风室的结构

后拱	B1	A1	B2	A2	B3	A3	D3	C3	D2	C2	D1	C1
	炉膛										
前拱	C4	D4	C5	D5	C6	D6	A6	B6	A5	B5	A4	B4

	1	2	3		1	2	3		1	2	3		1	2	3
	磨煤机 A				磨煤机 B				磨煤机 C				磨煤机 D		
	4	5	6		4	5	6		4	5	6		4	5	6

图 1-25 FW 型 300MW 等级 W 火焰锅炉燃烧器与直吹式制粉系统磨煤机的对应关系

后拱	C1	B1	A1	C2	B2	A2	F1	E1	D1	F2	E2	D2
	炉膛										
前拱	D3	E3	F3	D4	E4	F4	A3	B3	C3	A4	B4	C4

	1	2		1	2		1	2		1	2		1	2		1	2
	磨煤机 A			磨煤机 B			磨煤机 C			磨煤机 D			磨煤机 E			磨煤机 F	
	3	4		3	4		3	4		3	4		3	4		3	4

图 1-26 FW 型 600MW 等级 W 火焰锅炉燃烧器与直吹式制粉系统磨煤机的对应关系

对于炉膛中心呈中心对称布置。

此外，下炉膛前后墙适当位置还布置了如下分级风：

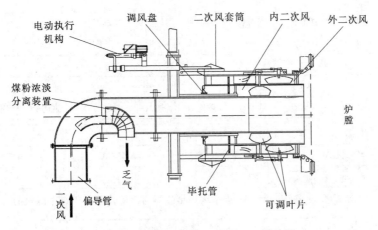

图 1-27　B&W 浓缩型 EI-XCL 燃烧器

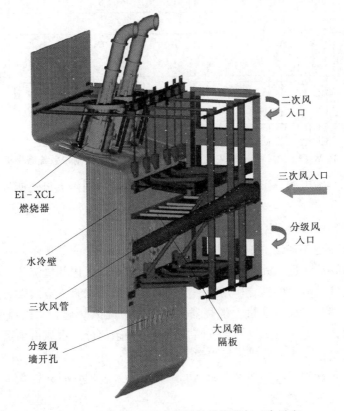

图 1-28　B&W 型 W 火焰锅炉燃烧器与二次风室

（1）300MW 等级：分级风仓引出 16 个分级风口，与燃烧器一一对应，同时两两一组（图 1-19）由对应的分级风仓挡板进行控制（可远控）。前后拱各设一个开式大风箱，每个大风箱又分为 1 个二次风风仓和 4 个分级风风仓，风箱风量分别由大风箱和分级风两侧入口调节挡板来进行控制（可远控），分级风仓风量由分仓挡板控制。

（2）600MW 等级：与燃烧器对应，从分级风箱引出 24 个分级风管，每个可单独远控，但每个分级风管又分为两个喷口下倾进入炉膛。在锅炉的前后拱上，各设有一个上部

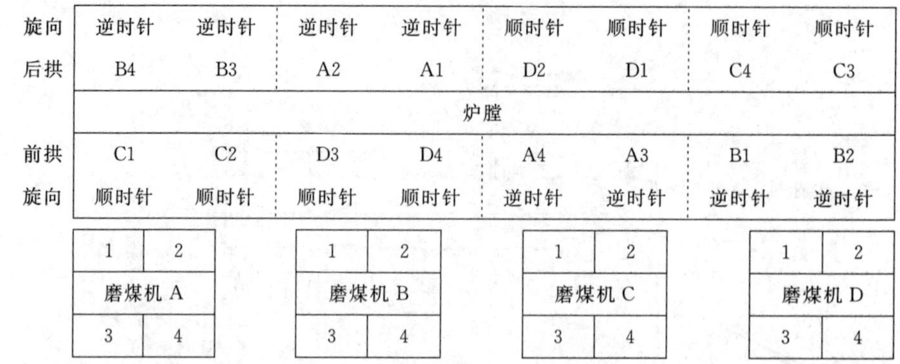

旋向	逆时针	逆时针	逆时针	逆时针	顺时针	顺时针	顺时针	顺时针
后拱	B4	B3	A2	A1	D2	D1	C4	C3
炉膛								
前拱	C1	C2	D3	D4	A4	A3	B1	B2
旋向	顺时针	顺时针	顺时针	顺时针	逆时针	逆时针	逆时针	逆时针

磨煤机 A	磨煤机 B	磨煤机 C	磨煤机 D
1 2 / 3 4	1 2 / 3 4	1 2 / 3 4	1 2 / 3 4

图 1-29 B&W 型 300MW 等级 W 火焰锅炉燃烧器与直吹式制粉系统磨煤机的对应关系

旋向	逆	逆	逆	逆	逆	逆	顺	顺	顺	顺	顺	顺
后拱	D1	E1	F1	D2	E2	F2	A1	B1	C1	A2	B2	C2
炉膛												
前拱	C3	B3	A3	C4	B4	A4	F3	E3	D3	F4	E4	D4
旋向	顺	顺	顺	顺	顺	顺	逆	逆	逆	逆	逆	逆

磨煤机 A	磨煤机 B	磨煤机 C	磨煤机 D	磨煤机 E	磨煤机 F
1 2 / 4 3	1 2 / 3 4	1 2 / 3 4	1 2 / 3 4	1 2 / 3 4	1 2 / 3 4

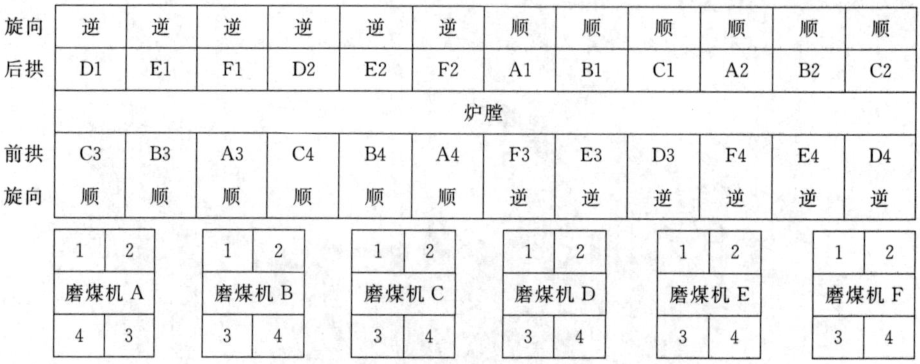

图 1-30 B&W 型 600MW 等级 W 火焰锅炉燃烧器与直吹式制粉系统磨煤机的对应关系

二次风大风箱和一个下部分级风大风箱，各风箱总风量分别由大风箱两侧风道上的挡板控制（可远控）。

3. MBEL 燃烧系统和设备

缝隙式燃烧器是 MBEL 的典型设计，如图 1-31 和图 1-32 所示。一次风经过旋风分离器浓缩分离后，淡相进入外侧缝隙式乏气喷口，浓相进入内侧缝隙式一次风喷口喷入炉内燃烧。由于狭缝式喷口的消旋作用，一次风和乏气都是以直流方式喷入炉膛的。

燃烧所需大部分二次风从拱上燃烧器二次风喷口喷入炉膛，二次风喷口也是缝隙式的，以二夹一的方式夹在一次风和乏气喷口两侧。剩余部分二次风由拱下由水冷壁管间缝隙形成的分级风（也成为三次风）风口送入炉膛。

图 1-33 是 MBEL 型 300MW 等级 HG-1025/17.3-WM18 型锅炉燃烧器分组布置方式及与磨煤机的对应关系。

锅炉共 16 只燃烧器（每个燃烧器对应 1 个旋风分离器和 2 个一次风喷口及乏气喷口），每两个燃烧器又组成一组集中布置在一起，共用一个二次风室。三次风喷口也在拱下对应位置按燃烧器的方式分组布置，每组共用一个三次风室。锅炉在前后拱分别布置两个平行的大风箱，每个大风箱又分别与两个二次风室和对应的三次风室相连。大风箱两侧有挡板控制，每个二次风室和对应的三次风室入口都有挡板单独控制风量。值得注意的是，该型锅炉同一台磨煤机的燃烧器并没有交叉布置于前后拱上（中心对称），而是相对于锅炉左右侧中心线对称布置在同一侧拱上（轴对称）。

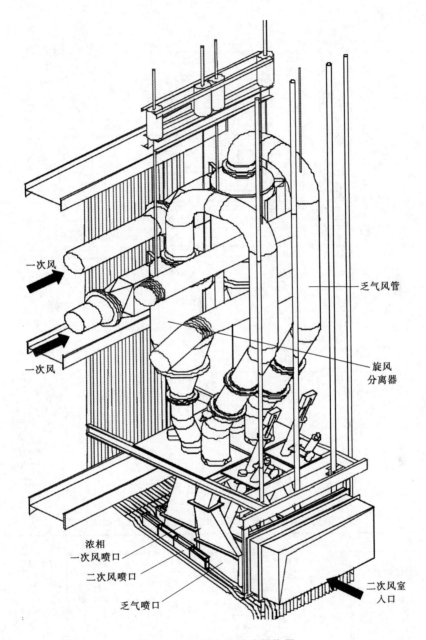

一次风

一次风

乏气风管

旋风
分离器

浓相
一次风喷口

二次风喷口

乏气喷口

二次风室
入口

图 1-31　MBEL 缝隙式燃烧器

因为 HG-1900/25.4-WM10 型锅炉采用的是改进型的"多次引射分级燃烧器"，并且投产以来改动较多，因此本书将在后面的技术改造部分再对其进行介绍。

4. 各种燃烧器的主要设计参数

各种型号 W 火焰锅炉燃烧系统主要设计参数及《大容量煤粉燃烧锅炉炉膛选型导则》（DL/T 831—2015）的推荐值见表 1-15。

二次风喷口
点火器
炉膛
分离器
界线
一次风喷口
乏气喷口

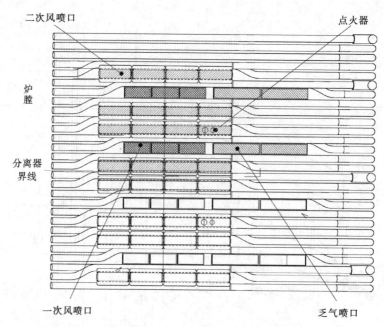

图 1-32 MBEL 缝隙式燃烧器喷口布置示意图

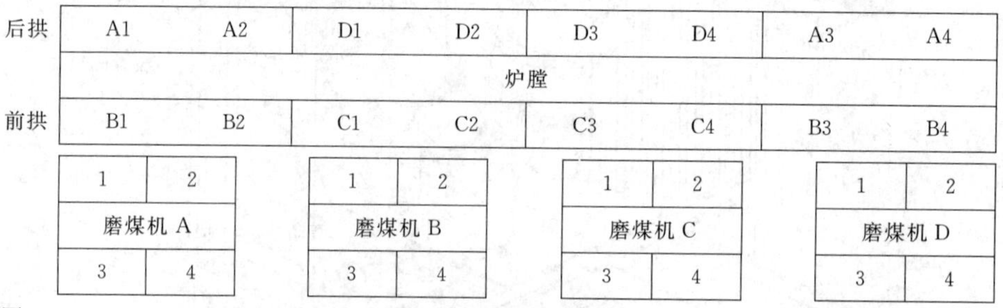

后拱
A1
A2
D1
D2
D3
D4
A3
A4
炉膛
前拱
B1
B2
C1
C2
C3
C4
B3
B4
1
2
磨煤机 A
3
4
1
2
磨煤机 B
3
4
1
2
磨煤机 C
3
4
1
2
磨煤机 D
3
4

图 1-33 MBEL 型 300MW 等级 W 火焰锅炉燃烧器与直吹式制粉系统磨煤机的对应关系

表 1-15　　W 火焰锅炉燃烧系统（配直吹式制粉系统）设计参数一览

技术类型		东方锅炉厂		北京巴威公司			哈尔滨锅炉厂	
等级		实际	推荐	300MW	600MW	推荐	300MW	推荐
主喷口数		48～72	20～32	16	24	16～18	32	32～48
风率/%	一次风	16.42	14～20	16.12	15.18	16～25	17	14～20
	二次风	25.07	20～35	58.6	54.2	50～60	70	63～83
	三次风②	58.51	50～65	22	26.6	12～20	10	10～15
温度/℃	一次风粉	120/130	90～150	120	230	130～200	115	90～150
	二、三次风②	341/364	340～400	354	375	340～400	354	340～400
风速/(m/s)	一次风	—	10～20	21.2	18.1	18～24	10	9～13
	二次风	—	30～40	内 19.9	内 19.3	内 18～26	35	～33
				外 39.3	外 38.4	外 35～41		
	三次风②	—	8～16	38	47.1	37～43	35	—
	乏气	—	10～25	21	20.3	20～28		～19

技术类型		东方锅炉厂		北京巴威公司			哈尔滨锅炉厂	
等级		实际	推荐	300MW	600MW	推荐	300MW	推荐
倾角①/(°)	一次风	5	—	25	15	—	0	—
	二次风	5③、25④	—	25	15	—	0	—
	三次风②	0/~45⑤	—	45/35	25	—	0	—
	乏气	5	—	32	35	—	0	—
炉膛出口过量空气系数		1.3/1.25	1.15~1.30	1.25	1.25	1.15~1.30	1.21	1.15~1.30

① 布置在拱上的，指由垂直朝炉膛方向偏转的角度，对于布置在拱下的指由水平向下偏转的角度。

② 按《大容量煤粉燃烧锅炉炉膛选型导则》（DL/T 831—2015）的定义，三次风为拱下二次风或分级风。

③ 指拱上 A、B 二次风的倾角。

④ 指拱上 C 二次风的倾角。

⑤ 600MW 等级超临界 W 火焰锅炉 F 风下倾约 45°。

5. W 火焰锅炉的燃尽风

早期的 W 火焰锅炉都没有设计分离式燃尽风，在降低 NO_x 方面只是考虑了浓度分离和拱下分级配风的措施，实践证明，这些措施效果都不明显，W 火焰锅炉的 NO_x 生成量仍然很高。随着环保要求的提高，除了尾部脱硝（SCR）外，目前大部分 W 火焰锅炉基本上都采用了增设拱上燃尽风的措施，以便从源头上减少 NO_x 的生成，从而减少尾部脱硝的压力和成本。

从生成机理上看，煤粉燃烧生成的 NO_x 主要有以下类型：

（1）燃料型：燃料中氮化合物在煤受热分解燃烧过程中氧化而成。它在 $600\sim800℃$ 时就开始生成，并贯穿于整个燃烧过程，但主要集中在煤粉着火燃烧的前期。它在煤粉燃烧 NO_x 产物中约占 50% 以上。

（2）热力型：由空气中氮在高温下氧化产生。随着燃烧反应温度 T 的升高，其反应速率按指数规律增加。如图 1-34 所示，当 $T<1500℃$ 时 NO_x 的生成量很少，而当 $T>1500℃$ 时，NO_x 生成量迅速增加，这也是低挥发分煤 W 火焰锅炉 NO_x 生成量高的重要原因之一。

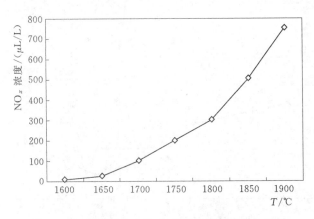

图 1-34 煤粉燃烧 NO_x 生成量与燃烧温度的关系

（3）快速型：燃料挥发物中碳氢化合物高温分解生成的 CH 自由基可以和空气中 N_2

反应生成 HCN 和 N，再进一步与 O_2 作用以极快的速度生成 NO_x。一般快速型量很小。

所谓燃尽风技术（OFA），就是在煤粉着火燃烧的初期（第一阶段）只供应所需风量的 $70\% \sim 75\%$，使煤粉在缺氧的状态下进行燃烧反应（这种状态将降低燃烧反应的温度），并将这种状态保持足够长的时间，从而抑制 NO_x 的生成，并且能将部分生成的 NO_x 还原成 N_2。然后在第二阶段将完全燃烧所需的其余空气通过布置在主燃烧器上方专门的 OFA 喷口喷入炉膛，和烟气充分混合以保证未燃尽碳和可燃气体的充分燃烧。这时由于燃料挥发分已基本燃尽，而燃烧仍然处于偏离化学当量的过氧量状态，因此燃烧温度仍然受到抑制，从而保证烟气中的 NO_x 不会明显增加。由于低挥发分煤难以稳燃和燃尽，加上 W 火焰锅炉本身的特点，因而在 W 火焰锅炉上使用 OFA 难度要比其他燃烧方式大，容易对燃料燃尽产生较大的影响。

目前的 W 火焰锅炉 OFA 技术主要是在上炉膛一定高度上设置 OFA 喷口（图 1-35），OFA 水平或下倾一定角度布置（可以改善燃尽）。华中科技大学的相关研究显示，OFA 布置高度 H 越高，NO_x 相对值 RNO_x（指相对于没有 OFA 时的 NO_x 的百分比），越低飞灰含碳量 LOI 也越高（图 1-36）；而随着 OFA 风速 V_{OFA} 的增加，RNO_x 和 LOI 同时都得到降低（图 1-37）。因此 W 火焰锅炉 OFA 成功的关键，除了要保证下炉膛的合理选择与设计外，还要在选择合适 OFA 风速、风量的基础上，合理选择 OFA 布置位置和下倾角度，同时尽可能强化 OFA 和烟气的充分、均匀混合。

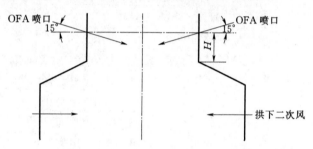

图 1-35　W 火焰锅炉 OFA 的布置方式

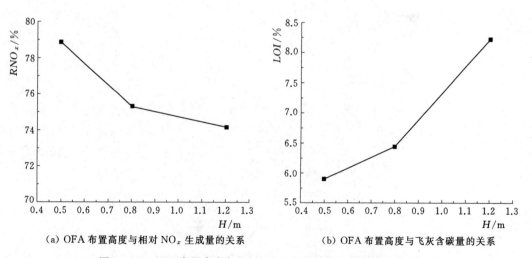

(a) OFA 布置高度与相对 NO_x 生成量的关系　　(b) OFA 布置高度与飞灰含碳量的关系

图 1-36　OFA 布置高度与相对 NO_x 生成量和飞灰含碳量的关系

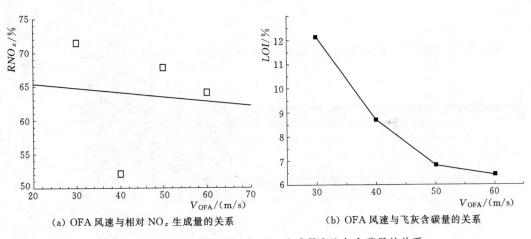

(a) OFA 风速与相对 NO$_x$ 生成量的关系　　　　(b) OFA 风速与飞灰含碳量的关系

图 1 - 37　OFA 风速与相对 NO$_x$ 生成量和飞灰含碳量的关系

目前，各型 W 火焰锅炉 OFA 的布置方式都差不多（图 1 - 38、图 1 - 39），除了 HG -
1900/25.4 - WM10 型锅炉布置拱上喉部外，都是布置在上炉膛一定高度上的。为了加
强 OFA 和烟气的混合，OFA 喷口基本上都采取了中心直流＋外层旋流的方式，并且外
层旋流的旋流强度和两股气流之间的流量分配均可以通过调节机构来调节，区别只是
在具体实现的方式和结构上不同。中心直流速度高、刚性大，能直接穿透上升烟气进
入炉膛中心；外层旋流离开调风器后向四周扩散，和靠近炉膛水冷壁附近的上升烟气
进行混合。

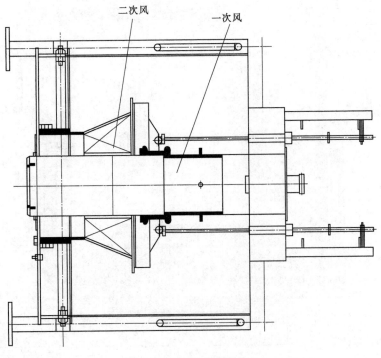

图 1 - 38　FW 燃尽风喷口

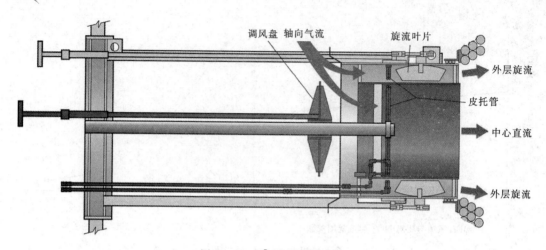

图 1-39 B&W 燃尽风喷口

1.4.3 双进双出球磨机

1. 双进双出球磨机直吹式制粉系统的特点

如图 1-40 所示,双进双出球磨机直吹式制粉系统是 W 火焰锅炉的标配,其核心设备是双进双出球磨机。顾名思义,双进双出球磨机煤和起干燥、携带作用的热风(一次风)都是从罐体两端进入的,经过磨制的风粉气流再从两端引出,煤粉气流在罐内有一个

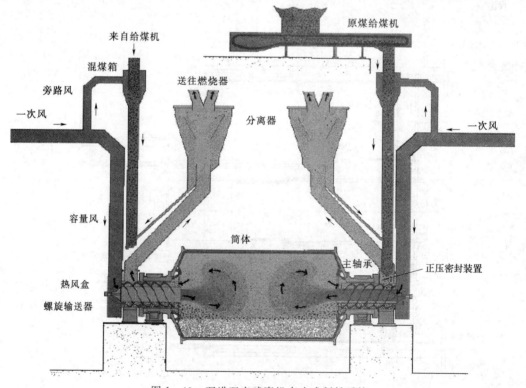

图 1-40 双进双出球磨机直吹式制粉系统

初步的碰撞分离过程，因此保持双进双出球磨机两端风粉和燃料的平衡是比较重要的。双进双出球磨机和普通钢球磨的磨制原理相同（图1-41），都是利用了钢球对煤粒的破碎和研磨作用，在合适的罐体转速下，磨机罐体内壁具有一定形状的衬瓦带动钢球和煤粒的混合物不断翻滚搅动，对煤粒进行研磨，部分钢球煤粉被带到一定高度落下，起到锤击破碎的作用。与此同时，热风不断对煤粒进行干燥并将足够细的煤粉带出罐体，经过分离器的分离筛选后，过粗的煤粉被分离出来并送回罐体重新磨制，而一次风（温度降低）中则包含合格了的煤粉和煤中蒸发出来的水分。对于直吹式制粉系统，一次风粉直接被送入燃烧器燃烧。而

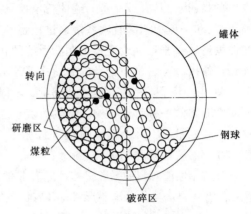

图1-41　球磨机研磨破碎原理

在中储式系统中，风粉混合物再经过一个分离器（细粉分离器）后，脱除了大部分煤粉后的乏气被送入燃烧器燃烧，而分离出来的合格煤粉被送入粉仓储存，再由给粉机送入混合器与另外的热风混合升温后送入燃烧器燃烧。

采用中储式热风送风的好处是能够最大限度地提高风粉混合物的温度（相对于直吹系统最多能提高100℃左右），从而有利于低挥发分煤的着火稳燃（也有研究者认为作用不大），但系统复杂、环节多、占地大、布置困难、漏风大（因密封困难而只能采用负压系统）、易漏粉、环境差、可靠性差、控制复杂，并且比直吹系统多出来的大量低温高湿的乏气，对于燃用低挥发分煤的W火焰锅炉来说是非常难以处理的，容易对稳燃燃尽造成不良影响。而直吹式系统相对简洁、紧凑、环节少、易于密封和控制、可靠性高，因而除了在燃用一些极难燃尽的煤种时少部分厂家采用了中储式热风送风系统外，绝大部分的W火焰锅炉采用的都是双进双出球磨机直吹式制粉系统。贵州W火焰锅炉全部配备双进双出球磨机直吹式制粉系统，并且采用的主要是BBD和FW两种类型的双进双出球磨机，详情见表1-16。

表1-16　　　　　　　　　　贵州W火焰锅炉双进双出球磨机

技术类型	球磨机型号	球磨机数量/个	应用锅炉台数/台	应用锅炉等级
BBD	BBD4360	36	6	600MW
	MGS4360	24	4	600MW
	MGS4766	24	4	600MW
	BBD4062	16	4	300MW
	BBD4060	16	4	300MW
	BBD3854	16	4	300MW
FW	D-10-D	16	4	300MW
	D-11-D	32	8	300MW

双进双出球磨机能够磨制难磨的煤种（大部分低挥发分煤都比较难磨）并达到很高的

细度要求；双进双出球磨机罐体较大，能够储存较多的煤粉（一般断煤后还能维持 15min 左右的供粉），具有较完备的罐体粉位控制系统，但一般制粉电耗较高（特别是在部分负荷下）。和一般中速磨直吹系统通过控制给煤量来控制系统出力不同，双进双出球磨机通过改变通风量来迅速改变带出制粉系统的粉量从而改变球磨机出力，而这也是和一般工作在最佳通风量下、出力稳定的中储式钢球磨（通过粉尘粉位控制启停）不同的地方。

和一般钢球磨一样，钢球装载量、不同大小钢球的配比以及衬瓦的形式都对球磨机的研磨性能和效率有重要影响。一般而言，煤越难磨，要求的出力越大；煤粉越细，要求的钢球的装载量越大，小钢球的比例也越大（钢球越小，比表面积越大，研磨作用越强；煤粉越细，需要的研磨越多）。

分离器性能对制粉系统整体性能有非常重要的影响，传统的 BBD 和 FW 双进双出球磨机都配有各自经典的分离器形式，各有特色但也都有不足之处，近年随着对煤粉细度和均匀性要求的提高，对分离器形式大都进行了改进和优化，并且采用动态分离器越来越普遍。

2. BBD 双进双出钢球磨煤机

BBD 双进双出钢球磨煤机主要由筒体部分、螺旋输送器、主轴承、传动部分、大小齿轮装置、混煤箱、分离器及分离器接管、返煤管、加球装置、隔音罩等组成，如图 1-42 所示。在静止的分离器和转动的磨煤机空心轴之间装有正压密封装置。

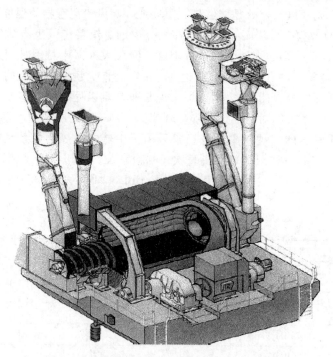

图 1-42　BBD 双进双出球磨机直吹式制粉系统

双进双出钢球磨煤机的风粉流程都相差不大，但 BBD 双进双出钢球磨煤机的特点之一是其旁路风的设置。即热的一次风在进入磨煤机前分出一路旁路风，在混煤箱内与原煤混合对煤进行预干燥，然后旁路掉罐体直接进入分离器，以便维持煤粉管道中有足够的风速来避免煤粉的沉积和堵塞（旁路风的控制如图 1-43 所示）。

BBD 双进双出钢球磨煤机一般采用电耳粉位测量装置（图 1-44），通过测量罐体在不同粉位下噪声的变化来监测粉位，用来控制给煤机的给煤量。后来为了提高粉位测量的可靠性，又增设了压差粉位测量装置（一般 FW 双进双出钢球磨煤机常用该测量方式）。两种测量方式是相互独立的，一般情况下，电耳测量用于筒体从无煤至满负荷期间的煤位监测，压差粉位测量一般在罐内已经建立一定高度的粉位后才能正常使用。

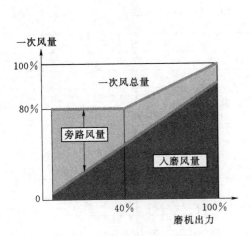

图 1-43　旁路风量的控制

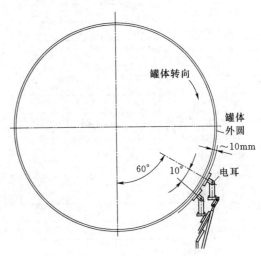

图 1-44　电耳粉位监测装置

　　常规的 BBD 双进双出钢球磨煤机分离器一般采用的是一种静态径向粗粉分离器，采用双锥结构（图 1-45），可以通过改变分离器顶部叶片角度来调节煤粉细度，但阻力较大，煤粉均匀性较差（$n=0.7\sim0.9$），特别是分离器的径向挡板、内锥体和回粉管容易被杂物堵塞，所以后来多将径向型的分离器换成轴向型或动态分离器。表 1-17 是常用的 BBD 双进双出钢球磨煤机系列参数。

　　3. FW 双进双出钢球磨煤机

　　FW 双进双出钢球磨煤机主要由筒体、分离器组件、耳轴轴承、输送器和驱动装置等组成，如图 1-46 所示。分离器组件位于磨煤机两端，由分离器、分离器耳轴管、螺旋带输送器组件和一次风进口弯管、滤网等组成。在每一端静止的分离器和转动的

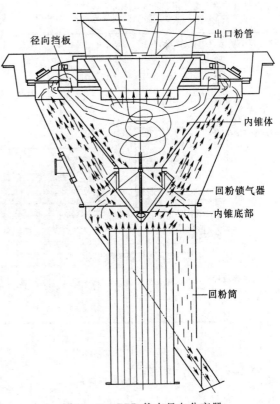

图 1-45　BBD 静态径向分离器

45

磨煤机耳轴之间装有耳轴密封装置，还有可调的密封风流进入筒体以防止一次风和煤粉外流。

表 1 - 17		常用的 BBD 双进双出钢球磨煤机系列参数							
项　目	单位	BBD 2536	BBD 2942	BBD 3448	BBD 3854	BBD 4060	BBD 4366	BBD 4760	BBD 4772
内径（衬板内）	mm	2450	2850	3350	3750	3950	4250	4650	4650
筒体有效长度	mm	3740	4340	4940	5540	6140	6740	6140	7340
双锥型分离器直径	mm	1600	1800	2100	2400	2900	3100	3200	3500
磨煤机转速	r/min	20.4	19.0	18.0	17.0	16.6	16.0	15.3	15.3
装球量的一般范围 G_b	t	12~18	20~30	30~40	40~60	45~70	65~85	70~90	80~110
最大装球量	t	20	32	48	65	78	100	110	130
相应最大钢球装载系数		0.23	0.23	0.22	0.212	0.213	0.207	0.211	0.2085
基本出力 B	t/h	13	22	30	48	58	70	82	95
基本功率 P_{M0}	kW	163.8	277.5	478.3	695.6	898.8	1189	1351.4	1615.6
最大功率 P_{max}	kW	238.7	404.4	671	942.1	1222	1576.4	1822	2156
电动机功率 P	kW	280	500	800	1120	1400	1800	2100	2500
常用风煤比 R_{AC}	—	1.50	1.50	1.50	1.50	1.50	1.50	1.50	1.50
密封风量 Q_s	kg/h	2800	3100	3400	3800	4000	4600	4950	4950
分离器设计流量 Q_{V0}（标准）	m³/h	35000	47800	64000	86800	134000	147000	163000	190000
磨煤机进口最大流量 Q_{1max}（标准）	m³/h	35600	50000	64300	104600	134200	165000	208500	208500

注　表中基本出力是在 $HGI=50$，$R_{90}=18\%$，$M_{ar}-M_{PC}=10\%$，G_b 为装球范围上限时的出力。

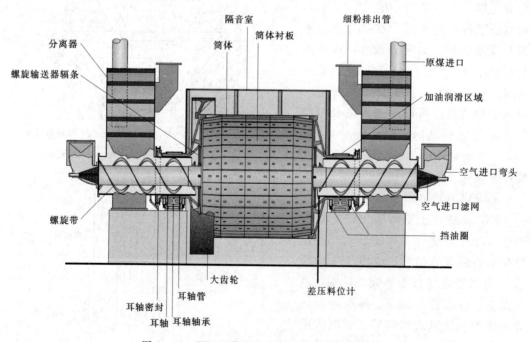

图 1 - 46　FW 双进双出球磨机直吹式制粉系统

FW 双进双出钢球磨煤机一般采用的都是差压式料位测量系统（图1-47）。其测量原理是在深入粉位下一定深度的料位管中通入恒定的低压空气，使料位管附近煤粉呈流化状态，流化状态的煤粉具有类似液体的性质，因而料位管埋入深度越深，料位管中的压力就越大，这时通过测量料位管和没有埋入煤粉的参照管（同样通入恒定的低压空气）之间的压差来反映实际粉位的高度（图1-48）。通入的空气可以同时起到防堵的作用，并且还定时用压缩空气吹扫以防止堵塞或测量异常。FW 差压式料位测量系统一般配备一高一低两个料位块，结构尺寸以及料位与差压的关系见图1-49。

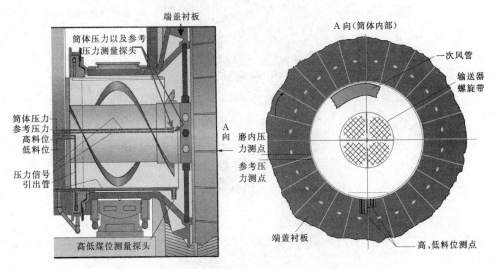

图 1-47 FW 差压式料位测量系统

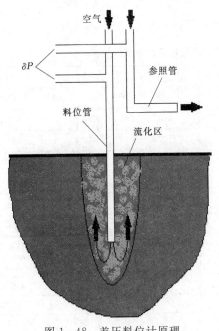

图 1-48 差压料位计原理

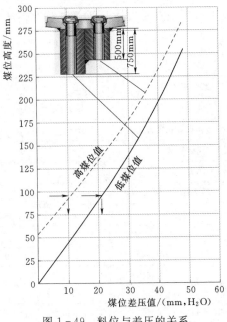

图 1-49 料位与差压的关系

FW 双进双出钢球磨煤机配备的都是其独特的双蜗道分离器（图 1－50）。双蜗道分离器结构紧凑，不容易堵塞，但不能调节煤粉细度，并且阻力较大，煤粉均匀性较差（$n=0.6\sim0.8$）。目前各站基本上都将其改成了动态分离器或双轴向挡板分离器。

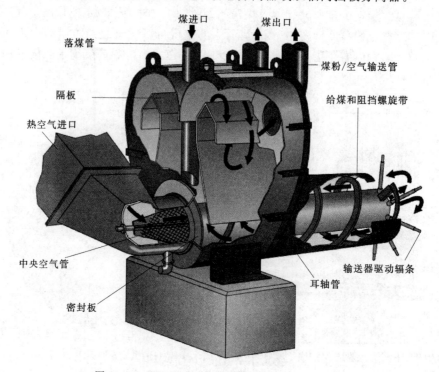

图 1－50　FW 双进双出钢球磨煤机双蜗道分离器

　　表 1－18 是主要型号 FW 双进双出钢球磨煤机系列参数。

表 1－18　　　　　　　　　主要型号 FW 双进双出钢球磨煤机系列参数

项　目		单位	D－10	D－10－D	D－11	D－11－D
磨煤机出力		t/h	40	45	50	55
筒体有效内径		mm	3633	3633	3862	3862
筒体有效长度		mm	5026	5608	5456	5974
筒体转速		r/min	17.2	17.2	16.7	16.7
筒体有效容积		m³	52.1	58.1	63.9	70
最大加球量		t		64	67	73
密封风流量		kg/h	5796	5796	6246	6246
整机质量（不包括电动机）		t		148.1	179.6	188.2
主减速机	中心距	mm	915	915	600	600
	传动比		11.5	11.5	5.824	5.824
主电动机	功率	kW	1000			1250
	转速	r/min	1490			993
	电压	V	6000			6000

续表

项　目		单位	D－10	D－10－D	D－11	D－11－D
慢速传动	电动机功率				22	22
	传动比				153.72	153.72
大、小齿轮参数	模数		25	25	22	22
	大齿轮齿数		202	202	234	234
	小齿轮齿数		27	27	23	23

注　表中基本出力是在原煤 $HGI=50$，含水分 8%，煤粉 75% 通过 200 目时的出力。

4．双进双出球磨机分离器的改造

由于典型双进双出球磨机分离器存在的不足，近年来各厂都对分离器进行了改造：一种是改为串联双轴向挡板形式；另一种主要是改为动静结合分离器。此外，还有很多新建电站在设计选型时就将分离器改成了动态分离器（如表 1－16 中 MGS 系列型号的双进双出球磨机）。

（1）串联双轴向挡板分离器，如图 1－51 所示。串联双轴向式分离器取消了内锥的回粉，消除了内锥回粉易堵带来对运行的危害。为了避免取消内锥回粉以后所带来的对分离的影响，在内外锥之间的下部增加了一级挡板，使煤粉的分离不但没有减弱反而有所增强，煤粉均匀性进一步提高（$n=0.8\sim1.0$）。同时由于有两级挡板的调节，调节的灵活性增强。

（2）动静态组合式粗粉分离器，如图 1－52 所示。动静态组合式粗粉分离器是在原来调节挡板的内侧增加旋转叶片，形成组合分离。试验证明，该种分离器分离效果强，煤粉均匀性高（$n>1.2$）。同时由于有旋转分离，因此调节灵活，又易于自动调节。但是由于有旋转部件且处于高浓度的煤粉气流中，因此运行中易磨损、发生故障，增加了检修工作量。

1.4.4　W火焰锅炉微油点火系统

1．技术背景

为了节约昂贵的燃油，我国电站锅炉微油点火技术逐步兴起。最初是应用在燃用挥发分较高煤种的锅炉上，随着技术的进步和节油压力的增大，目前许多燃用低挥发分煤的 W 火焰锅炉也开始应用微油点火技术，目前贵州新建超临界 W 火焰锅炉基本上都设计有微油点火系统。

微油点火技术的前身是小油枪少油点火技术，其原理是将单只出力 0.2～0.6t/h 的小油枪插入煤粉燃烧器喷口，以很小的油火焰在煤粉浓度最大的区域点燃煤粉，充分利用浓煤粉自身的火焰传播能力，形成以煤粉为主的火焰，而不需要将全部煤粉气流加热到着火温度。但由于是油煤混烧，使得油和粉的燃尽度都比较低，飞灰含碳量较高，尾部二次燃烧风险较大，燃用低挥发分煤节油效果有限。为解决这些问题，又对油枪、煤粉燃烧器进行了以下改进：

（1）采用压缩空气将燃油雾化成超细油滴，使燃油燃烧更完全，温度更高（可瞬间获得 2000℃的油火焰），点火时加剧了煤粉的热解效用，能更进一步节省燃油。

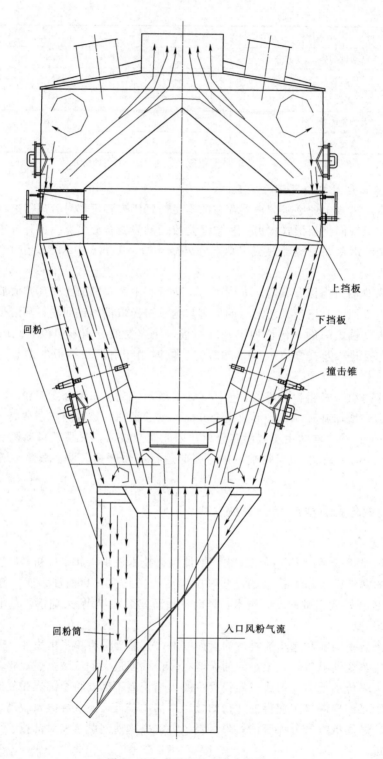

图 1-51 串联双轴向式分离器

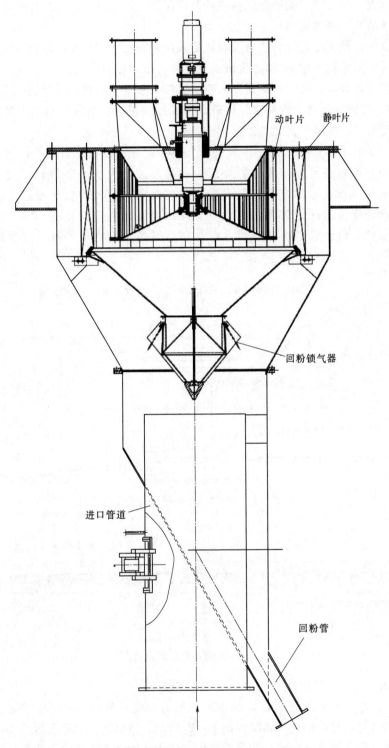

图1-52 动静态组合式粗粉分离器

（2）将点火油枪从喷口缩回燃烧器内部一定深度，以更有效地加热煤粉，同时采用气膜冷却风技术防止燃烧器烧坏。

微油点火小油枪主要有轴向插入和斜向插入两种布置方式，油枪雾化方式主要有纯气泡雾化（介质一般采用压缩空气）、机械雾化或两者相结合的方式。

气泡雾化的原理是：将气体低速注入喷嘴出口上游流动的燃油中形成气泡流（雾化所需能量较小），气泡流运动到喷嘴出口爆破，形成粒度很细的液雾。超细油滴燃烧更为完全，燃烧温度更高，抗风干扰能力强。

如图 1-53 所示，粉管来的一次风含粉气流经过煤粉浓缩装置后，浓煤粉气流进入一级燃烧室，浓煤粉遇到微油油枪燃烧产生的高温油气火焰产生裂解，大量挥发分析出，煤粉被点燃。着火的浓煤粉气流进入二级燃烧室将后续的煤粉点燃，实现煤粉的分级点燃和燃烧能量的逐级放大，达到点火并加速煤粉燃烧的目的，大大减少煤粉燃烧所需引燃能量，最终点燃所有煤粉，产生高温煤粉火焰喷入炉膛。气膜冷却原理如图 1-54 所示。

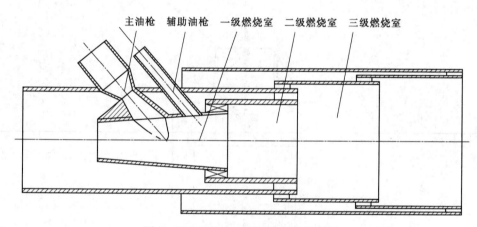

图 1-53　微油点火煤粉燃烧器示意图

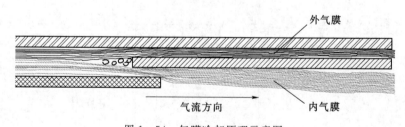

图 1-54　气膜冷却原理示意图

2. HG1025/17.3-WM18 型锅炉微油点火系统

HG1025/17.3-WM18 型锅炉是 MBEL 类型的超临界 W 火焰锅炉，煤粉燃烧器采用特殊的缝隙式结构，其微油点火系统如图 1-55 所示，磨煤机 A、F 出口气动插板门后设置分叉煤粉管，引至拱下前后墙三次风喷口内专门设计的 KZ 型微油煤粉燃烧器，分叉煤粉管上布置有分叉管挡板、缩孔。系统设计参数见表 1-19。

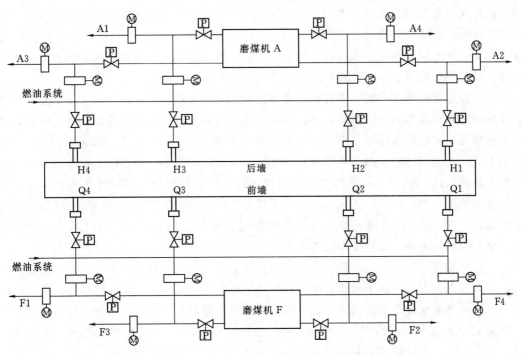

图 1 - 55   HG1025/17.3 - WM18 型锅炉微油点火系统示意图

表 1 - 19 **HG1025/17.3 - WM18 型锅炉微油点火系统设计参数**

项　目	结　果
煤质	有专门的煤质要求：灰分 $A_{ar} = 15\% \sim 25\%$， 挥发分 $V_{daf} > 12.5\%$，低位发热量 $Q_{net.\,ar} > 20MJ/kg$
煤粉燃烧器	新设计的 KZ 型微油点火煤粉燃烧器
油枪安装位置	微油点火煤粉燃烧器轴向安装
油枪出力	$200 \sim 250kg/h$，油压 1.5MPa
燃油雾化介质、形式	压缩空气，气化
煤粉燃烧器安装位置	拱下前、后墙三次风喷口内
助燃风	冷一次风，压力 4000Pa
燃烧器冷却风	二次风
粉管风速	$14 \sim 18m/s$
壁温监测系统	有
FSSS 系统	设计有微油模式、正常运行模式，能自动切换
火检	设计有微油油火检，无微油点火煤粉燃烧器煤火检
冷炉制粉用热风	设计暖风器或临炉热风

　　锅炉调试期间，在吹管、整套启动阶段均使用了微油点火系统。根据电厂统计结果，锅炉吹管阶段和整套空负荷阶段仅耗燃油 393t，节油率大于 70%。但也发现了使用过程中存在一些问题，有些问题经过调试得到了解决，有些问题需要从设计角度重新考虑。

（1）系统复杂，操作难度大。微油点火过程中，原主粉管挡板关闭，煤粉切换挡板打开，三次风挡板关闭。当微油退出后，原主粉管挡板、三次风挡板打开，分叉管挡板关闭，微油点火燃烧器内通三次风，以保持原来三次风不变。系统复杂，阀门较多，要求每个阀门的可靠性高，否则就会影响整个系统的使用。

（2）投运初期燃尽率低。系统设计初衷是实现冷炉点火、投粉，从而大量节油。燃烧器设计为粉包火的形式喷入炉膛，必然存在着部分未着火煤粉喷入炉膛。在点火初期，炉膛温度很低，炉膛的温度水平不能支持未着火煤粉的点燃。同时着火的煤粉进入炉膛后，受到大量二次风的冷却，也不利于煤粉的燃尽。系统投运初期，根据电厂化验结果，飞灰中碳含量最高达 50％以上，尾部烟道具有很高的二次燃烧风险。针对此类问题，可改变少油点火系统的投运时机，点火后先利用少量大油枪提高炉膛烟温，待空气预热器出口二次风温大于 150℃时，再投入少油点火系统的制粉系统，大大改善了炉内的煤粉燃烧情况，燃尽率得到提高，飞灰中碳含量降至 20％以下。

（3）燃烧器结焦。使用过程中曾出现所有微油点火煤粉燃烧器结焦的现象，被迫停用微油点火系统，大大降低了机组启动过程中的节能效果。结焦的主要原因包括：①煤粉燃烧器内筒燃烧的原理及其结构决定了燃烧器内结焦不可避免；②设计风速偏低（提高一次风速至 18～20m/s 后，结焦现象大大缓解，清焦周期延长）；③燃烧器对煤种（主要是挥发分）适应性差。燃煤空干基挥发分在 14％～17％时，才能兼顾煤粉的燃尽率和燃烧器结焦问题。

（4）设计油枪助燃风压偏高。原设计助燃风压 4000Pa，助燃风量大，造成油枪频繁脱火熄灭。调试后，助燃风压保证在 1500Pa 左右时，微油油枪能稳定着火燃烧。

（5）微油点火煤粉燃烧器布置对锅炉安全性的影响。微油点火煤粉燃烧器安装在拱下前后墙三次风喷口内，前墙各布置 4 个。微油点火系统投运时，改变了炉内拱下的气流流场。随着机组负荷升高，少油点火煤粉燃烧器附近热负荷较大且集中，造成该区域水冷壁管内的蒸发点提前，水冷壁管子壁温升高。机组负荷 100MW 左右时，前后墙少油点火煤粉燃烧器附近的水冷壁管出现超温报警现象，将少油点火煤粉燃烧器切换至拱上主煤粉燃烧器后，水冷壁管超温报警现象消失。

3. FW 型超临界 W 火焰燃烧锅炉微油点火系统

表 1-20 是 FW 型超临界 W 火焰燃烧锅炉上应用三种不同微油点火系统的设计参数。

表 1-20　　　　FW 型超临界 W 火焰燃烧锅炉微油点火系统设计参数

项　目	系统 1	系统 2	系统 3
设计煤种	无烟煤	无烟煤	无烟煤
油枪出力	300kg/h	2×150kg/h，单只 120-180kg/h，带稳燃罩	主油枪 20～40kg/h 辅油枪 160～300kg/h
油枪布置方式	轴向布置	轴向布置	斜向（与轴线相交）
燃油雾化方式	简单机械雾化	压缩空气雾化	两者结合
微油燃烧器安装位置	C 风喷口内	原煤粉燃烧器位置	原煤粉燃烧器位置
助燃风	高压风机来，风压 5000Pa	冷一次风，压力 1500Pa	冷一次风，压力 5000Pa

项　目	系统1	系统2	系统3
燃烧器冷却风	冷一次风		
粉管风速	≤22m/s	≤22m/s	22～26m/s
壁温监测系统	有		
FSSS系统	设计有微油模式、正常运行模式，能自动切换		
火检	独立的微油煤、油火检	增设微油油火检，利用原煤火检	
冷炉制粉用热风来源	300kg/h风道燃烧器	蒸汽加热器	200kg/h风道燃烧器

（1）系统1。微油点火系统1采用的是徐州某公司研发的双强煤粉燃烧器（图1-56）。它的油燃烧器从一次风管弯头后方轴向插入煤粉燃烧器，微油燃油系统从原炉前燃油系统接入。油枪采用简单机械雾化、低压强制配风方式，点火枪点燃机械雾化后的细油滴，通过分级强制配风使其发出高温火焰，火焰表面温度测定为1520℃，中心温度不低于1800℃，油燃尽率99%以上。

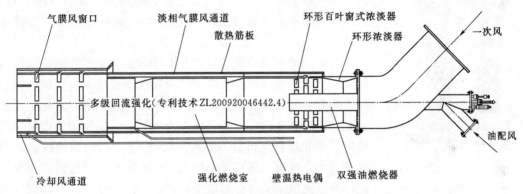

图1-56　徐州某公司研发的双强微油煤粉燃烧器

每台炉设置8台双强煤粉燃烧器，安装在磨煤机B、E的对应燃烧器。C风喷口内，保留原设计大油枪。如图1-57所示，虚线为原煤粉管道，实线为切换后通往双强煤粉燃烧器的煤粉管道。

经过厂家调整和改进，设计燃烧器阻力由3500Pa降至2000Pa左右，提高了送粉管道的一次风速，有效防止了煤粉燃烧器内燃室的结焦。煤粉燃烧器停运时进行内部检查，未发现有结焦现象。

微油点火系统使用过程中暴露出来的主要问题有：①拱上微油送粉管

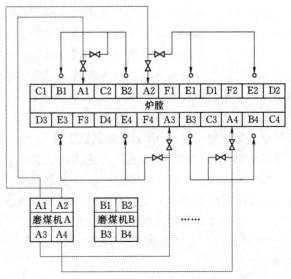

图1-57　双强燃烧器W火焰燃烧锅炉微油点火系统示意图

道水平段过长，导致粉管积粉严重；②微油点火系统与原设计系统的切换操作过于复杂，且安全风险较高；③微油送粉管道未设计风速测量装置。这几个方面严重制约了此套微油点火系统的正常使用。该微油点火系统在调试结束后未再投入使用。

（2）系统2。微油点火系统2是深圳某公司设计的，在原有煤粉燃烧器基础上进行改造。主要改造内容是将原煤粉燃烧器的喷口直段延长，并在直段内设置分级煤粉燃烧室；用固定式消旋叶片取代原消旋杆和可活动的消旋叶片，带独立配风的微油油枪从燃烧器乏气弯头沿燃烧器轴向贯穿旋风筒插入到一级煤粉燃烧室的入口；在旋风筒喉口区域设置了二级浓缩装置，将煤粉从边壁区域浓缩到位于中心的一级燃烧室内，改造后的煤粉燃烧器其余结构和尺寸不变。改造后的煤粉燃烧器示意图如图1-58所示。该系统将磨煤机B、E所带的16只燃烧器改为微油煤粉燃烧器，安装在原一次风喷口位置，取代原有的煤粉燃烧器，作为锅炉少油点火燃烧器和主燃烧器使用。送粉管道采用原设计煤粉管道，微油油系统从原炉前燃油系统接入，微油油枪压缩空气雾化方式。

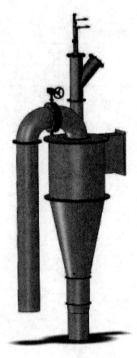

图1-58 系统2微油煤粉燃烧器

该旋风微油煤粉燃烧器主要由煤粉浓缩装置和中心燃烧筒组成，微油枪通过安装导筒，径向安装于燃烧器上。旋风微油煤粉燃烧器采用成熟的分级点火、气膜冷却技术。首先，通过合理地布置各浓缩环位置，提高进入中心燃烧筒内的煤粉气流浓度（浓相煤粉气流）；然后，油火焰将中心筒内的浓相煤粉气流点燃；同时，稀相煤粉气流从中心燃烧筒及燃烧器内壁之间的环形通道进入燃烧器前端，起到了冷却中心筒及燃烧器的作用；最后，稀相煤粉气流由中心筒内的煤粉火焰点燃。

微油点火系统在使用过程中暴露的主要问题有：①投运初期煤粉燃尽率低，根据电站取样化验结果，投运初期，烟道内飞灰含碳量在40%以上，主要原因是微油油枪热功率与煤质不匹配，燃烧器内燃室内仅有部分煤粉着火燃烧，煤粉火焰气流喷入炉膛后，炉膛内温度不足以支撑未着火煤粉着火和着火煤粉的燃尽（投运微油点火系统前，先用大油枪和微油小油枪加热炉膛，炉膛温度提高后再投入煤粉，煤粉的燃尽率可得到有效提高）；②改造后的煤粉燃烧器与原煤粉燃烧器性能有所不同，改造后的煤粉燃烧器即使保留了消旋叶片（采用固定式），由于煤粉燃烧器喷口处直段加长，造成微油点火煤粉燃烧器相较于原煤粉燃烧器出口气流而言，气流刚性加强，下冲深度明显更深。

（3）系统3。微油点火系统3是北京某公司产品，在原有煤粉燃烧器基础上进行改造。主要改造内容是将旋风筒后的直段加长，取消原煤粉燃烧器内的消旋装置，加长的燃烧器直段内布置煤粉浓缩装置、微油油枪燃烧室、煤粉燃烧室，微油油枪、点火枪与煤粉燃烧器轴线成45°交角布置，燃烧器的其余结构和尺寸不变。改造后的煤粉燃烧器示意图如图1-59所示。

该系统将磨煤机B、E所带的16只燃烧器改为少油点火及稳燃燃烧器安装在原一次风喷口位置，取代原有的煤粉燃烧器，作为锅炉少油点火燃烧器和主燃烧器使用。送粉管道采用原设计煤粉管道。每只煤粉燃烧器上安装一只主油枪、两只辅助油枪，三只油枪总出力 640kg/h。微油燃油系统从原炉前燃油系统接入，微油油枪采用机械雾化与压缩空气雾化相结合的方式，即高动能的压缩空气将机械雾化后的细油滴，横向二次破碎成超细油滴，并通过点火枪点燃，同时利用燃烧产生的热量对燃油进行加热、扩容，使燃油在极短的时间内蒸发气化。气化燃烧后的火焰传播速度快、火焰呈蓝色，中心温度高达 1500～2000℃，作为高温火核在煤粉燃烧器内直接点燃一级煤粉。

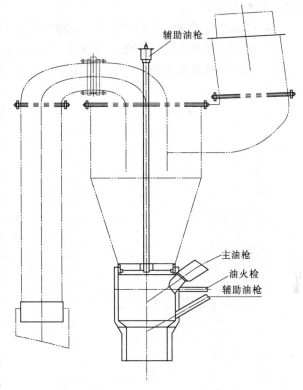

图 1-59　系统 3 微油点火煤粉燃烧器

该微油点火系统在使用过程中暴露的主要问题有：①微油油枪频繁熄火，主要原因是助燃风与油枪出力不匹配，且微油油枪无稳燃罩，风量过大将油枪火焰吹灭；②节油率偏低，煤粉燃烧器设计为双旋风筒煤粉燃烧器，单个微油煤粉燃烧器油枪总出力 640kg/h，1 组微油煤粉燃烧器配置的油枪总出力达 1280kg/h，投运初期基本上是所有油枪全投，节油率不高；③微油油枪投入的时效性差，1 组微油煤粉燃烧器的所有微油油枪由 1 个气动门控制，每个微油油枪前设置手动门，投运每只微油油枪前，必须派人到拱上操作手动门，限制了微油系统单只油枪的稳燃使用；④投运初期煤粉燃尽率低，根据电站取样化验结果，投运初期，烟道内飞灰含碳量在 40% 以上，厂家在煤粉燃烧器喷口处加装一只约 300kg/h 的助燃油枪后，燃尽率有所提高，但该助燃油枪同样有投运时效性问题，且进一步降低了节油率；⑤改造后的煤粉燃烧器与原煤粉燃烧器性能有所不同。

4. 小结

综上所述，节油是大势所趋，具有可观的经济效益和环保效益。通过贵州 W 火焰锅炉上微油点火技术的应用，总结出几点经验教训供参考：

（1）微油点火煤粉燃烧器和微油油枪热功率应和实际燃用煤种相适应。

（2）微油点火系统设计布置应尽量简单、可靠、易操作。

（3）在原煤粉燃烧器基础上改造时，应不改变原煤粉燃烧器的性能，必要时应会同锅炉厂家重新进行核算。

（4）微油点火系统应在锅炉安全运行基础上考虑节油率，必要时应采取大油枪伴燃方式保证煤粉燃尽率。

（5）微油点火油枪设计时应充分考虑油火焰的抗干扰能力。

（6）油点火系统设计时不能违背国家、行业相关标准、规程。

（7）采用气泡雾化油枪时，气泡雾化油枪前应增加过滤装置。

第 2 章　电站锅炉燃烧数值模拟

2.1　概　　述

2.1.1　电站锅炉燃烧的特点

　　燃烧是燃料和氧化剂两种组分在空间激烈地发生放热化学反应的过程，煤粉燃烧属于典型的气固两相流和湍流燃烧问题。这一直是工程燃烧研究方面的热点和难点问题，主要表现在：煤粉气固两相流动中由于气相中加入了颗粒，引起气相质量、动量、能量的变化；另外，由于颗粒相的弥散性质，使得颗粒相的模拟相当复杂。对煤粉燃烧的气固两相流中，由于燃烧产生的高温以及煤粉颗粒直径的不断变小，更使得气固两相流的流场和温度场产生更为复杂的变化。在湍流燃烧中，湍流流动过程和化学反应过程有强烈的相互关联和相互影响，湍流通过强化混合而影响着时平均化学反应速率，同时化学反应放热过程又影响着湍流，如何定量地描述和确定这种相互作用是湍流燃烧研究的一个重要内容。

　　湍流燃烧模拟最基本的问题是反应速率的时均值不等于用时平均值表达的反应速率。由于化学反应，组分方程和能量方程中产生了化学反应源项。化学反应中组分的生成（消耗）率或能量的释放速率是反应物浓度和反应流体温度的强非线性函数。由于湍流影响，化学反应中组分浓度和温度以及化学反应速率是随时间而脉动的，因此在湍流燃烧的数值模拟中，不仅面临着湍流流动所具有的问题以及脉动标量的输运方程如何处理的问题，还面临着湍流燃烧所特有的，与脉动量呈确定的强非线性函数关系的脉动标量即时平均化学反应速率的模拟。

　　电站锅炉以煤为主要燃料，煤粉和空气按一定比例混合后从喷口中喷出，接受炉内高温烟气的辐射热，挥发分受热分解燃烧，煤粉颗粒内固定碳燃烧，将热量通过高温烟气传递给受热面，煤粉变成灰分和炉渣排出锅炉，完成一个完整的燃烧过程。煤粉燃烧属于燃料和氧化剂在燃烧前混合的预混燃烧方式，是一个伴有传热、传质和化学反应的气相流动或两相流动的复杂过程。

2.1.2　传统试验方法的局限性

　　长期以来，对燃烧的研究多采用物理实验手段或现场试验。由于流体流动和燃烧模型的发展以及实验手段的有限性，难以对这一复杂现象进行深入研究。同时，现场试验受人力、物力的限制，试验周期长、受现场诸多客观条件制约多，难以得到全面的燃烧信息。随着计算机技术和相关理论模型的发展，采用计算机技术模拟燃烧现象逐渐成为可能，并不断趋于精确。用数值模拟结果检验实验结果或用数值实验代替现场试验，已成为众多科研人员所普遍采用的方法。

2.1.3　数值模拟方法的优点

数值模拟是指通过用一系列有限个离散点，通过一定的原则建立起这些离散点变量之间关系的代数方程来模拟原来在空间与时间坐标中连续的物理量。数值模拟方法的优点在于模拟信息的全面性和经济性。通过数值模拟，可以完整地了解燃烧中复杂的物理化学过程，较为方便地得到燃烧过程和结果信息，燃烧信息丰富和全面。数值模拟可以得到一些受客观条件限制，现场试验无法完成的试验结果。通过现场试验与数值模拟相结合，数值模拟可对试验结果做出预测，为现场试验提供试验方向，数值模拟试验可与验证现场试验结果互相验证。在定性方面，要求数值模拟结果和试验结果相一致；定量方面，要求数值模拟结果和试验结果基本相符。与现场试验相比，数值模拟可以消除由于试验装置和测量手段的不准确所带来的误差，可节约大量的人力、物力，具有较高的经济性。

2.1.4　数值模拟技术的发展过程

数值模拟主要是利用计算机的高速计算能力来求解离散的变量方程。数值模拟技术首先依赖于物理化学模型的发展。锅炉燃烧数值模拟涉及流体力学、传热学、气固两相流、颗粒动力学、燃烧学、化学反应学等多学科的知识。自 20 世纪 60 年代末以来，通过流体模型建立的非线性独立偏微分方程组，采用直接数值方法求解，可以预报较为复杂的流动。由于燃烧过程气相和颗粒相之间存在的强烈的非线性耦合，常规方法无法求解，只有通过建立基本的守恒方程，对个方程进行离散，通过编制计算机程序运行求解。对电站锅炉燃烧而言，自 20 世纪 70 年代，代表性的 Spalding 的湍流燃烧模型提出，经过逐渐发展和完善，现代燃烧的数学物理模型的发展已可较为精确地描述炉内燃烧过程。

求解离散的变量方程，在流动与传热中应用较多的是有限差分法、有限元法及有限容积法。通过一定的数值处理技术，数值模拟可以较完整地模拟燃烧过程。早期的笛卡尔坐标网格到现代的多面体网格，不断发展的网格处理技术使计算模型和实体越来越逼近，计算结果也趋于精确。

由于燃烧过程的复杂性，需要有强大计算处理能力的计算机，现代计算机处理技术使燃烧数值模拟实现实用性成为可能，超级计算机的应用使数值模拟计算精度越来越高。计算机技术的发展同时也带动了计算软件技术的发展，通用和专用的燃烧计算软件已能较好地模拟煤粉燃烧过程。早期的 PHOENICS，现代大型软件如 ANSYS FLUENT，CFX，BARRACUDA 等可满足不同对象的通用和专用计算要求。

2.2　数值模拟原理

炉内燃烧过程是一个极其复杂的物理、化学过程，主要涉及湍流流动、离散相运动、挥发分析出、焦炭燃烧、气固两相与炉膛壁面间的对流、辐射换热及污染物生成、还原反应。针对以上过程可采用的数学描述包括基本守恒方程、离散相湍流流动模型、气相湍流流动模型、燃烧模型、辐射模型。本书采用改进后更加符合实际工程的 Realizable $k-\varepsilon$ 模型来计算介质的湍流流动过程，离散相运动采用颗粒随机轨道模型进行模拟，挥发分析出采用双竞争反应热解模型，焦炭燃烧采用动力/扩散控制燃烧模型，辐射换热采用 P-1 辐射模型。

2.2.1 反应流基本方程

整个炉内过程涉及的流体流动基本方程包括质量守恒方程、动量守恒方程、能量守恒方程、化学组分平衡方程和状态方程等。

（1）质量守恒方程（连续性方程）为

$$\frac{\partial (\bar{u}+u)}{\partial x} + \frac{\partial (\bar{v}+v)}{\partial y} + \frac{\partial (\bar{w}+w)}{\partial z} = 0 \qquad (2-1)$$

（2）动量守恒方程为

$$\rho u_j \frac{\partial \bar{u_i}}{\partial x_j} = -\frac{\partial \bar{p}}{\partial x_i} + \mu \frac{\partial^2 u_i}{\partial x_i \partial x_j} + \frac{\partial}{\partial x_i}(-\rho \overline{u_j' u_i'}) \qquad (2-2)$$

式中　μ ——流体动力黏度；

　　　ρ ——流体密度。

（3）能量守恒方程为

$$\rho c_p \overline{u_j} \frac{\partial \overline{T}}{\partial x_j} = \frac{\partial}{\partial x_i}\left(\lambda \frac{\partial \overline{T}}{\partial x_j} - \rho c_p \overline{u_j' T'}\right) + \rho q \qquad (2-3)$$

式中　λ ——导热系数；

　　　q ——由于热辐射和其他原因传给单位质量流体的热量。

（4）化学组分平衡方程为

$$\frac{\partial}{\partial t}(\rho m_l) + \frac{\partial}{\partial x_j}(\rho v_j m_l) = \frac{\partial}{\partial x_j}\left(\Gamma_l \frac{\partial m_l}{\partial x_j}\right) + R_l \qquad (2-4)$$

（5）状态方程为

$$\rho = \rho(P, T) \qquad (2-5)$$

对于上述基本方程，其未知数个数与方程数相等，理论上认为该组方程是可解的。如果能找到合适的初始条件和边界条件，完全可以得出结果。但是，工程流动装置以及自然界中的湍流流动，在一个很小的湍流尺度上才可以实现。因此，该方程组在符合条件的湍流尺度网格尺寸内，才可以完全求解，然而目前的计算机速度和容量还达不到计算要求，实现求解的可能性不大。因此，寻求其他途径对 Navior-Stokes 方程（N-S 方程）进行求解是下一步要研究的问题，即气相湍流流动模型。

2.2.2 气相湍流流动模型

湍流最基本的模拟方法是在湍流尺度网格尺寸内对求解瞬态三维 N-S 方程的直接模拟（DNS），这样无须引入任何模型，但计算量太大，近期也难以实现。要求稍低的办法是大涡模拟（LES），即在大涡尺度的网格内求解 N-S 方程，而对小尺度湍流仍须模拟。目前实际工程常用的办法是由 Reynolds 时均方程出发的模拟方法，即湍流模式，其特点是留用某些模拟假设，将雷诺时均方程或湍流特征量的输运方程中高阶未知关联项用低阶关联项或时均项来表达，从而使雷诺方程封闭。

1. 湍流运动时均方程组

将 N－S 方程组中任一瞬间物理量用平均量与脉动量之和的形式来表示，再对整个方程组进行时间平均运算，即可得到湍流运动时均方程组，即

（1）时均连续性方程为

$$\frac{\partial}{\partial t}(\overline{\rho m_1} + \overline{\rho' m_1'}) + \frac{\partial}{\partial x_j}(\overline{\rho v_j m_1} + \overline{\rho v_j' m_1'} + \overline{v_j \rho' m_1'} + \overline{m_k \rho' v_j'} + \overline{\rho' v_j' m_1'})$$

$$= \frac{\partial}{\partial x_j}\left(\Gamma_1 \frac{\partial m_1}{\partial x_j}\right) + R_1 \tag{2-6}$$

（2）时均动量方程为

$$\frac{\partial}{\partial t}(\overline{\rho v_i} + \overline{\rho' v_i'}) + \frac{\partial}{\partial x_j}(\overline{\rho v_j v_i} + \overline{\rho v_j' v_i'} + \overline{v_i \rho' v_j'} + \overline{v_j \rho' v_i'} + \overline{\rho' v_j' v_i'})$$

$$= -\frac{\partial \overline{\sigma_{ij}}}{\partial x_j} + \overline{S_{vi}} \tag{2-7}$$

其中　　$\sigma_{ij} = \overline{p}\delta_{ij} - \overline{\mu}\left(\frac{\partial v_j}{\partial x_j} + \frac{\partial v_i}{\partial x_i}\right) + \frac{2}{3}\overline{\mu}\,\overline{\frac{\partial v_i}{\partial x_j}}\delta_{ij} + \frac{2}{3}\,\overline{\mu}\,\overline{\frac{\partial v_i}{\partial x_j}}\delta_{ij} - \overline{\mu}\left(\frac{\partial v_i'}{\partial x_j} + \frac{\partial v_j'}{\partial x_i}\right)$ （2-8）

（3）时均能量方程为

$$\frac{\partial}{\partial t}(\overline{\rho H} - \overline{p} + \overline{\rho' H'}) + \frac{\partial}{\partial x_j}(\overline{\rho v_j H} + \overline{\rho v_j' H'} + \overline{v_j \rho' H'} + \overline{H \rho' v_j'} + \overline{\rho' v_j' H'})$$

$$= \frac{\partial}{\partial x_j}\left(\Gamma_h \frac{\partial \overline{H}}{\partial x_j} + \sum_i \overline{\Gamma_i}\frac{\partial m_i}{\partial x_j}\right) + \overline{S_h} \tag{2-9}$$

在大多数湍流计算中，可以认为密度 ρ 和其他量的关联程度很小。若忽略密度脉动关联项及所有三阶关联项，上述时均方程可简化为统一形式，即

$$\frac{\partial}{\partial t}(\rho \phi) + \frac{\partial}{\partial x_j}(\overline{\rho v_j \phi}) = \frac{\partial}{\partial x_j}\left(\Gamma_1 \frac{\partial \overline{\phi}}{\partial x_j}\right) - \rho \overline{v_j' \phi'} + \overline{S}_\phi \tag{2-10}$$

式（2-10）由时间导数项、对流项、扩散项和源项构成，由于增加了新项 $-\rho \overline{v_j' \phi'}$，而使原方程组变成了不封闭的时均控制方程组。为了求解方程组，需要对脉动量乘积的平均量进行模化，从而使方程组封闭，进而求出方程的解。下面对模化方法进行介绍。

2. 湍流黏性系数模型

Boussinesq 在 1877 年提出湍流黏性的概念，使得式（2-10）中的 $-\rho \overline{v_j' \phi'}$ 可表示为

$$-\rho \overline{v_i' v_j'} = \mu_t\left(\frac{\partial v_i}{\partial x_j} + \frac{\partial v_j}{\partial x_i}\right) - \frac{2}{3}\rho k \delta_{ij} \tag{2-11}$$

式（2-11）中 k 称为湍流动能，其表达式为

$$k = \frac{1}{2}\overline{v_i'^2} = \frac{1}{2}(\overline{\mu'^2} + \overline{v'^2} + \overline{w'^2}) \tag{2-12}$$

μ_t 称为湍流黏性系数，有

$$\mu_t = C_\mu \rho k^{1/2} l \tag{2-13}$$

为了确定式（2-13）中的 μ_t，需要求解 k 及 l。根据需要求解的微分方程个数不同，湍流黏性系数模型又分为零方程模型、单方程模型和双方程模型。其中应用最广泛的是双

方程模型中的 k-ε 模型，而 k-ε 模型包括标准 k-ε 模型、RNG k-ε 模型和 Realizable k-ε 模型。

本气相湍流模型采用 Realizable k-ε 模型模拟炉内流动过程，该模型不但可以实现 k-ε 模型的旋转流动，而且强逆压梯度的边界层流动、流动分离和二次流效果也非常好，并且能比较准确地预测平板或圆柱射流的发散率。

气相湍流运动采用 Realizable k-ε 双方程湍流模型，其微分方程为

$$\frac{\partial (\rho k)}{\partial t} + \frac{\partial (\rho k u_i)}{\partial x_i} = \frac{\partial}{\partial x_j}\left[\left(\mu + \frac{\mu_t}{\sigma_k}\right)\frac{\partial k}{\partial x_j}\right] + G_k - \rho \varepsilon \tag{2-14}$$

$$\frac{\partial (\rho \varepsilon)}{\partial t} + \frac{\partial (\rho \varepsilon u_i)}{\partial x_i} = \frac{\partial}{\partial x_j}\left[\left(\mu + \frac{\mu_t}{\sigma_\varepsilon}\right)\frac{\partial \varepsilon}{\partial x_j}\right] + \rho C_1 E \varepsilon - \rho C_2 \frac{\varepsilon^2}{k + \sqrt{\nu \varepsilon}} \tag{2-15}$$

其中　　　　　　　$C_{1z} = 1.44,\ C_2 = 1.9,\ \sigma_k = 1.0,\ \sigma_z = 1.2$

$$\eta = S\frac{k}{\varepsilon},\ C_1 = \max\left[0.43, \frac{\eta}{\eta + 5}\right]$$

$$\eta = (2E_{ij}E_{ij})^{1/2}\frac{k}{\varepsilon},\ E_{ij} = \frac{1}{2}\left(\frac{\partial u_i}{\partial x_j} + \frac{\partial u_j}{\partial x_i}\right)$$

μ_t 和 C_u 计算公式为

$$\mu_t = \rho C_\mu \frac{k^2}{\varepsilon},\ C_\mu = \frac{1}{A_0 + A_s U^* k/\varepsilon} \tag{2-16}$$

其中　　　　$A_0 = 4.0,\ A_s = \sqrt{6}\cos\varphi,\ \varphi = \frac{1}{3}\cos^{-1}(\sqrt{6}W),\ W = \frac{E_{ij}E_{jk}E_{kj}}{(E_{ij}E_{ij})^{1/2}}$

$$E_{ij} = \frac{1}{2}\left(\frac{\partial u_i}{\partial x_j} + \frac{\partial u_j}{\partial x_i}\right),\ U^* = \sqrt{E_{ij}E_{ij} + \widetilde{\Omega}_{ij}\widetilde{\Omega}_{ij}}$$

$$\widetilde{\Omega}_{ij} = \Omega_{ij} - 2\varepsilon_{ij}\omega_k,\ \Omega_{ij} = \bar{\Omega}_{ij} - \varepsilon_{ijk}\omega_k$$

式中　　$\bar{\Omega}_{ij}$——旋转的影响，即从角速度 ω_k 的参考系中观察到的时均转动速率张量。

在 Realizable k-ε 模型中的显著变化是：湍流黏度计算公式中与旋转和曲率有关内容被引入进来；ε 方程中的产生项不再包含有 k 方程中的产生项 G_k。

2.2.3 气固两相流模型

煤粉燃烧过程是典型的气固两相湍流流动和湍流燃烧过程。炉内介质流动涉及气体流动和煤粉颗粒流动，煤粉颗粒的运动对整个炉内燃烧过程影响较大，对煤粉气流的着火过程及焦炭颗粒的燃尽过程起到决定性作用，同时对炉内温度场的分布及稳定至关重要。因此，对燃煤锅炉燃烧过程进行模拟时，选择合适的气固两相流模型非常重要。气固两相流的研究方法可分为两大类：一类是把流体或气体当做连续介质，而煤粉颗粒视为离散系；另一类是把流体与颗粒都看成共同存在且相互渗透的连续介质，即把颗粒视作拟流体。近年来，在研究有化学反应的气固两相流时，也探讨了诸如颗粒相的连续介质—轨道模型这样的综合方法。颗粒相与气相关系模拟有单颗粒动力学模型、小滑移模型、无滑移模型、颗粒轨道模型和拟流体模型几种模型。

本书将气相和颗粒相分别采用不同的处理方法，把气相作为连续性介质，在欧

拉（Eulerian）坐标系中描述，这样可以研究整个流场内不同位置流体质点的运动参数，然后综合所有空间点就可以描述整个流场；把煤粉颗粒相作为离散相，在拉格朗日（Lagrangian）坐标系中描述，进而可以研究流场中煤粉颗粒的运动轨迹，通过分析运动参数随时间的变化规律，得到整个流场中颗粒相的运动轨迹，并考虑两相之间质量、动量和能量的相互作用。炉内三维气相流动的控制方程可写成

$$\frac{\partial(\rho u \phi)}{\partial x} + \frac{\partial(\rho v \phi)}{\partial y} + \frac{\partial(\rho w \phi)}{\partial z} = \frac{\partial}{\partial x}\left(\Gamma_\phi \frac{\partial \phi}{\partial x}\right) + \frac{\partial}{\partial y}\left(\Gamma_\phi \frac{\partial \phi}{\partial y}\right)$$
$$+ \frac{\partial}{\partial z}\left(\Gamma_\phi \frac{\partial \phi}{\partial z}\right) + S_\phi + S_{p\phi} \qquad (2-17)$$

式中　　ϕ ——代表速度 u、v、w；

　　　　k ——湍流动能；

　　　　ε ——湍流动能耗散率；

　　　　f ——混合分数；

　　　　g ——脉动均方值；

　　　　h ——焓；

　　　　S_ϕ ——气相引起的源项或汇项；

　　　　$S_{p\phi}$ ——由固体颗粒引起的源项。

式（2-17）中源项及扩散系数的具体形式见表 2-1。

表 2-1　　　　　　　　　三维气相方程［式（2-17）］中各项的具体形式

ϕ	Γ_ϕ	$S_{p\phi}$	S_ϕ
1	0	S_{pm}	0
u	μ_{eff}	S_{pu}	$-\frac{\partial p}{\partial x} + \frac{\partial}{\partial x}\left(u_{eff}\frac{\partial u}{\partial x}\right) + \frac{\partial}{\partial y}\left(u_{eff}\frac{\partial v}{\partial x}\right) + \frac{\partial}{\partial z}\left(u_{eff}\frac{\partial w}{\partial x}\right) + S_{p,u}$
v	μ_{eff}	S_{pv}	$-\frac{\partial p}{\partial y} + \frac{\partial}{\partial x}\left(u_{eff}\frac{\partial u}{\partial y}\right) + \frac{\partial}{\partial y}\left(u_{eff}\frac{\partial v}{\partial y}\right) + \frac{\partial}{\partial z}\left(u_{eff}\frac{\partial w}{\partial y}\right) + S_{p,v}$
w	μ_{eff}	S_{pz}	$-\frac{\partial p}{\partial z} + \frac{\partial}{\partial x}\left(u_{eff}\frac{\partial u}{\partial z}\right) + \frac{\partial}{\partial y}\left(u_{eff}\frac{\partial v}{\partial z}\right) + \frac{\partial}{\partial z}\left(u_{eff}\frac{\partial w}{\partial z}\right) + S_{p,w}$
k	μ_{eff}/σ_k	0	$G_k - \rho\varepsilon$
ε	$\mu_{eff}/\sigma_\varepsilon$	0	$\frac{\varepsilon}{k}(C_1 C_K - C_2 \rho\varepsilon)$

炉内各组分质量分数由混合分数 f 及其脉动均方值求得，气体温度由焓及各组分的质量分数计算得到。

第 n 种颗粒连续性方程为

$$\frac{\partial \rho_n}{\partial t} + \frac{\partial}{\partial x_j}(\rho_n v_{nj}) = S_n \qquad (2-18)$$

第 k 种颗粒相动量方程为

$$\rho_k g_i + \frac{\rho_k}{\tau_{ik}}(v_i - v_{ni}) + v_i S_n + F_{n,Mi} = \frac{\partial}{\partial t}(\rho_n v_{ni}) + \frac{\partial}{\partial x_j}(\rho_n v_{nj} v_{ni}) \qquad (2-19)$$

第 k 种颗粒相能量方程为

$$\frac{\partial}{\partial t}(\rho_n c_n T_n) + \frac{\partial}{\partial x_j}(\rho_n v_{nj} c_n T_n) = m_n (Q_h - Q_n - Q_{rn}) + c_p T S_n \qquad (2-20)$$

式中　c_n——第 n 种颗粒相的比热；

　　　m_n——第 n 种颗粒相的质量；

　　　ρ_k——第 n 种颗粒相的密度；

　　　T_n——第 n 种颗粒相的温度；

　　　Q_h——第 n 种颗粒相热量。

2.2.4　气相湍流燃烧模型

锅炉内煤粉与空气的混合燃烧过程是非常复杂的物理、化学过程，整个燃烧过程属于湍流燃烧。在合适的条件下，煤粉颗粒主要发生水分蒸发、挥发分析出、挥发分的均相反应和焦炭与氧化剂的非均相反应。在炉内燃烧过程中，燃烧释放的热量引起浓度场变化而影响湍流；同时，湍流通过加强反应物与产物的混合而影响燃烧。一般说来，层流流动中反应速率取决于分子水平上的混合，而湍流中的反应速率则同时受到湍流混合、分子输送和化学反应动力学因素的影响。因此，目前尚未有通用的湍流燃烧过程中平均化学反应速率的模型公式。

在研究湍流火焰过程中发展起来的方法可以分为两类：一类是经典的湍流火焰传播理论，包括皱折层流火焰的表面燃烧理论与微扩散的容积燃烧理论；另一类是湍流燃烧模型方法，是以计算湍流燃烧速率为目标的湍流扩散燃烧和预混燃烧物理模型，包括概率分布函数输运方程模型（PDF 模型）和 MCIMO 湍流燃烧理论。

由于本书模拟的是煤粉在炉内的燃烧过程特性，因此需要考虑炉内各物质组分、浓度和温度场的变化。选用 PDF 模型中的混合分数法对气相湍流燃烧进行模拟。将空气流作为氧化性气流，煤粉作为燃料流。在 PDF 模型中，f 是指在所有组分（CO_2、H_2O、O_2 等）里，燃烧和未燃烧燃料流元素（C、H 等）的局部质量分数。

混合分数可根据原子质量分数定义为

$$f = \frac{Z_k - Z_{k,\,ox}}{Z_{k,\,fuel} - Z_{k,\,ox}} \qquad (2-21)$$

式中　Z_k——元素 k 的质量分数；

　　　$Z_{k,ox}$——氧化剂流入口元素 k 的质量分数；

　　　$Z_{k,fuel}$——燃料流入口元素 k 的质量分数。

式（2-21）中的质量分数包括所有来自燃料流的元素，即包括惰性组分 N_2，也包括与燃料混合的氧化性组分，如 O_2。

平均（时间平均）混合分数方程为

$$\frac{\partial}{\partial t}(\rho \bar{f}) + \nabla(\rho \bar{v} \bar{f}) = \nabla \left(\frac{\mu_t}{\sigma_t} \nabla \bar{f}\right) + S_m + S_{user} \qquad (2-22)$$

平均混合分数均方值的守恒方程为

$$\frac{\partial}{\partial t}(\rho \overline{f'^2}) + \nabla(\rho \bar{v} \overline{f'^2}) = \nabla \left(\frac{\mu_t}{\sigma_t} \nabla \overline{f'^2}\right) + C_g \mu_t (\nabla^2 \bar{f}) - C_d \rho \frac{\varepsilon}{k} \overline{f'^2} + S_{user} \qquad (2-23)$$

其中
$$f' = f - \bar{f}$$

式中　σ_t、C_g 和 C_d——常数，分别取 0.85、2.86 和 2.0；

　　　S_{user}——用户定义源项。

2.2.5　颗粒相燃烧模型

1. 挥发分析出模型

煤粉燃烧过程可分为挥发分析出、燃烧和焦炭颗粒燃烧两个方面。在不同气氛下煤中挥发分的析出统称为热解。煤粉在炉膛内燃烧过程中，首先是煤粉中水分的蒸发，随着煤粉颗粒吸热量的增加，当温度达到挥发分的析出温度后，将发生热解反应，开始释放出焦油、H_2、CO_2、CO 及 CH_4 等轻质烃类化合物气体。由于不同条件下不同煤种的热解温度、热解速率和挥发分含量都不相同，因此要准确模化模拟挥发分的热解过程是非常困难的。目前，还找不到一种模化模型能准确模拟挥发分的析出过程。常用模拟煤热解的数学模型主要有单方程模型、双方程模型和多方程模型。其中，单方程模型和多方程模型方程如下：

（1）单方程模型。挥发分析出速率为

$$\frac{dV}{dt} = k(V_\infty - V) \tag{2-24}$$

其中
$$k = k_0 e^{-E_0/RT} \tag{2-25}$$

此处采用双挥发反应模型对挥发分热解反应进行模拟。采用两个 α 平行竞争的一级反应来描述热解过程，即

$$daf_{煤} \begin{cases} \alpha_1 \cdot \text{I 挥发分} + (1-\alpha_1) \cdot \text{I 焦炭} \\ \alpha_2 \cdot \text{II 挥发分} + (1-\alpha_2) \cdot \text{II 焦炭} \end{cases}$$

式中　α_1、α_2——热解挥发反应的化学当量系数。

总的挥发分析出速率为

$$\frac{dV}{d\tau} = \frac{dV_1}{d\tau} + \frac{dV_2}{d\tau} = W(a_1 k_1 + a_2 k_2) \tag{2-26}$$

煤的反应速率为

$$\frac{dW}{dt} = -W(k_1 + k_2) \tag{2-27}$$

挥发分为

$$\begin{aligned} \bar{m} &= V/W_0 - \frac{1}{W_0} \int_0^l (a_1 k_1 + a_2 k_2) W dl \\ &= \frac{1}{W_0} \int_0^t (a_1 k_1 + a_2 k_2) e^{-(k_1+k_2)t} dt \end{aligned} \tag{2-28}$$

在该模型中，$E_2 > E_1$，$k_2 > k_1$，这样在较低温度时，第一个反应起主要作用。在较高温度时，第二个反应起主要作用。

（2）多方程模型。

$$V(t) = V_\infty \int_0^\infty \left\{ 1 - \exp\left[-k_0 t e^{\frac{-E}{RT}} \right] \right\} f(E) dE \tag{2-29}$$

其中
$$f(E) = \left[\sigma (2\pi)^{\frac{1}{2}}\right] e^{\frac{-(E-E_0)^2}{2\sigma^2}} \tag{2-30}$$

$$\frac{dV}{dt} = k_0 (V_\infty - V) e^{\frac{-E_{max} - a(V_\infty - V)}{RT}} \tag{2-31}$$

2. 焦炭燃烧模型

燃煤锅炉中焦炭燃烧包括以下几个过程：①参加燃烧的氧气从周围环境扩散到碳粒表面；②焦炭对扩散到其表面的氧气进行吸附；③焦炭表面发生剧烈的化学反应；④焦炭表面生成的化学产物解析附；⑤反应产物离开焦炭表面，并向外扩散至周围。

根据以上过程建立的模型主要有扩散控制反应速率模型、动力学/扩散控制反应速率模型、内部控制反应速率模型和多表面反应模型。扩散控制反应速率模型假定表面反应速率等于由气相氧化剂向颗粒表面的扩散速率。该模型忽略了反应动力学对表面反应速率的影响，假定颗粒直径不发生变化，由于颗粒质量逐步减少，因此有效密度也逐步降低，并且逐步变成多孔性物质。动力学/扩散控制反应速率模型同时考虑了扩散作用和反应动力学对颗粒表面反应速率的影响，比较接近真实的燃烧情况，本书选用此模型模拟焦炭的燃烧过程。

扩散反应速率为
$$D_0 = C_1 \frac{\left[(T_p - T_\infty)/2\right]^{0.75}}{d_p} \tag{2-32}$$

式中　　C_1——扩散速率常数；

T_p——颗粒温度；

T_∞——周围介质温度；

d_p——颗粒直径。

化学（动力学）反应速率常数为
$$R' = C_2 e^{-(E/RT_p)} \tag{2-33}$$

式中　　C_2——化学反应速率指前因子；

E——活化能。

依据化学反应速率指前因子和活化能加权值的燃烧速率为
$$\frac{dm_p}{dt} = -\pi d_p^2 p_{ox} \frac{D_0 R'}{D_0 + R'} \tag{2-34}$$

式中　　m_p——颗粒质量；

p_{ox}——颗粒周围的气相氧化剂分压。

式（2-34）按照氧化剂的质量分数写为
$$\frac{dm_p}{dt} = -\pi d_p^2 \frac{D_0 R'}{D_0 + R'} \frac{\rho R T_\infty Y_{ox}}{M_{w,ox}} \tag{2-35}$$

2.2.6　辐射换热模型

煤粉在炉膛内燃烧释放大量的能量，主要以辐射换热的形式传递给水冷壁，因此需要对辐射换热过程进行准确合理地模拟。由于炉膛的边界形状比较复杂且燃烧产物具有不同的吸收、发射和散射特性，根据求解精度和流动计算适应性的不同，发展了很多的辐射换热模型。目前常用的辐射换热模型主要有离散传播辐射（DTRM）模型、P-1 辐射模型、Rosseland 辐射模型、表面辐射（S2S）模型及离散坐标辐射（DO）模型等。

　　P-1 辐射模型是假定介质中的辐射强度沿空间角度呈正交球谐函数分布，其考虑了颗粒之间以及颗粒与气相间的辐射换热，并将含有微分、积分的辐射能量方程传递方程转化为一组偏微分方程，联立能量方程和相应的边界条件便可求出辐射强度和温度的空间分布，即

$$q_r = -\frac{1}{3(a + \sigma_s) - C\sigma_s} \nabla G \tag{2-36}$$

式中　a ——吸收系数；

　　　σ_s ——散射系数；

　　　G ——入射辐射；

　　　C ——线性各相异性相位函数系数。

　　G 的输运方程为

$$\nabla(\Gamma \nabla G) - aG + 4a\sigma T^4 = S_G \tag{2-37}$$

式中　σ ——斯蒂芬-波尔兹曼常数；

　　　S_G ——用户定义的辐射源相。

　　对于包含有吸收、发射、散射性质颗粒或具有吸收、发射、散射的灰体介质，入射辐射的输运方程为

$$\nabla(\Gamma \nabla G) + 4\pi\left(a\frac{\sigma T^4}{\pi} + E_p\right) - (a + a_p)G = 0 \tag{2-38}$$

式中　E_p ——颗粒的等效辐射；

　　　a_p ——颗粒的等效吸收系数。

　　P-1 模型的壁面边界条件为

$$q_{r, w} = -\frac{4\pi\varepsilon_w \frac{\sigma T_w^4}{\pi} - (1 - \rho_w)G_w}{2(1 + \rho_w)} \tag{2-39}$$

式中　ε_w ——壁面黑度；

　　　T_w ——壁面温度；

　　　G_w ——壁面入射辐射。

　　若假定壁面为漫灰表面，那么 $\rho_w = 1 - \varepsilon_w$，式（2-39）变为

$$q_{r, w} = -\frac{\varepsilon_w}{2(2 - \varepsilon_w)}(4\sigma T_w^4 - G_w) \tag{2-40}$$

2.3　计　算　方　法

2.3.1　计算边界条件

　　边界条件包括流动变量和热变量在边界处的值，如：

　　（1）燃烧器采用速度入口。

（2）炉膛出口采用压力出口。

（3）壁面条件：采用固定温度条件，分冷灰斗、下炉膛、上炉膛不同区域设置。

（4）卫燃带条件：固定热流量为0。

2.3.2 电站锅炉网格处理技术

2.3.2.1 四角锅炉网格划分

数值模拟中，网格质量对计算伪扩散有重要影响。四角切圆锅炉炉膛结构较为规则，但喷口基本呈45°角喷入炉膛，流动方向与网格线之间的夹角为45°时，数值模拟中容易产生较大的伪扩散计算误差。数值模拟应遵循的原则为：在流场对称的情况下，计算网格应严格对称，否则网格误差传递给计算误差，将造成计算结果偏差增大。采用适合四角切圆的网格可减少伪扩散的计算误差。

1. 网格形式

（1）优化的O形网格，如图2-1所示。

（2）燃烧器区域加密网格，燃烧器区域网格旋转45°，分块加密，如图2-2所示。

图2-1 优化的O形网格

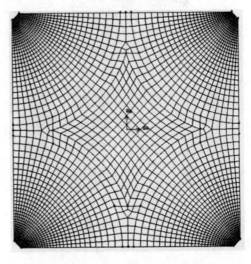

图2-2 燃烧器区域加密网格

2. 网格特点

（1）在各个方向严格对称。

（2）采用结构化网格。

（3）根据流场变化大小情况，燃烧器区域加密，炉膛中心相对网格较少。

（4）燃烧器区域网格与流向一致。

2.3.2.2 W火焰锅炉网格划分

1. 网格形式

W火焰炉根据燃烧器的不同主要有FW双旋风筒旋流燃烧器W锅炉（图2-3），B&W双调风旋流燃烧器W锅炉（图2-4）和MBEL狭缝式直流燃烧器W锅炉（图2-5）等。

2．网格特点

（1）由于 W 锅炉炉膛尺寸较大，一般沿炉膛宽度方向进行半炉膛计算。

（2）燃烧器区域加密。

（3）尽量采用结构化网格。由于 FW 锅炉圆形喷口较多，燃烧器区域采用非结构化的四面体网格。

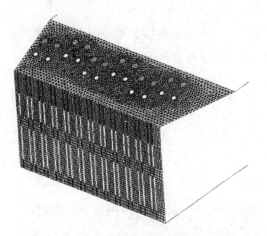

图 2-3　FW 双旋风筒旋流燃烧器 W 锅炉

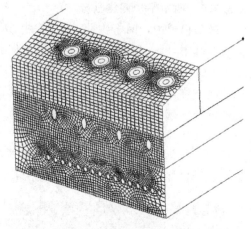

图 2-4　B&W 双调风旋流燃烧器 W 锅炉

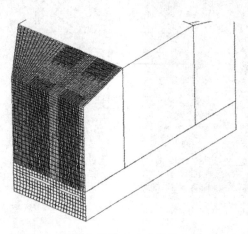

图 2-5　MBEL 狭缝式直流燃烧器 W 锅炉

2.3.3　计算流程

采用正交非均匀交错网格离散计算区域，并用控制容积法推导差分方程。考虑到对流的影响，采用混合差分格式，差分方程的一般形式为

$$A_P \Phi_P = A_E \Phi_E + A_W \Phi_W + A_N \Phi_N + A_S \Phi_S + A_T \Phi_T + A_B \Phi_B + S_\Phi \qquad (2-41)$$

式（2-41）中，下标 P 为所需计算的离散点，其余下标 E、W、N、S、T、B 分别为位于主控制体东、西、北、南、上、下六个面的节点。

计算流程如图 2-6 所示。

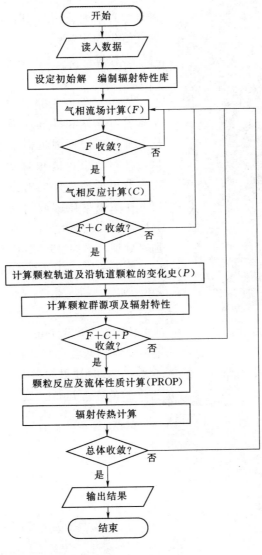

图 2-6 计算流程图

2.4 炉内燃烧数值模拟在 W 火焰锅炉上的应用实例

2.4.1 FW 型 W 火焰锅炉

模拟计算的对象是东方锅炉厂引进 FW 技术生产的 DG1025/18.2-Ⅱ15 型 W 火焰锅炉。

1. 建模与网格划分

根据锅炉的实际尺寸和位置及相应喷口的形状,建立该锅炉的几何模型。由于该锅炉沿宽度方向的中心平面呈现对称的特点，故可以将该中心平面设置成对称面，从而可使锅炉的计算域简化为实际锅炉的一半，节省了大量的计算时间和计算资源，模拟中使用的几何模型如图 2－7 所示。

模拟对象的网格划分对计算过程的收敛性、结果的可靠性和准确性都是非常重要的。贴体网格能够最大限度地近似于原物理对象，减少伪扩散，计算结果也能很好地反映真实的流动状况。本小节根据该锅炉的特点，分区划分网格，在不同的区域根据该区域的几何结构和流场的特点划分网格，在流场复杂和燃烧集中区域对网格进行加密处理，不同区域之间节点不重合处采用 Interface 边界条件，具体网格划分情况如图 2－8 和图 2－9 所示。

2. 模拟工况

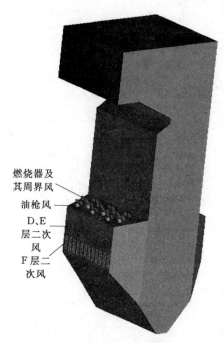

燃烧器及
其周界风
油枪风
D、E
层二次
风
F 层二
次风

图 2-7　锅炉几何模型示意图

F 层二次风下倾的角度对向下与水平动量比有重要影响，见表 2－2。F 层二次风下倾角度太小，对炉内燃烧影响小，效果有限；下倾角度太大，动量比增加过大，破坏了炉膛基本流场结构，使得一次风会直接冲击冷灰斗，危害锅炉的安全运行。故需要对 F 层二次风的下倾

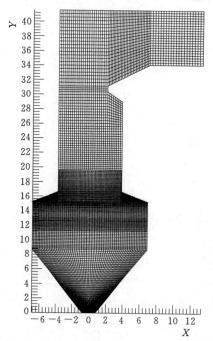

图 2-8　炉膛总体网格划分

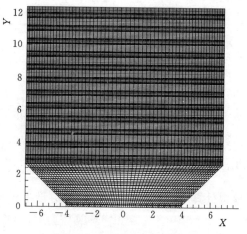

图 2-9　下炉膛网格划分

角度进行数值模拟优化研究，提供最佳的下倾角度，为现场改造提供指导。数值模拟针对锅炉满负荷条件进行 F 层二次风下倾不同角度对炉内燃烧情况的模拟结果。

表 2 - 2　　　　　　　　　　　　　F 层二次风下倾角度对水平动量比的影响

项　目	单位	0°	15°	25°	35°
气流向下动量	kg·m/s	1965.98	2552.46	2986.62	3498.57
总（气流＋煤粉）向下动量	kg·m/s	2781.84	3368.31	3802.47	4314.43
水平动量	kg·m/s	2751.87	2751.87	2751.87	2751.87
气流向下/水平动量比		0.7334	0.9522	1.1142	1.3052
气流向下/水平动量比变化率	%	0	29.83	51.92	77.97
总向下/水平动量比		1.011	1.224	1.382	1.567
总向下/水平动量比变化率	%	0	21.07	36.7	55

注　变化率为相对 F 层二次风水平即 0°时的相对变化。

3. 模拟结果与分析

通过数值模拟，分析了在锅炉满负荷下，F 风水平和 F 风下倾 15°、25°和 35°的炉内速度场，温度场和 NO_x 分布等结果，比较了在不同情况下，W 火焰锅炉内的燃烧情况的变化，包括对煤粉着火、燃尽及 NO_x 生成等。图 2-10、图 2-11 分别给出了模拟得到的 F 层二次风下倾不同角度的炉内速度场和流线轨迹，图 2-12 和图 2-13 给出了在这四种工况下数值模拟得到的炉膛深度方向上的温度分布和 NO_x 分布。

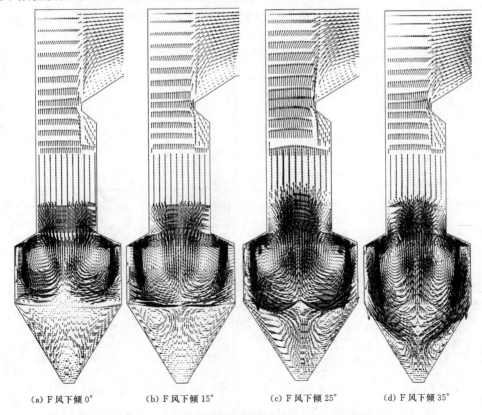

(a) F 风下倾 0°　　　(b) F 风下倾 15°　　　(c) F 风下倾 25°　　　(d) F 风下倾 35°

图 2-10　F 层二次风下倾不同角度的炉内速度场

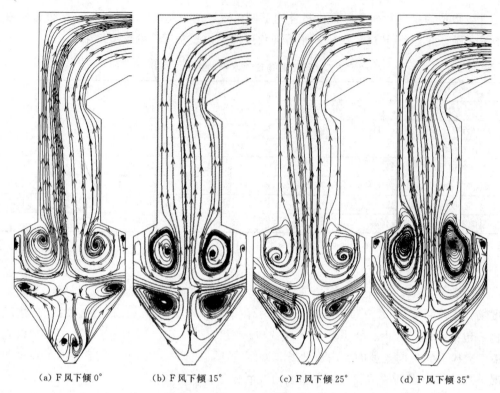

（a）F 风下倾 0°   （b）F 风下倾 15°   （c）F 风下倾 25°   （d）F 风下倾 35°

图 2-11   F 层二次风下倾不同角度的炉内流线轨迹

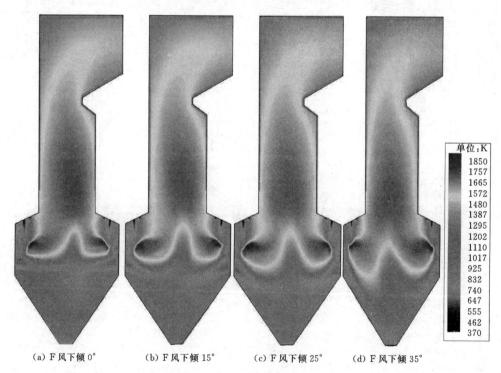

（a）F 风下倾 0°   （b）F 风下倾 15°   （c）F 风下倾 25°   （d）F 风下倾 35°

图 2-12   四个不同 F 层二次风下倾角度下炉膛深度方向温度分布

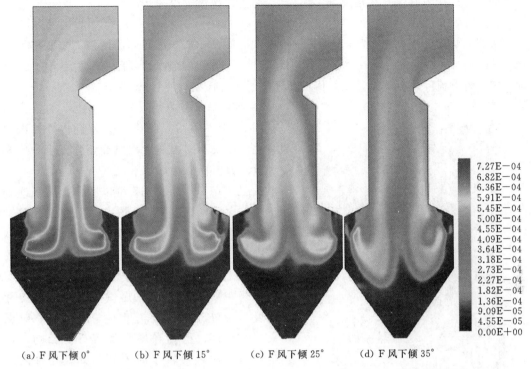

(a) F 风下倾 0°　　(b) F 风下倾 15°　　(c) F 风下倾 25°　　(d) F 风下倾 35°

图 2-13　四个不同 F 层二次风下倾角度下炉膛深度方向 NO_x(L/L) 分布

　　综合分析以上结果可知，F 层二次风下倾，可以有效增加向下/水平方向的动量比，而且由于下倾的二次风对下冲的一次风气流有一定的引射作用，F 风下倾以后整个炉内火焰中心下移，一次风火焰行程增加，煤粉燃烧的区域向下炉膛延伸，下炉膛的空间得到了更加充分地利用，使得炉内容积热负荷分散。这样既可以增加煤粉射流在下炉膛的停留时间，有利与煤粉的燃尽；而且也使得煤粉的燃烧放热过程在更大的几何空间内发生，降低容积热负荷，减少局部高温，降低热力型 NO_x 生成。同时，一次风煤粉射流的行程增长，还原区相对扩大，煤粉射流在还原区的停留时间增加，从而有利于抑制 NO_x 的生成，降低 NO_x 的排放。一次风射流推迟与主二次风（F 层风占二次风的 60%～70%）交汇，这使得一次风和二次风的混合延迟，这也是有利与抑制 NO_x 的一个重要因素。F 层二次风下倾还有利于煤粉射流卷吸炉膛高温烟气，增加卷吸热量，有助于提高煤粉的着火稳燃能力。

2.4.2　B&W 型 W 火焰锅炉

　　B&W 型 W 火焰锅炉模拟计算的对象是北京巴威公司与 B&W 合作设计生产的 B&WB1025/17.4-M 型 W 火焰锅炉。

　　数值模拟共进行了以下 4 个工况：

　　(1) 外二次风旋流叶片角度为 60°。

　　(2) 外二次风旋流叶片角度为 60°，同时将内二次风关小为 5m/s。

　　(3) 外二次风旋流叶片角度为 65°，同时将内二次风关小为 5m/s。

（4）外二次风旋流叶片角度为 70°，同时将内二次风关小为 5m/s。

1. 建模与网格划分

根据锅炉实际结构与尺寸建立了几何模型（图 2-14）并划分了网格，总网格数为 244 万；此处将燃烧器旋流叶片进行了一起建模，可更加准确地计算旋流对流场的影响。计算中，外旋流叶片有 3 个开度，因此共建立了 3 个模型。

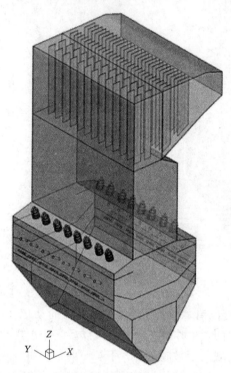

图 2-14 B&W 锅炉几何模型示意图

2. 模拟结果与分析

图 2-15～图 2-17 分别是不同内外二次风风量比例以及不同内外二次风旋流强度下炉内燃烧温度场数值模拟计算结果。

从图 2-15～图 2-17 可以看出：适当改变内、外二次风风量比例后，炉内 W 火焰的空气动力特性更为明显，更有利于煤粉的稳燃和燃尽，说明内外二次风风量的比例对锅炉燃烧有重要影响；对于该种 W 火焰锅炉，火焰煤粉燃尽需要的空气主要由外二次风提供，外二次风的旋流强度（由外二次风旋流叶片角度控制）对煤粉火焰的行程、稳燃和燃尽都有重要影响，特别是在内二次风量较小时更是如此。随着内二次风量的减小，虽然着火情况明显改善，但火焰的下冲行程也明显减弱，此时就需要通过减小外二次风的旋流强度来增强煤粉火焰的下冲能力。结合表 2-3 所示的煤粉燃尽率模拟计算结果可以看出：当内二次风量减为 5m/s 时，外二次风旋流叶片角度在 65° 左右比较合适，在 70° 煤粉燃尽率下降。

表 2-3　　　　　　　　　　　　四种工况下煤粉燃尽率

项　目	工况 1	工况 2	工况 3	工况 4
氧浓度/%	3.73	3.55	3.46	3.53
煤粉燃尽率/%	96.13	97.10	98.02	97.12

2.4.3 MBEL 型 W 火焰锅炉

MBEL 型 W 火焰锅炉模拟计算的对象是哈尔滨锅炉厂生产的 HG1025/17.3-WM18 型 W 火焰锅炉。

模拟计算的目的是分析原锅炉燃烧存在的问题，对提出的改造方案进行对比分析，并确定最终的改造方案：①燃烧器喷口改造（图 2-18）；②增设三次风下倾装置；③在与翼墙连接处增设一路贴墙风。

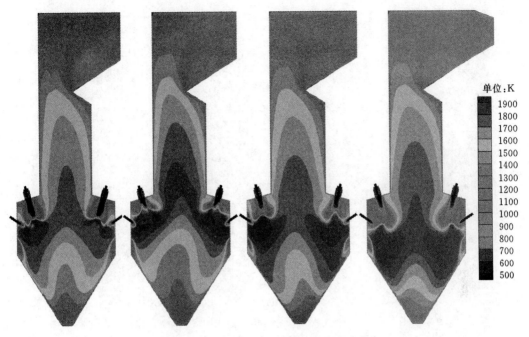

图 2-15 四种工况下炉膛深度方向温度分布

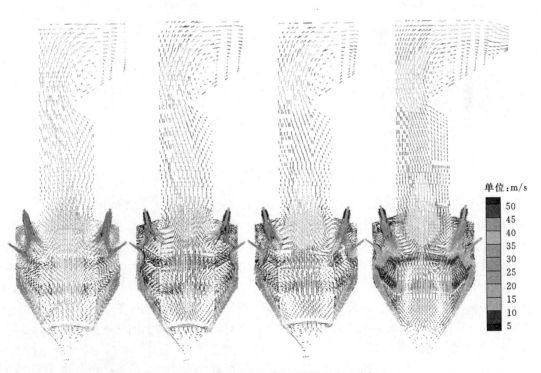

图 2-16 四种工况下炉膛深度方向速度场

1. 建模与网格划分

锅炉几何模型如图 2-19 所示。炉膛整体采用六面体结构化网格，不同区域分区划分

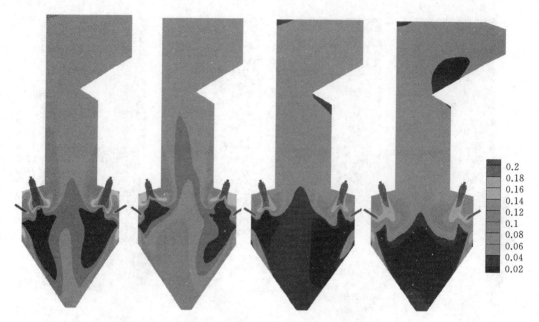

图 2-17　四种工况下炉膛深度方向氧浓度（L/L）分布

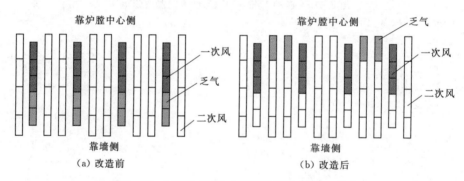

（a）改造前　　　　　　　　　　　　（b）改造后

图 2-18　MBEL 型 W 火焰锅炉燃烧器喷口改造

网格，各个区域网格根据该区域的结构以及流场特性进行划分。相邻区域如遇网格不同，采用 interface 进行连接。结构化网格有利于流场的收敛以及提高计算精度。如图 2-20 和图 2-21 所示，炉膛网格特点是：Y 截面上整体采用正方体或长方体结构，这样的网格简单，方便计算。但是，在翼墙与前后墙连接处（图 2-22），由于存在一个角度，无法完全采用长方体或正方体网格，主要采用六面体非结构化网格进行划分。燃烧器喷口以及燃烧区域的流动、反应以及传热比较复杂，在满足模拟计算精度的条件下，为了尽量节省计算机的计算时间，该区域采用网格加密的方法。最终炉膛所得到的网格数为 136 万。

2. 改造前后模拟结果比较

如图 2-23～图 2-25 所示，从调整缝隙式燃烧器乏气风喷口布置以及分级二次风风箱改造两个方面来谈论改造对炉膛着火特性、燃烧经济性以及稳定性的影响。

（1）调整后乏气煤粉位于炉膛中心，温度升高更加迅速，乏气煤粉的着火距离变短了 0.7m，同时，调整后炉膛中心挥发分含量更高，一次风的着火距离缩短了 0.5m。

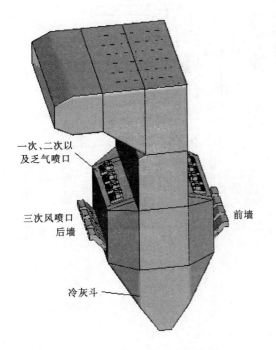

图 2-19 MBEL 锅炉几何模型

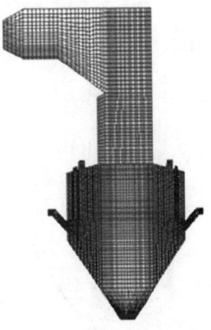

图 2-20 MBEL 锅炉整体网格

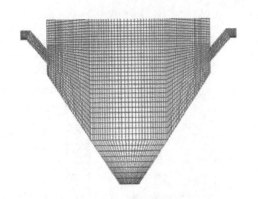

图 2-21 MBEL 锅炉翼墙连接部位网格

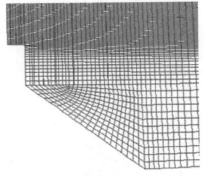

图 2-22 MBEL 锅炉下炉膛网格

（2）改造后燃烧区的平均温度增大，煤粉燃烧更加剧烈，同时，由于分级二次风对一次风粉的冲击减弱，落入冷灰斗中的煤粉颗粒减少，分级二次风下倾角度增大，煤粉颗粒在炉膛内的停留时间增长，煤粉机械不完全燃烧损失减少，燃尽率由 97.32% 增大到 99.61%，燃烧经济性提高。

（3）乏气被调整到了炉膛中心，导致炉膛壁面处的反应减少，壁面温度明显降低，由 1900K 降到 1450K 左右，有利于减少壁面处结渣。

（4）炉膛内燃烧区域火焰充满度更大，负荷分布更加均匀，分级二次风对火焰的冲击减少，炉膛内燃烧更加稳定，不容易造成负荷分布不均匀而突然停火。

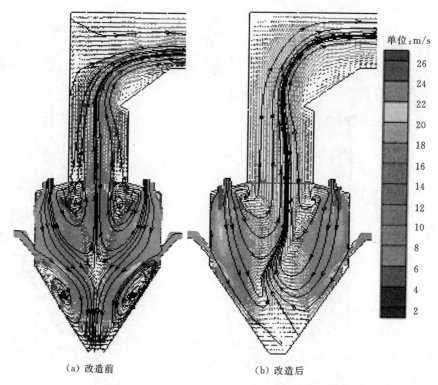

（a）改造前　　　　　　　　　（b）改造后

图 2 - 23　改造前后速度场以及流线轨迹分布

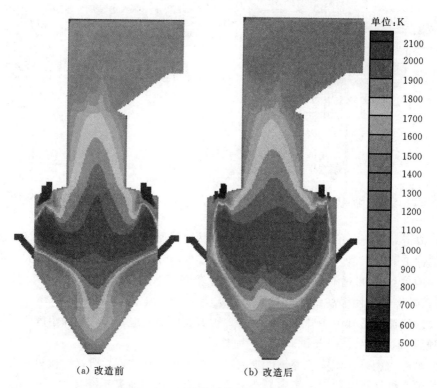

（a）改造前　　　　　　　　　（b）改造后

图 2 - 24　改造前后炉膛内温度分布

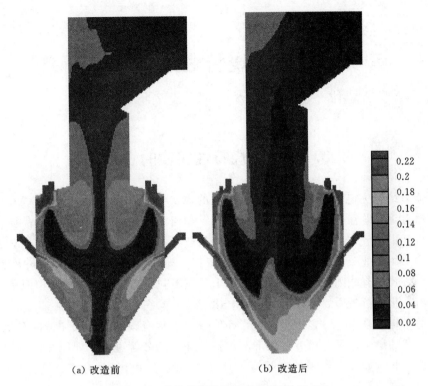

（a）改造前　　　　　　　　（b）改造后

图 2-25　改造前后炉膛内的氧浓度（L/L）

第3章 煤燃烧特性的实验室研究

3.1 煤燃烧特性实验的意义

国内能源结构决定了煤作为主要一次能源的现状将会长期持续。然而，煤炭利用效率低、污染严重等问题在我国仍然显得较为突出。如何能提高煤炭利用效率和品质，提高经济性、减少污染排放物等一系列课题也是国内从业者一直努力的方向。国内外对煤燃烧性质的评价多采用工业分析所得的挥发分作为依据，即挥发分越高，其着火燃尽性能就越好。该判别方式没有原则性的问题，能大体上反应不同煤燃烧的难易程度，但是，在一些情况下，特别是分析劣质煤的情况时可能会出现较大偏差。

煤能够燃烧，是因为煤含有可燃质，即成分里面含有碳、氢、氧和硫的有机聚合物。研究表明，煤的燃烧过程可以分成如下两步：①煤的热分解过程，即原煤被加热和干燥，挥发分析出，此时如果煤粒周围空间有足够高的温度，且有氧气存在，则挥发分着火燃烧；②残余焦炭的氧化反应。

对这两个过程的认识，有两种不同的方式：一种是认为挥发分稳定析出、燃烧，之后才是焦炭的着火、燃烧；另一种认为挥发分的析出燃烧跟焦炭的着火燃烧过程重叠。两种方法有一个共同点，即煤的燃烧过程均包含了热分解和焦炭燃烧两个基本过程。煤的热分解是煤在不同温度条件下发生了一系列的物理及化学过程，该过程受热解温度、升温速率、热解过程发生时的压力、煤的粒径、煤种等因素影响。因此，针对煤燃烧特性的研究可以分解为下述几个方面：

（1）煤的热解特性。热解特性是指煤在加热过程中释放出气体（挥发分）的过程。热解研究应包括两个方面：气态成分的生成过程和固态成分的孔隙结构及形态变化。通常所谈到的煤的热解特性仅指挥发分的析出特性。

（2）煤的着火特性。以煤着火机理研究、煤粉的着火特性实验研究及评判为主要内容。

（3）煤的燃尽特性。碳与氧的反应机理和燃烧反应速度。

（4）着火温度及着火方式的确定。

除此之外，根据煤的用途和对煤燃烧产物的特点，还有针对煤的表面及空隙特性、膨胀特性、污染特性及结渣特性等方向的研究。

煤炭占据我国一次能源生产和消费的近70%，而火力发电厂与热电联产用煤在其中占据了接近50%的比例。由于经济和环保的压力以及国家经济结构的调整，电煤环境有了较大变化：①由于去过剩产能、关停煤矿的影响，火电厂用煤煤质不稳定，与锅炉设计煤质偏差较大；②国内环保标准一再升级，锅炉减排的压力大增。因此，火电厂如何利用好现有煤质，从而达到节能减排的目的是现有条件下火力发电面临的一个重大挑战。要从运行优化、设备改造和锅炉设计等方面保证火电厂锅炉的安全、经济、低排放运行，对煤的着火特性、稳燃特性以及结渣等特性必须有深入的认识，因此煤的燃烧特性的实验室研究显得尤为必要。

3.2 实验室条件下分析煤粉燃烧特性的方法

3.2.1 煤燃烧特性的基本概念

煤的燃烧特性包含了煤的热解特性、着火特性、燃尽特性等一系列指标，并不是单一的判定标准。针对热力发电厂锅炉来说，需要关心安全稳定运行以及经济性的问题，因此重点关注的焦点是煤的着火、火焰流稳定性、燃尽率以及产物结渣特性等。在煤燃烧的机理研究中，国内已发表的研究结果提出几个表征上述特性的参数。

1. 挥发分析出特性指数 D

现有研究表明，挥发分析出与以下几个参数有明显关系：

（1）挥发分初析温度 T_x。

（2）挥发分最大释放速度 $(dW/dt)_{max}$。

（3）对应挥发分释放最大速度时的温度 T_{max}。

（4）$(dW/dt)/(dW/dt)_{max}=1/3$ 时对应的温度区间 $\Delta T_{1/3}$。

$(dW/dt)_{max}$ 越大，挥发分释放越强烈，T_{max} 越低，$\Delta T_{1/3}$ 越小，挥发分释放就越早越多，着火更早更提前，对着火越有利，因此，提出了经验关系为

$$D = \frac{(dW/dt)_{max}}{T_{max}\Delta T_{1/3}} \tag{3-1}$$

D 值越大，挥发分越容易析出，对应着火温度较低，越容易着火；反之则挥发分较难析出，着火温度越高。

2. 可燃判别指数 C

通过对多煤种的燃烧曲线进行拟合，归纳出可燃判别指数 C 与干燥无灰基挥发分 V_{adf} 之间的关系，即

$$C = \begin{cases} \dfrac{\left(\dfrac{dW}{dt}\right)_{80}}{T_i^2}, & T_i < 500 \\[4mm] \dfrac{\left(\dfrac{dW}{dt}\right)_{80}}{T_i^{2+\frac{T_i-273}{1000}}}, & T_i > 500 \end{cases} \tag{3-2}$$

式中　T_i——试样着火的开氏温度；

$(dW/dt)_{80}$——最高燃烧速度的平均速度。

再根据统计的煤种性质，划分出一系列区间，判定煤种的可燃区域。

3. 着火稳定性综合指数 R

通过统计拟合煤燃烧稳定性的工况数据，得到煤着火稳定指数 R 为

$$R = \frac{a}{T_i} + \frac{b}{T_{max}} + c \left(\frac{dW}{dt} \right)_{max} \tag{3-3}$$

式中　T_i——着火温度；

$\left(\dfrac{dW}{dt} \right)_{max}$——最大反应速度；

　T_{max}——反应最大速度时对应的温度；

a、b、c——因煤种不同的计算常数；

　　T_i、T_{max} 和 $\left(\dfrac{dW}{dt} \right)_{max}$ 可通过热分析手段得到。

R 值越大，燃烧稳定性越好。该指标作为炉膛选型设计的重要参数，表征煤质的着火特性。

4. 煤的燃尽指数 R_j

通过对燃烧曲线的拟合，有研究提出了衡量煤的燃尽指数 R_j 的计算公式为

$$R_j = \frac{1}{0.55G_2 + 0.0043T_{2max} + 0.14\tau_{98} + 0.27\tau'_{98} - 3.7} \tag{3-4}$$

式中　G_2——燃烧曲线难燃峰下烧掉的燃料量；

　T_{2max}——难燃峰下的最大反应速度对应温度；

　τ_{98}——煤烧掉 98% 所需时间；

　τ'_{98}——煤焦烧掉 98% 时所需时间。

R_j 值越大，说明燃料燃尽性能越好。该指标作为炉膛选型的重要指标，表征燃料的燃尽特性。

5. 燃烧特性指数 S

燃烧特性指数由化学反应动力学方程推导，即

$$S = \frac{\left(\dfrac{dW}{dt} \right)_{max}^{c} \times \left(\dfrac{dW}{dt} \right)_{mean}^{c}}{T_i^2 T_h} \tag{3-5}$$

式中　$\left(\dfrac{dW}{dt} \right)_{max}^{c}$——最大燃烧速度；

$\left(\dfrac{dW}{dt} \right)_{mean}^{c}$——平均燃烧速度；

　　T_i——着火温度；

　　T_h——燃尽温度。

可以看出，最大燃烧速度越大，平均燃烧速度越大，同时着火温度与燃尽温度越小，则该指数越大，说明在温度较低的条件下发生反应，并且平均燃烧速度较大，燃尽时间越快，燃烧效果越好，燃烧特性也越好。

6. 煤灰结渣特性

煤灰的结渣特性是炉膛选型的重要指标，用于判别炉膛选型时所选择煤种的结渣难易程度。通常用综合结渣判别指数 R_z 来衡量，其计算公式为

$$R_z = 1.24 \frac{B}{A} + 0.28 \frac{SiO_2}{Al_2O_3} - 0.0023ST - 0.019G + 5.4 \qquad (3-6)$$

其中
$$\frac{B}{A} = \frac{Fe_2O_3 + CaO + MgO + Na_2O + K_2O}{SiO_2 + Al_2O_3 + TiO_2} \qquad (3-7)$$

$$G = \frac{100SiO_2}{SiO_2 + CaO + MgO + Fe_2O_3} \qquad (3-8)$$

式中　$\frac{B}{A}$——灰成分碱酸比；

　　　ST——灰软化温度。

3.2.2　针对煤燃烧特性的实验方法及装置

为了克服实际电站锅炉难以得到真实反应动力学参数的问题，同时能够准确地把握煤燃烧的特性，研发领域开发了许多炉内煤粉燃烧特性的实验方法。目前国内外常用的方法有热重分析法（TG/DTA）、管式沉降炉（DFTS）法、流化床法、高温悬浮态燃烧法、平面携带流法、金属丝网法等。这些方法可以从煤粉的着火特性、热解及反应速率、燃尽特性等方面来帮助研究人员对煤的燃烧特性做全面了解。

1. 热重分析法

热重分析法是跟踪监测分析燃烧过程中质量与温度关系的一种技术。普遍应用在煤的工业分析、热解特性分析和燃烧特性研究中。通过热重分析系统可以对煤的着火温度、着火时间、燃尽温度、煤粉最大反应速率对应温度、燃烧特性指数、燃尽度和燃烧速度进行揭示。因为该方法得到的实验结果较为全面，能够从多方面揭示煤的燃烧特性，所以目前在实验研究领域运用较为广泛。

2. 管式沉降炉法

根据研究表明，自由沉降炉煤粉气流加热速度与实际炉膛煤粉气流的加热在同一数量级，能很好地模拟实际锅炉的热力特性，且管式沉降炉反应器内气流基本处于层流状态，炉内温度可控，所以多用来研究煤粉的着火温度、着火稳定性等特性指标。

3. 流化床法

采用石英玻璃管流化床为装置，配备电加热、及红外色谱仪对煤粉燃烧后得到的烟气成分进行分析，通过对烟气成分和烟气量的计算来研究脱出挥发分之后的焦炭反应速率。该方法用于研究煤燃烧后的燃尽特性和燃烧过程中的反应速率。

4. 高温悬浮态燃烧法

高温悬浮态燃烧法的基本过程是：助燃气体由下部通过预热器加热到需要的温度，从反应器下部进入反应器，煤粉由反应器上部进入，稳定悬浮在反应器中进行燃烧；反应后的气体通过顶部流出，气体组分可测。由于其反应区温度均匀、进入反应器的气体成分可根据需要改变、物料悬浮稳定、反应器温度波动小等因素，因此常用于研究分析燃烧反应的动力学参数来评价煤的燃烧特性，从该实验中可得到燃烧速率、燃尽率等参数。

5. 平面携带流法

平面携带流法配备了缝式高温加热炉和多级预混燃烧器，当预混气体被点燃后，预混火焰与燃烧器的铜盘表面发生的热交换使火焰得到稳定。当预混气体的流量在确定的范围内时，就能形成厚度 1～2mm 的稳定的平面火焰。通过配合高速图像采集系统以及对燃烧组分的分析，可以对煤粉的着火延迟时间、燃煤的脱挥发分特性、煤焦的物理化学特性及反应性、煤粉燃尽率等参数进行研究。

6. 金属丝网法

金属网反应法广泛应用于煤、生物质等固体燃料的热解、气化及燃烧的基础研究中，金属网反应器是一种可以精确控温的微型反应器，通过不锈钢金属网夹住少量样品，在金属网两端加低电压，并在圆形区域中心和边缘布置非绝缘式热电偶丝来读取温度，采用计算机读取热电偶温度，并通过改变电压的方法实现升温过程的实时控制。通过对煤粉着火特性、燃烧产物以及煤焦的生成特性及反应特性的研究，从机理上对煤粉的燃烧特性进行描述。

3.3　低挥发分煤的实验室研究

贵州地处高原，大气压力低、含氧量低，在这种低压低氧条件下，煤粉火焰面变厚，火焰拉长，在保证同等燃氧当量比时，当绝对压力与标准大气压比为 0.7 时，空气补给量则为标准大气压力时的 1.43 倍，绝热火焰温度将大幅下降；如果使用标准压力下设计的锅炉和燃烧器，则通过燃烧器的流速会大幅增加，严重影响着火和火焰的稳定性；空气补给量的增加，还会使炉内的气流速度大幅上升，煤粉在炉内的停留时间减少，飞灰含碳量大幅上升。因此，低挥发分煤种在高原地区的燃烧特性及动力学参数模型与常压非低挥发分煤的燃烧特性有所区别。为了研究掌握高海拔条件下低挥发分煤的燃烧特性，贵州电力科学研究院委托华中科技大学国家重点实验室分别选取了几种电厂实际燃用的低挥发分煤进行了实验室研究。

3.3.1　高海拔条件下的热重实验研究

利用热重分析仪及低压试验系统，对贵州部分电厂实际燃用的七个煤种，分别选取 3 个压力进行了低压下的热重实验，求取了燃烧特性参数，包括煤粉的着火温度及着火时间、燃尽温度、煤粉最大燃烧反应速度所对应温度，并计算出活化能和指前因子，研究其变化规律，从而更好的揭示出煤粉在低压条件下的燃烧特性。

1. 低压热重试验系统

低压热重试验系统如图 3-1 所示，在热重分析仪的箱体孔上依次连接真空压力表、真空调节阀和微型真空泵。实验前将炉胆内的空气排出，然后关闭热重分析仪炉胆上端的回流管和排气口并保持恒定的给气量，再开启微型真空泵，调节真空阀使真空压力表达到所需的低压条件（实验系统处于动态平衡）即可开始进行低压下的热重实验。微型真空泵及真空压力表技术参数分别见表 3-1 和表 3-2。

表 3-1　　　　　　　　　　　　　微型真空泵技术参数

型号	电压/V	负载电流/mA	流量/(L/min)	真空度绝对压力/kPa	最大输出压力（相对压力）/kPa
FAA8006	12	<340	6	50	80

表 3-2　　　　　　　　　　　　　真空压力表技术参数

型号	精度	测量范围
Y-60	2.5 级	-0.1～0MPa

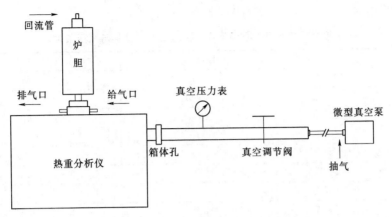

图 3-1 低压热重试验系统示意图

所谓真空，是指在给定的空间内，压力低于 101325Pa 的气体状态。在真空状态下，气体的稀薄程度通常用气体的压力值来表示，显然，该压力值越小则表示气体越稀薄。

工业上有各种各样的真空泵，对于各种泵的性能都有规定的测试方法来检验，主要参数有：

（1）极限真空（通常称为真空度）。将真空泵与检测容器相连，放入待测的气体后，进行长时间连续抽气，当容器内的气体压力不再下降而维持某一定值时，此压力称为泵的极限真空。该值越小则表明越接近理论真空。

普通真空表测得的真空值（即表压）为相对真空度，用负数表示，是指被测气体压力与大气压的差值，其关系示于图 3-2 中。

（2）抽气速率。在真空泵的吸气口处，单位时间内流过的气体体积。

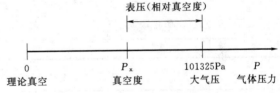

图 3-2 真空度与大气压的关系

2. 试验仪器

热重实验所用的仪器是德国 NETZSCH 公司生产的 STA 409C 热综合分析仪，其仪器的主要技术指标见表 3-3。

表 3-3 STA 409C 热重分析仪技术指标

性　能	参　　数
测量范围	±1000mg
测量精度	0.1mg
温度范围	室温~1500℃
环境气氛	氧气、氮气和其他惰性气氛

3. 试验条件

利用热重分析仪及低压实验系统，对贵州电厂燃用的七种低挥发分煤分别选取 3 种压力进行了低压下（模拟高海拔条件）的热重实验，模拟试验工况与气压条件见表 3-4，模拟试验参数见表 3-5。

表 3-4 热重分析热高海拔条件下模拟试验工况（煤种与气压条件）

工况编号	工况内容	海拔/m	大气压/kPa
1	安顺煤	0	101.3
2	安顺煤	1000	89.86
3	安顺煤	2000	79.48
4	大方煤	0	101.3
5	大方煤	1000	89.86
6	大方煤	2000	79.48
7	纳雍煤	0	101.3
8	纳雍煤	1000	89.86
9	纳雍煤	2000	79.48
10	黔北煤	0	101.3
11	黔北煤	1000	89.86
12	黔北煤	2000	79.48
13	兴义煤	0	101.3
14	兴义煤	1000	89.86
15	兴义煤	2000	79.48
16	鸭溪煤 1	0	101.3
17	鸭溪煤 1	1000	89.86
18	鸭溪煤 1	2000	79.48
19	鸭溪煤 2	0	101.3
20	鸭溪煤 2	1000	89.86
21	鸭溪煤 2	2000	79.48

表 3-5 热天平高海拔条件下模拟试验参数

实 验 条 件	参 数
通入气氛	空气
气体流量	0.1L/min
升温速率	20℃/min
压力	①常压；②表压-11.44kPa；③表压-21.82kPa

4. 试验结果

试验结果如图 3-3～图 3-9 和表 3-6 所示。

表 3-6 煤的燃烧特性参数

工况	煤种	海拔/m	着火温度 T_i/℃	$(dW/dt)_{max}$/(mg/min)	T_{max}/℃	燃尽温度 T_h/℃
1	安顺煤	0	530.4	0.6	585.0	633.0
2	安顺煤	1000	551.6	0.5	620.2	680.0
3	安顺煤	2000	558.3	0.5	629.8	694.3
4	大方煤	0	533.0	0.6	585.9	633.4

工况	煤种	海拔/m	着火温度 T_i/℃	$(dW/dt)_{max}$/(mg/min)	T_{max}/℃	燃尽温度 T_h/℃
5	大方煤	1000	550.2	0.5	611.3	664.5
6	大方煤	2000	559.0	0.5	627.2	687.0
7	纳雍煤	0	525.8	0.6	584.2	633.4
8	纳雍煤	1000	529.1	0.6	589.6	641.3
9	纳雍煤	2000	554.5	0.4	627.6	690.2
10	黔北煤	0	538.2	0.6	588.9	632.8
11	黔北煤	1000	544.3	0.6	597.7	642.8
12	黔北煤	2000	567.2	0.4	632.0	688.6
13	兴义煤	0	523.9	0.7	580.9	631.0
14	兴义煤	1000	530.1	0.6	588.8	639.3
15	兴义煤	2000	551.5	0.5	625.3	688.9
16	鸭溪煤1	0	522.3	0.6	580.5	629.0
17	鸭溪煤1	1000	545.1	0.5	616.3	676.9
18	鸭溪煤1	2000	550.2	0.5	624.2	685.3
19	鸭溪煤2	0	525.8	0.5	580.7	626.6
20	鸭溪煤2	1000	549.5	0.5	615.2	669.9
21	鸭溪煤2	2000	556.0	0.5	628.1	687.5

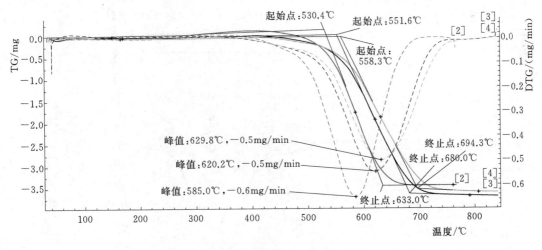

图 3-3　安顺煤（工况 1~3）

5. 活化能和指前因子的计算

煤粉燃烧反应动力学参数是研究煤燃烧特性必要的数据。活化能是重要的反应动力学指标。只有那些碰撞能量足以破坏现存化学键并建立新的化学键的碰撞才是有效的，为使某一化学反应得以进行，分子所需的最低能量称为活化能，以 E 表示。能量达到或超过活化能 E 的分子称为活化分子。活化分子的碰撞才是有效碰撞。在一定温度下，活化能

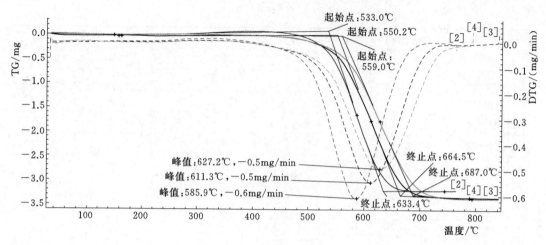

图 3-4 大方煤（工况 4～6）

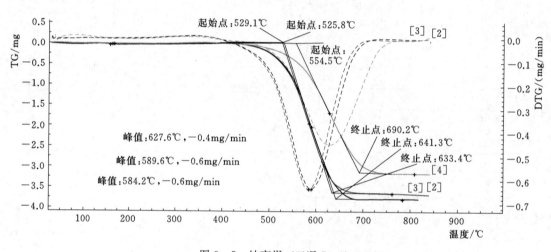

图 3-5 纳雍煤（工况 7～9）

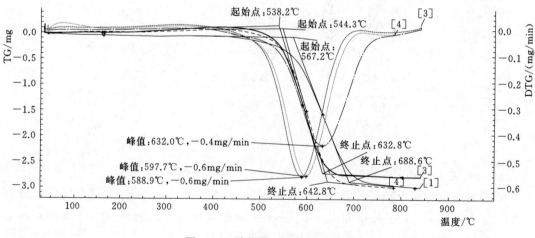

图 3-6 黔北煤（工况 10～12）

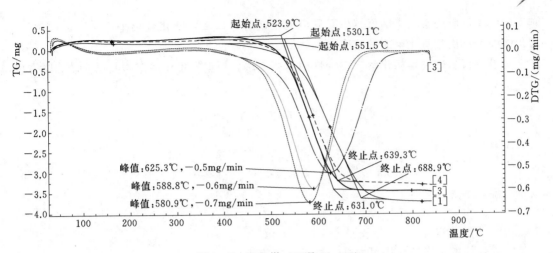

图 3-7 兴义煤（工况 13～15）

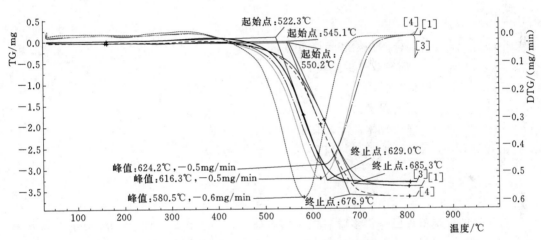

图 3-8 鸭溪 1 煤（工况 16～18）

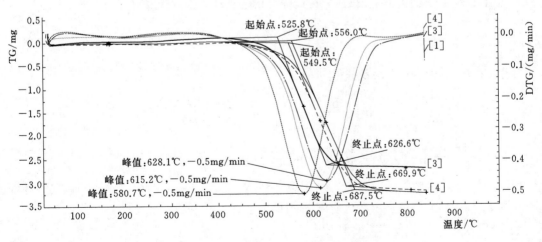

图 3-9 鸭溪 2 煤（工况 19～21）

越大，产生反应的有效碰撞就越少，反应速度越快；反之，活化能越小，反应速度越快。活化能的大小决定氧化反应的速度。

热重分析是研究煤粉化学反应特性的重要方法，根据质量作用定律其反应动力学方程可表示为

$$\frac{\mathrm{d}a}{\mathrm{d}t} = k(1-a)^n \tag{3-9}$$

Arrhenius 定律为

$$k = A\mathrm{e}^{-\frac{E}{RT}} \tag{3-10}$$

升温速率为

$$\beta = \frac{\mathrm{d}T}{\mathrm{d}t} \tag{3-11}$$

实验煤样的反应转化率可由 TG 曲线求得，即

$$a = \frac{w_0 - w}{w_0 - w_\infty} \tag{3-12}$$

式中　w_0、w_∞——煤样的初始和最终重量；

　　　　w——t 时刻煤样的重量；

　　　　E——活化能；

　　　　A——指前因子；

　　　　R——通用气体常数，取 8.314J/(mol·K)。

由式（3-9）～式（3-12）可得

$$\frac{\mathrm{d}a}{\mathrm{d}T} = \frac{A}{\beta}\mathrm{e}^{-\frac{E}{RT}}(1-a)^n \tag{3-13}$$

对于煤的燃烧机理已有很多学者做过实验研究，为了计算方便，Cumming 等人将燃烧反应描述为一级反应，实验在处理过程中发现拟合的相关性很好，都接近 1，说明一级反应适合于本实验煤样的燃烧反应，因此煤样的燃烧动力学方程式可写为

$$\frac{\mathrm{d}a}{\mathrm{d}T} = \frac{A}{\beta}\mathrm{e}^{-\frac{E}{RT}}(1-a) \tag{3-14}$$

用 Coats-Redfern 方法积分得

$$\ln\left[\frac{-\ln(1-a)}{T^2}\right] = \ln\left(\frac{AR}{\beta E}\right) - \frac{E}{RT} \tag{3-15}$$

令 $\ln\left[\dfrac{-\ln(1-a)}{T^2}\right] = Y$，$X = \dfrac{1}{T}$，$a = \ln\left(\dfrac{AR}{\beta E}\right)$，$b = -\dfrac{E}{R}$，则

$$Y = a + bX \tag{3-16}$$

则式（3-16）即可求出活化能 E 和指前因子 A。

各煤种的反应动力学参数计算见表 3-7。

6. 结论

通过对试验结果的分析计算可以得出以下结论：

表 3 - 7　　　　　　　　　　　　　各煤种的反应动力学参数

编号	煤种	海拔/m	活化能 $E/(kJ/mol)$	指前因子 A/s^{-1}
1	安顺煤	0	99.92	1.995×10^3
2	安顺煤	1000	118.2	2.637×10^4
3	安顺煤	2000	147.1	3.307×10^6
4	大方煤	0	105.73	5.016
5	大方煤	1000	121.387	4.8×10^4
6	大方煤	2000	153.858	8.632×10^6
7	纳雍煤	0	107.46	9.016×10^3
8	纳雍煤	1000	109.86	1.413×10^4
9	纳雍煤	2000	116.6	1.96×10^4
10	黔北煤	0	87.45	342.7
11	黔北煤	1000	109.2	9.765×10^3
12	黔北煤	2000	137.49	5.05×10^5
13	兴义煤	0	93.41	1.176×10^3
14	兴义煤	1000	97.87	1.817×10^3
15	兴义煤	2000	120.49	2.73×10^4
16	鸭溪煤 1	0	92.27	780.2
17	鸭溪煤 1	1000	102.82	3.776×10^3
18	鸭溪煤 1	2000	110.72	1.54×10^4
19	鸭溪煤 2	0	92.27	780.2
20	鸭溪煤 2	1000	102.63	3.25×10^3
21	鸭溪煤 2	2000	110.11	7.60×10^3

（1）低压煤粉燃烧过程中的着火温度与常压下煤粉燃烧相比较可以发现，低压下的着火温度明显滞后于常压下的着火温度。这表明低压环境抑制了煤粉燃烧的反应速度，推迟了着火温度，延长了着火时间。

（2）不同压力下煤的燃尽温度是随着压力的下降而相应地推迟。压力越低，煤粉的燃尽温度就越高。

（3）低压煤粉燃烧过程中最大燃烧反应速度所对应的温度与常压下煤粉燃烧相比较可以看出，低压煤粉最大燃烧反应速度所对应的温度明显高于常压煤粉最大燃烧反应速度所对应的温度，说明煤粉在常压下的燃烧较低压下的煤粉燃烧要好。

（4）同种煤样在不同压力下的活化能表现出了一定的规律性，低压使得粉煤燃烧的活性下降，增加了氧扩散到煤焦孔径的阻力，这样也就更加大了燃烧反应的难度。7 种实验煤样在常压下的活化能明显低于低压下的活化能，海拔越高，活化能越高。

3.3.2　平面火焰携带流实验

通过平面火焰携带流反应系统配合高速相机对煤粉燃烧过程展开直接观察研究，通过对煤粉瞬时图像的处理获取煤粉着火延迟时间，对不同煤种的着火延迟时间进行比较，以此判定煤种着火的难易程度。

1. 实验系统

开展本实验所采用的平面火焰携带流反应系统结构如图3-10所示。

图3-10　平面火焰携带流反应系统

平面火焰携带流反应系统最重要的部分是多级预混平焰气体燃烧器，设计的原型是 McKenna（由 Holthuis & Associates 提供）燃烧器。为满足煤粉燃烧需要，对该燃烧器进行了改装，加装了输送煤粉的一次风通道。具体结构如图3-11所示，系统性能参数见表3-8。

基于以上特性，该实验系统可以提供如下不同的实验条件：

（1）常规粉煤燃烧（过剩空气系数为1.2的强氧化气氛）。

（2）空气分级低氮氧化物粉煤燃烧（从初始的弱还原性气氛到反应器出口的弱氧化性气氛）。

（3）常压携带流气化燃烧（从初始的弱氧化气氛到反应器出口的强还原性气氛）。

通过改变该实验系统的给粉系统，该实验系统在粉末燃料的相关领域具有通用性。

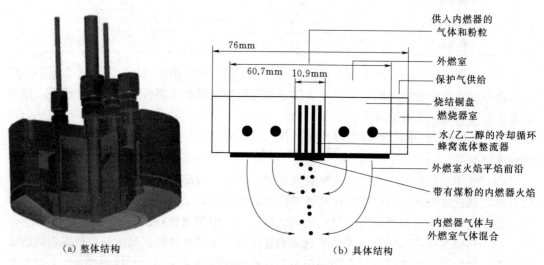

（a）整体结构　　　　　　　　（b）具体结构

图3-11　带中心孔的燃烧器示意图

2. 图像采集系统

利用该实验系统开展煤粉着火特性直接观察法，即通过捕捉煤粉反应的瞬间图像，确定着火点来获取煤粉着火信息。为捕捉颗粒图像，利用如图3-12所示的高速CMOS相

表 3 - 8　　　　　　　　　　　平面火焰携带流反应系统性能参数

项　目	参　数
给粉量/(g/h)	1～5
停留时间/ms	10～2000
颗粒加热速率/(℃/s)	>10^5
内燃烧器供给气体种类	CH_4，O_2，N_2，H_2，CO，CO_2，NH_3
外燃烧器供给气体种类	CH_4，O_2，N_2，H_2，CO，CO_2
操作压力/MPa	0.1
炉膛内径/m	0.076
炉膛长度/m	1.0
电炉最高加热温度/℃	1500
取样探头种类	测温枪，急冷取样枪，积灰结渣枪

机（Photron FASTCAM SA1 5400fps，1024×1024pixels）
透过石英反应器捕捉颗粒图像，实验过程中采用的相机
速度为5400帧/s。这个高速CMOS相机因为其无与伦比
的灵敏度、速率和分辨率，能满足大多数高要求的应用，
应用最新的CMOS传感器来获得以前难以达到的灵敏度
和速率，最高的速度可达到600000帧/s且拥有准确的12
位动态范围。同时，为保证能够捕捉到清晰的图像，实
验中采用如图3-13所示的AF Micro-Nikkor 105mm f/
2.8D微距镜头。在拍摄图像前先进行标定实验，先用直
尺指示出反应管的中心位置，再采用高速相机进行对焦，

图 3 - 12　高速 CMOS 相机

对相机图像进行标定。图3-14和图3-15分别展示了开展着火实验的现场图和捕捉到的
瞬时颗粒图像。

图 3 - 13　AF Micro - Nikkor
105mm f/2.8D 微距镜头

图 3 - 14　现场图

图 3 - 15　瞬时图像

利用图像采集系统可以获得如图 3 - 16 所示的瞬时图像，从图中可以看出，该颗粒在反应系统中为单颗粒反应。由于颗粒的稀疏，单张图片只能捕捉到部分位置的颗粒图像。为了保证实验结果的准确性，对每个实验工况捕捉保存 500 张图片，以确保捕捉到任意停留时刻的颗粒图像。

同时，可以发现捕捉到的图像为彩色 RGB 图像，该图像模式每个像素含有 R（红）、G（绿）、B（蓝）三个值，无法对颗粒光强进行定性判断。因此，在后期利用 MATLAB 程序将如图 3 - 16（a）所示的原始图像转变成如图 3 - 16（b）所示的 8 位灰度图像。为减少统计误差，对如图 3 - 16（b）所示的灰度图像，进行背景过滤和降噪处理，得到如图 3 - 16（c）所示的有效图像。然后通过颗粒识别技术对图像中的颗粒进行识别，提取到如图 3 - 16（d）所示的单颗粒图像。并对颗粒亮斑的位置、光强（灰度值）以及尺寸（像素点数目）等信息进行统计。

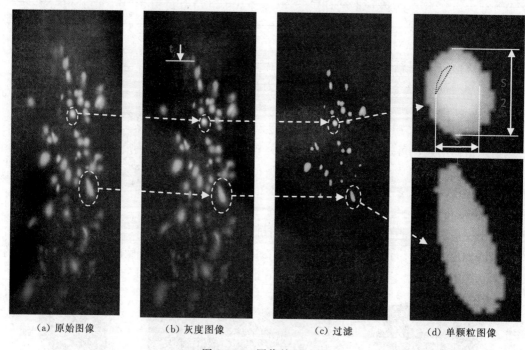

(a) 原始图像　　　　(b) 灰度图像　　　　(c) 过滤　　　　(d) 单颗粒图像

图 3 - 16　图像处理过程

3. 测试煤种

测试煤种见表 3 - 9。

表 3 - 9　　　　　　　　　　　　测 试 煤 种 的 名 称

煤种名称	简称	煤种名称	简称	煤种名称	简称	煤种名称	简称
鸭溪 1 号	YX1	兴义	XY	纳雍	NY	安顺	AS
鸭溪 2 号	YX2	黔北	QB	大方	DF		

4. 煤粉的着火延迟

由于颗粒进入炉膛后，首先会经历加热和热解过程，从进入炉膛到颗粒着火有一定的时间延迟（t_i）。相关研究证明气相环境和环境氧浓度会影响上述过程。对所捕捉的 500 张图像的灰度图像进行识别，使用 MATLAB 编程对每张瞬时图像按照上述图像处理过程进行处理并统计，可以得到如图 3-17 所示的光强曲线。从图 3-17 中可以看出每条光强曲线均存在一个光强陡然增加的临界点，定义该临界点为着火点。

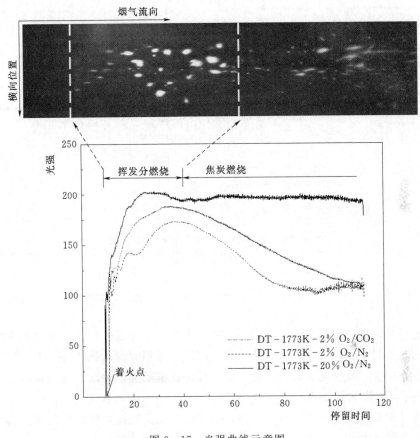

图 3-17　光强曲线示意图

在煤粉着火之后颗粒剧烈燃烧光强曲线呈现增加趋势，然后有所降低，维持在较稳定的值。对应实际颗粒图像可以发现，后续稳定阶段为焦炭燃烧阶段。中间先增加后降低的峰值阶段为挥发分燃烧阶段。由于图 3-17 所示的 DT 烟煤含有较高的挥发分含量，挥发分火焰的发光强度要大于焦炭燃烧的发光强度。通过对该发光强度临界点的识别即可以获取煤粉颗粒的着火延迟信息。利用实验前对图像的标定，可以通过从灰度图中所识别到的像素位置，获得其实际距离燃烧器的距离，利用插值法可获得其对应的停留时间，该时间即为对应的着火延迟。煤粉进入炉膛前首先需要经过一段内径 12mm、长约 400mm 的垂直管段，假设煤粉已经充分发展，此时的颗粒速度等于气流速度。

5. 测试条件

该着火延迟测试实验是在常压空气气氛下进行的，炉膛气相温度为 1670K。炉膛中心气相温度和气体组分分布曲线如图 3-18 和图 3-19 所示。煤粉反应的高温烟气来源于平面火焰反应的产物。因此，靠近燃烧器位置温度较高，而在下游，由于石英管没有保温，散热导致温度有所下降。表 3-10 列出了烟气主要成分和绝热火焰温度，可以看出高温烟气由 O_2、CO_2、H_2O 和 N_2 组成，这有效地模拟了真实炉膛的反应气氛。为了降低颗粒间的影响，实验过程中给粉量稳定在 2.5g/h，低的给粉量保证了环境反应气氛的稳定；同时对大小两种粒径（74～97μm 和 105～125μm）进行了测试。

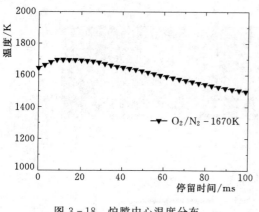

图 3-18　炉膛中心温度分布

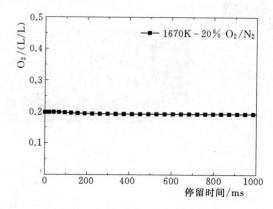

图 3-19　炉膛中心氧气浓度分布

表 3-10　　　　　　　　　　　燃烧产物组成和绝热火焰温度 T_{ad} 的计算值

项目	CO_2/%	H_2O/%	O_2/%	N_2/%	烟气流量/(L/min)	T_{ad}/K
数值	4	15	20	61	22.9	1670

6. 实验结果

（1）光强度曲线。按照上述方法进行试验，图 3-20 分别给出了 7 种贵州低挥发分煤的光强曲线。从图 3-20 中可以看出这 7 种低挥发分煤相似的光强曲线。由于低挥发分煤含有的挥发分较少，脱挥发分时间较短，部分煤种甚至不能识别出明显的挥发分峰。低的挥发分含量也导致了较低的挥发分燃烧阶段的发光强度，这明显区别于如图 3-17 所示的高挥发分烟煤的光强曲线。在后期由于焦炭的燃耗，光强维持在较高的量级。其次，可以明显看出低粒径煤的着火均早于大粒径煤。这也说明减少颗粒粒径可以强化着火，有利于燃烧器出口煤粉火焰的稳定。

（2）着火延迟时间。通过对以上光强曲线着火临界点的识别统计，可以得到表 3-11

表 3-11　　　　　　　　　　　　7 种低挥发分煤的着火延迟时间

煤种	着火延迟时间/ms		
	74～97μm	105～125μm	Δt
YX1	16	16.3	0.3
YX2	18.4	19.2	0.8
XY	14.4	15.7	1.3
QB	16.7	17	0.3
NY	17.6	18.7	1.1
DF	13	16.9	3.9
AS	15.5	19.2	3.7

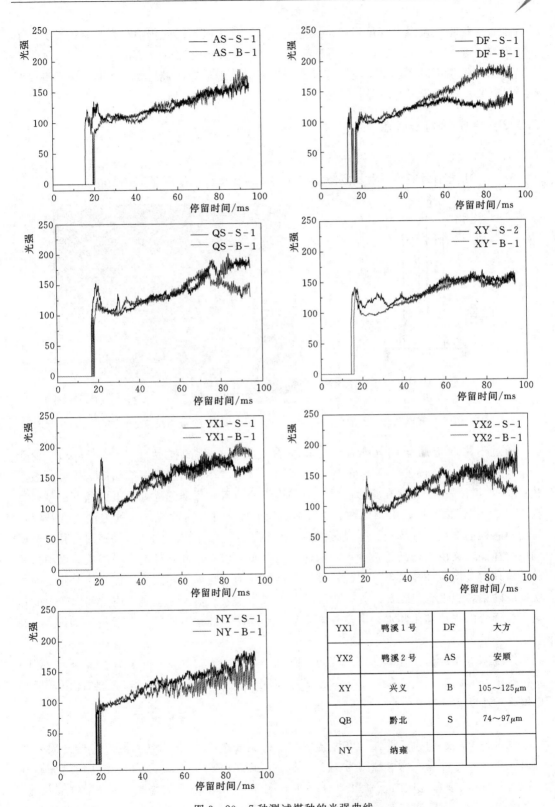

图 3-20 7 种测试煤种的光强曲线

的详细着火信息。可以发现虽然都是低挥发分煤，着火延迟时间仍然存在一定的差异。着火时间均处在 15～20ms 之间，这明显高于烟煤的着火延迟时间（10ms 左右）。

从测试结果可以发现兴义电厂低挥发分煤着火延迟最短，最易着火。而鸭溪工况 2 号煤（YX2）的着火延迟时间最长，最难着火。

3.3.3 金属丝网法实验

1. 实验系统

图 3-21 所示为实验平台示意图，图 3-22 为金属丝网反应器实物图。

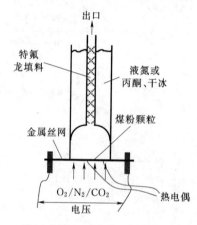

图 3-21 金属丝网法实验平台

图 3-22 金属网反应器实物图

通过不锈钢金属丝网（孔径 $40\mu m$ 左右）夹住少量的样品（$106～153\mu m$，少于 7mg），样品均匀分布在直径 2 cm 左右的圆形区域内，在金属丝网两端加低电压（一般不超过 5V，电流较大），并在圆形区域中心和边缘两位置布置非绝缘式热电偶丝（K 型，直径 $41\mu m$）来读取温度，采用计算机读取热电偶温度，并通过改变电压的方法实现升温过程的实时控制。反应气体经过分风板之后从载物台下方高速（冷态时 0.1m/s）通过金属网中的样品，又由于样品量极少且薄薄地均匀分布一层。在此条件下，一般认为煤中挥发分还未来得及反应即被吹走。因此，该反应器被认为是目前已知减小煤焦和挥发分之间二次反应的最理想设备。除此之外，金属丝网上有一个收集器，可收集反应过程中产生的焦油。载物台内有冷却循环水，可在较高温度下实现较长的运行时间。该系统图如图 3-23 所示。

系统基本参数为：升温速率 1～5000K/s；最高温度 1100℃；工作压力常压或高压；工作电压 0～5V；流量 4 L/min（室温下）；温度分布为，样品分布均匀的情况下，两热电偶温差小于 20℃。

2. 实验过程

对贵州电厂燃用的 7 种煤（煤种名称、简称见表 3-9）利用金属网反应器开展着火行为研究。对每种煤，称取粒径为 106～150μm 的煤粉颗粒 1mg 左右，使其均匀分布在直径为 1 cm 的圆形区域内。采用 10 K/s 的升温速率从室温开始加热煤样至 700℃结束。由两组热电偶丝（K 型）实时读取升温过程中的温度读数，并反馈给控制器实时控制电

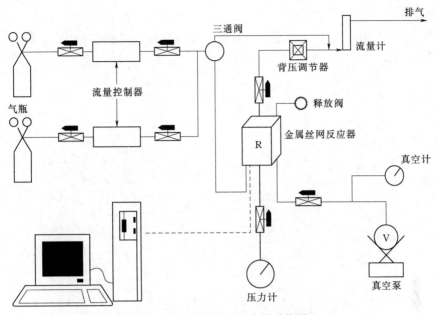

图 3-23 金属丝网反应器系统图

压的大小以实现精确控温的过程。但着火发生时，热电偶的温度读数会突然出现一个峰值
并伴随电压的谷值。此温度点可认为是颗粒的实际着火温度。图 3-24 为典型的着火实验
温度历程。图中 T1、T2 表示两支热电偶的温度读数，两者的平均温度为程序控制温度。
总体来说，该测温方式属于直接测量方式，有别于传统的着火点间接测量方式（包括目前
国标推荐的煤粉着火点的测试方法）。后者通过测量满足煤粉着火所需的最低气体温度来
间接表示为煤粉的着火点。其气体温度往往和实际的煤粉颗粒本身存在较大的温度误差。
由于实验所取样品量较少，为减小实验误差，每一工况下的平均着火温度均是多次实验结
果（10 次左右）的平均值。

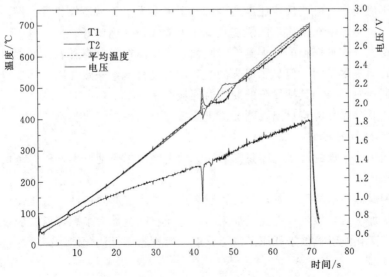

图 3-24 图 3-37 典型的着火试验温度历程

3. 试验结果

从测试结果（图 3-25）可以发现 7 种低挥发分煤着火温度在 560℃左右，比典型烟煤在 450℃左右高出 110℃。

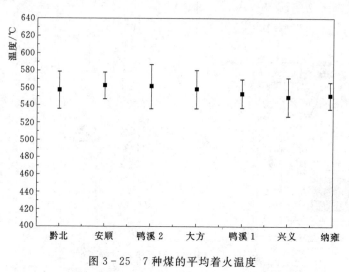

图 3-25　7 种煤的平均着火温度

3.3.4　高原地区低挥发分煤质的燃烧特点

1. 对着火特性的影响

通过模拟高原低压条件下的低挥发分煤种煤粉着火过程，可以发现以下特点：

（1）低压煤粉燃烧过程中的着火温度与常压下煤粉燃烧相比较可以发现，低压下的着火温度明显滞后于常压下的着火温度。这表明低压环境抑制了煤粉燃烧的反应速度，推迟了着火温度，延长了着火时间。

（2）低压煤粉燃烧过程中最大燃烧反应速度所对应的温度与常压下煤粉燃烧相比较可以看出，低压煤粉最大燃烧反应速度所对应的温度明显高于常压煤粉最大燃烧反应速度所对应的温度，说明煤粉在常压下的燃烧较低压下的煤粉燃烧要好。

（3）低挥发分煤种煤粉的着火延迟时间明显高于高挥发分煤种着火延迟时间，且不同煤种的延迟时间不尽相同，但显示出来的光亮曲线趋势基本一致，跟高挥发分煤种有明显区别。表明低挥发分煤种其挥发分的脱出时间较短。

（4）低挥发分煤种的着火温度明显高于高挥发分煤种的着火温度。

2. 对燃尽特性的影响

（1）不同压力下煤的燃尽温度是随着压力的下降而相应地推迟。压力越低，煤粉的燃尽温度就越高。

（2）同种煤样在不同压力下，其活化能表现出了一定的规律性，低压使得粉煤燃烧的活性下降，增加了氧扩散到煤焦孔径的阻力，这样也就更加大了燃烧反应的难度。实验煤样在常压下的活化能明显低于低压下的活化能，海拔越高，活化能越高，煤粉发生反应需要的能量就越高。

第4章 超临界W火焰锅炉壁温控制与调整

4.1 超临界W火焰锅炉水冷壁的主要特点及运行现状

4.1.1 概述

W火焰锅炉因其能很好适应低挥发分无烟煤的燃烧，在国内以往的亚临界机组中应用比较广泛。在向超临界参数发展的时候，由于W火焰锅炉炉膛结构的原因，采用螺旋管圈水冷壁技术难度很大，因此宜采用垂直管屏水冷壁，而超临界锅炉全炉膛采用低质量流速垂直管屏水冷壁以前有难以克服的水动力以及吸热偏差的技术难题，故2009年以前全世界均无超临界W火焰锅炉（全垂直管屏水冷壁）应用。随着新技术的研究开发，尤其是新型多头内螺纹水冷壁管配合工质低质量流速的研究及应用逐步成熟，2009年世界首台采用全垂直管屏水冷壁结构的W火焰超临界直流锅炉（北京巴威公司产品）在湖南金竹山电厂投产。之后，该炉型快速在全国范围内得到推广应用，尤其在无烟煤产量较大的西南地区，贵州、广西、四川、云南、重庆等省（自治区、直辖市）从2011年后均有多台超临界W火焰锅炉投产，国内北京巴威、东锅、哈锅等锅炉厂都已有超临界W火焰锅炉产品应用。贵州无烟煤储量丰富，截至2017年，建成投产的18台超临界机组中有14台配置超临界W火焰锅炉，即将建设投产的大部分超临界机组也选择配置该炉型。作为国际上近几年才发展起来的新炉型，全垂直管屏水冷壁超临界W火焰锅炉目前投运业绩主要在我国，其调试、运行难度都是以往炉型无法与之相提并论的。

从贵州乃至周边地区超临界W火焰锅炉投产运行的情况来看，该种锅炉在适应无烟煤燃烧方面大多表现良好，锅炉效率较高，但也存在一些共性问题，主要如下：

（1）锅炉垂直管屏水冷壁的安全性较差，大部分锅炉均在投产初期多次出现水冷壁爆管，水冷壁爆管已经成为配置该型锅炉的很多超临界机组的最大安全隐患。由于该型锅炉在全国的应用范围仍在逐步扩大，尤其是在贵州，目前三大锅炉厂都已有投运的产品，因此对该类锅炉的水动力研究亟须开展。

（2）锅炉升负荷初期（100～200MW负荷区）对流受热面及屏式过热器易超温。

（3）燃用劣质无烟煤（低位发热量小于18MJ/kg）时，锅炉效率显著降低。

（4）烟道积灰严重。

4.1.2 超临界W火焰锅炉水冷壁的特点

目前已投产的超临界W火焰锅炉水冷壁结构大同小异，如：

（1）采用低质量流速垂直上升管屏技术，水冷壁为全垂直管屏膜式结构，理论上具有较强的流量自补偿特性。

（2）下水冷壁采用优化多头内螺纹管，如图 4-1 所示，能有效地强化传热、抑制膜态沸腾的发生，上水冷壁采用光管。

图 4-1　优化多头内螺纹管

（3）下水冷壁管材一般采用 SA213-T12 或 15CrMo，上水冷壁管材一般采用 12Cr1MoVG。

（4）上下水冷壁之间有中间集箱，略有不同的是中间混合集箱有全混合集箱与过渡集箱之分。

超临界 W 火焰锅炉炉膛宽深比大，锅炉启动过程中容易出现热负荷严重不均衡的情况，而且由于炉膛结构原因，超临界 W 火焰锅炉的水冷壁无法采用螺旋管圈结构，上下水冷壁只能采用全垂直管屏的型式，水冷壁容易出现热偏差的累积，这是超临界 W 火焰锅炉与其他超临界锅炉最大的不同，也是超临界 W 火焰锅炉运行安全的薄弱环节。全垂直管屏水冷壁结构在炉内热负荷不均时必然会出现水冷壁吸热量的不同，这就要求水冷壁具有良好的自补偿能力，即水冷壁管内工质流量能随其接收到的热负荷的增减而自动增减。

水冷壁工质低质量流速是由德国西门子公司开发出来的一种直流锅炉新技术，理论上具有较强的流量自补偿特性（但实践证明这种补偿能力是很有限的）。该技术与多头内螺纹管技术相结合，解决了低质量流速下工质传热恶化的问题。超临界 W 火焰锅炉正是在此两种技术成熟后发展起来的一种新型超临界直流锅炉。

图 4-2 是不同质量流速下垂直管屏的阻力特性。低质量流速技术可以在亚临界工况下赋予水冷壁自补偿能力的原理在于：水冷壁并联管组工质进出口压力相同，工质压降 $\Delta p \approx$ 流动阻力 $\Delta p_f +$ 重位压降 Δp_h。当工质处于低质量流速时，流动阻力在整个压降中所占比例很小，重位压降远大于流动阻力，此时如果并联管组中某根水冷壁管吸热量增加，则会造成工质密度下降，工质的重位压降减少，同时工质密度下降又会使工质的流动阻力增加，并且流动阻力的增加比例要大于重力压降的下降比例，但由于低质量流速下工质压降中以重位压降为主，所以此时工质总压降是减少的（即重位压降下降的绝对值要大于流动阻力增加的绝对值），水冷壁管组为了维持工质总的压降不变，将会自动增加该管

的工质流量（工质流量增加使流动阻力进一步增加，从而保持工质总压降不变），反之亦然。此即为水冷壁的正流量特性，亦即水冷壁的自补偿特性。由以上分析可以看出，水冷壁自补偿特性仅在工质处于低质量流速、工质压降以重位压降为主的条件下方可具备，如果工质压降以流动阻力为主，则会造成吸热量大的水冷壁管其工质质量流速下降，出现负补偿特性，显然此现象如发生在垂直管屏的水冷壁上，将会使管壁温度急剧上升，最终造成管材超温失效。另外值得注意的是：当水冷壁工质进入超临界工况后，因为不再存在工质相变，故自补偿能力将会大大削弱，但也因此不会出现负补偿的问题。关键是要让受热强的管子因密度减小带来的静压阻力减少的绝对值要大于由于流速增加导致的流动阻力增加的绝对值。

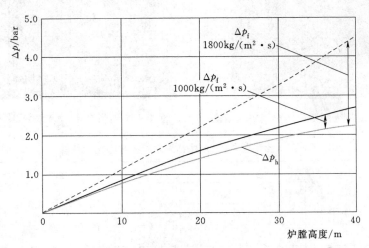

图 4-2   不同质量流速垂直管屏阻力特性

一般情况下，除了 W 火焰超临界锅炉以外，其他类型的超临界直流锅炉下水冷壁均采用的是螺旋管圈水冷壁，此型式的水冷壁管组质量流速较高，工质压降以流动阻力为主，因而不具备自补偿能力，但同时由于水冷壁管组采用的是螺旋上升型式，因此所有水冷壁管的热偏差很小，不会出现类似垂直管屏水冷壁在高度方向的热偏差累积，故即使不具备自补偿能力，螺旋管圈水冷壁的安全性也能够得到保障。

4.1.3   贵州超临界 W 火焰锅炉水冷壁运行安全状况

贵州目前已有 14 台配置超临界双拱燃烧 W 火焰锅炉的超临界机组投产，锅炉在运行过程中均表现出水冷壁温度不易控制的问题，尤其在锅炉变负荷工况下，很容易出现局部超温以及不同水冷壁管壁温差超限，以致造成多次水冷壁爆管、机组非计划停运。

投产初期水冷壁爆管原因大部分是超温（图 4-3），随着运行人员对锅炉特性掌握程度的加大，以及对水冷壁温度的调控力度加大，目前水冷壁的超温幅度和超温次数、超温时长均有明显减少，但仍然无法避免水冷壁爆管，只是爆管原因大部分由短时超温改变为管材撕裂（图 4-4）。表 4-1 是某厂 2 台超临界 W 火焰锅炉 2011—2013 年水冷壁爆管统计。

图 4-3　超临界 W 锅炉上水冷壁超温爆管　　　图 4-4　超临界 W 炉下水冷壁撕裂爆管

表 4-1　　　　　　　　某厂 2 台超临界 W 火焰锅炉水冷壁爆管统计数据　　　　　单位：次

| 锅炉 | 年度 | 爆管部位 | | | | | | | 爆管原因 | | 年爆管次数 |
| | | 上水冷壁 | 下水冷壁 | 前墙 | | 后墙 | | 侧墙 | 撕裂 | 超温 | |
				中部	其他	中部	其他				
1 号	2011	4	1	3	0	1	1	0	2	3	5
	2012	2	1	1	0	1	1	0	3	0	3
	2013	6	2	3	2	1	0	2	6	2	8
	合计	12	4	7	2	3	2	2	11	5	16
2 号	2011	1	0	1	0	0	0	0	0	1	1
	2012	2	0	2	0	0	0	0	2	0	2
	2013	4	1	1	1	2	1	0	4	1	5
	合计	7	1	4	1	2	1	0	6	2	8

　　从表 4-1 可以看出，水冷壁爆管大部分发生在上水冷壁，且沿炉膛宽度方向前后墙的中部区域靠近上水冷壁出口联箱部位是爆管的高发区。从国内其他超临界 W 火焰锅炉投运情况来看，大部分锅炉也在该位置容易发生爆管。

　　由于贵州 W 火焰超临界锅炉水冷壁安全状况较差，已经严重影响到机组的安全运行，因此开展该型锅炉的水动力试验研究有重要的现实意义。

4.2　超临界 W 火焰锅炉水冷壁泄漏原因分析及对策

　　从贵州大部分超临界 W 火焰锅炉的运行情况来看，水冷壁系统发生的泄漏中，下水冷壁主要表现为超温，上水冷壁主要表现在拉裂。

相关研究表明：

（1）超临界 W 火焰锅炉下水冷壁大多采用垂直上升的内螺纹管，由于内螺纹管的摩擦阻力系数大，所以在锅炉升负荷过程中，随着质量流速的提高，下水冷壁自补偿能力会逐渐减弱直至基本丧失。锅炉低负荷时，水冷壁有一定的自补偿能力，但不能完全补偿烟气热负荷的偏差。

（2）超临界 W 火焰锅炉上水冷壁大多采用光管，由于工质状态为过热蒸汽或高干度湿蒸汽，所以没有自补偿特性，并且随着烟气热负荷的升高，管内工质的流量还会小幅下降。

（3）通过下水冷壁出口工质温度及运行数据，可以计算出各水冷壁管内的工质流量，进而得出各水冷壁受到的烟气热负荷分布，这对于锅炉燃烧器的调整是有指导意义的。

（4）超临界工况下，上水冷壁由于工质流量大，由热负荷偏差引起的流量偏差小，换热状况良好，因此管屏间热膨胀量差值较小。

（5）在亚临界工况下，如果中间混合集箱出口为湿蒸汽状态，在相邻导入管的中部有可能形成汽水分层的状况，由于相邻上水冷壁管引出结构的差异（图 4 - 5），这将使得相邻两上水冷壁管的入口蒸汽干度出现大的差异，导致严重的水动力和传热问题。

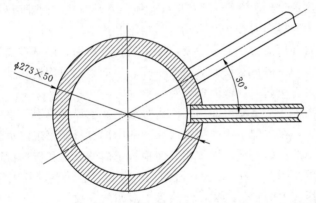

图 4 - 5　某厂 DG1900/25 - Ⅱ 8 型锅炉中间分配集箱至上水冷壁局部

（6）超临界压力下，换热系数较大，随工质温度的升高，管壁温度相应升高，没有出现传热恶化的情况。

（7）亚临界情况下试验发现，在干度为 0.9 左右出现传热恶化现象，热流越大，出现传热恶化的干度越小，飞升的温度也越高。质量流速的大小对传热恶化干度临界值的影响不明显。压力越小，传热恶化的温升越大。

4.2.1　水冷壁泄漏原因分析

1. 下水冷壁泄漏原因

经过分析，可以得出下水冷壁出现超温问题的原因有以下几方面：

（1）沿炉膛宽度烟气热负荷分布不均匀。由于 W 火焰锅炉燃烧的特殊性，热负荷偏差在运行中长期存在，低负荷阶段由于停运燃烧器较多，热负荷偏差更大。热负荷的偏差势必引起水冷壁水动力及传热的偏差，管壁温度偏差沿管子高度还会产生累积，导致出口工质温度差异过大。

（2）水动力自补偿能力差。由于下水冷壁采用内螺纹管，在减少传热恶化发生的同时也增加了工质摩擦阻力，导致重位压降在工质总压降中所占份额减少，削弱了工质的自补偿能力。在高负荷大质量流速下，基本没有自补偿性；在低负荷小流量下，有自补偿特性，但不足以抵消烟气侧偏差，并且随着烟气侧热负荷偏差系数的增大，工质流量还出现下降的趋势，这种水动力的特性使得在超临界压力下，随着烟气热负荷的升高，出口工质温度会更高。

（3）亚临界工况下管内出现传热恶化。从现场情况和热态实验来看，亚临界压力下在干度 0.9 附近出现传热恶化，管壁温度飞升。热流强度越大，出现恶化的临界干度越小，压力越小，温度飞升的幅度越大。

（4）水动力多值性问题。在计算的案例中，水冷壁没有达到水动力多值性的条件，但是在负荷变化及高加切除的情况下，有可能会出现水动力多值性的问题。一旦出现水动力多值性问题，流量小的管子在低质量流速的条件下极易出现传热恶化、管壁超温、出口温度奇高等情况，应该尽量避免。

2. 上水冷壁泄漏原因

（1）沿炉膛宽度烟气热负荷分布不均匀。上水冷壁同样存在烟气热负荷偏差过大的问题，热负荷偏差过大同样会对传热和水动力产生不利影响。

（2）水动力无自补偿能力。上水冷壁由于工质特性原因，已基本丧失自补偿能力，随着烟气负荷的增加，工质的流量反而会略微下降。但如果上水冷壁工质入口的干度是一致的，此问题一般不足以引起大的壁温偏差和管材损害。

（3）亚临界工况下分配集箱可能出现汽水分层。亚临界工况下，当中间混合集箱的出口工质为湿蒸汽状态，在分配集箱内相邻两导管的中部有可能出现汽水分层的情况，由于上水冷壁相邻管引出结构的差异，导致相邻两根管子内的流动和传热特性完全不同，相邻两根管子的壁温有可能相差 100℃ 以上，经过应力分析，管子和鳍片间存在很大的切向应力，这很容易将内压较大的管子拉裂，导致管子泄漏的事故。

某厂 1 号炉（B&WB-1900/25.4-M 型）上水冷壁前墙 52m 标高靠近炉宽中心处发生两次拉裂的事故，另一个厂 2 号炉（DG1900/25.4-Ⅱ8 型锅炉）前墙上水冷壁距中心线 2~3m 处也出现拉裂情况，经与图纸比对，这些位置都位于相邻导管的中心位置，即都是易于产生汽水分层的位置。

4.2.2　防止水冷壁泄漏的对策

1. 水冷壁入口工质温度控制

为预防下水冷壁的多值性，只要控制不同压力下水冷壁的入口温度，就可以杜绝该隐患。图 4-6 是不同压力下水冷壁不产生水动力多值性的最低入口临界温度。

2. 热负荷的调整

（1）采用燃烧器投运顺序优化措施，提高沿炉宽方向热负荷的均衡性。燃烧器的投运顺序应做好规划，原则上尽量做到燃烧器对角对称投入，炉宽中部的燃烧器在投停顺序上建议采用"先停后投"的方式。

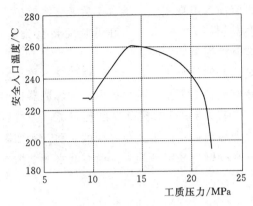

图 4-6 不同压力下水冷壁不产生水动力
多值性的最低入口临界温度

（2）对于炉膛高度方向上的热负荷偏差，可以采用变化拱上、拱下风量比例的方法来调整。

（3）对于前后墙的热负荷偏差，可以采用调整前后墙燃料量和风量来达到一定程度上的纠偏，同台磨煤机前后拱燃料的分配可以通过调整各自对应的容量风挡板开度来实现。

（4）中高负荷下，停运燃烧器的拱下风量不宜关得过小，应避免相邻燃烧器火焰挤压、冲刷，造成停运燃烧器对应区域的水冷壁反而出现超温的情况。

3. 适当提高工质压力运行

对于亚临界工况下的下水冷壁，提高水冷壁工质压力可以提高水冷壁工质密度，增加重位压降在工质总压降中所占比例，从而增强自补偿能力，自补偿能力的增加显然有利于水冷壁抵抗热偏差，故能有效减少水冷壁的壁温偏差。相反，如果压力过低（特别是在转直流运行后，热负荷较高而质量流速较低），重位压降所占比例过低，水冷壁管受热增加时重位压降降低的绝对值就会小于流动阻力增加的绝对值，从而导致工质总压降和工质流量降低。此外，一定焓增下提高工质压力还可以提高中间混合集箱的蒸汽干度、减少上水冷壁入口集箱可能出现的汽水分层。

对于亚临界工况下的上水冷壁或者超临界工况下的整个水冷壁，自补偿能力基本消失。但是提高工质压力后仍然能够提高重位压降所占比例，从而能够改善热偏差和超温情况。同时，在超临界工况下，由于一般管内质量流速较高，并且超临界压力下，管子受热变化引起的工质密度变化也相对较小，对热偏差不是那么敏感，因而在超临界工况下一般问题并不严重。

4.3 B&W 型超临界 W 火焰锅炉受热面壁温控制与调整

B&W 型超临界 W 火焰锅炉在超临界 W 火焰锅炉中是比较典型的，全世界首台超临界 W 火焰锅炉即为该类型锅炉。贵州投产的 B&W 型超临界 W 火焰锅炉是 B&WB-1900/25.4-M 型锅炉（锅炉设备简介见第 1 章相关内容），该型锅炉在运行过程中表现出受热面易超温的特点。贵州电力科学研究院在充分的理论研究、模拟计算和实验室研究分析的基础上，通过大量现场优化调整工作，使某厂该型受热面壁温偏差和超温情况得到有效控制，大幅度减少了爆管次数，取得了显著效果。

4.3.1 B&W 型超临界 W 火焰锅炉受热面超温原因分析

1. 锅炉受热面超温特点

贵州 B&W 型 W 火焰超临界直流锅炉受热面超温主要有以下几个特点：

（1）低温过热器和屏式过热器在低负荷转直流前易出现超温，转直流后显著缓解。

（2）高温过热器、高温再热器容易出现超温的阶段主要有：①在低负荷转直流前；②在中、高负荷阶段工况发生较大波动，或左右侧汽温偏差大时。

（3）水冷壁从锅炉转直流运行后至锅炉带满负荷的整个过程，运行操作稍有不当，水冷壁就容易出现超温，比较突出的情况是：①转直流初期下水冷壁易超温；②燃烧器投运方式不恰当时（尤其是炉宽中部热负荷集中时），前后墙中部水冷壁易出现超温；③滑压运行（且滑压压力较低）时，上下水冷壁均易出现超温；④锅炉负荷大幅度波动（比如断煤、深度调峰升降负荷速率较快时等）时，上下水冷壁均易出现超温。前后墙水冷壁炉宽中部位置最易发生超温。

2. 对流受热面超温原因分析

B&W 型超临界 W 火焰直流锅炉对流受热面超温多数发生在转直流运行之前锅炉负荷较低时，究其原因主要有以下几点：

（1）转直流前部分工质和热量被储水箱溢流阀或放水阀排放掉，致使锅炉为了维持机组电负荷，需要的燃料量较大，即此时锅炉燃料量与蒸汽量的比值较大，多余燃料增加的热负荷除了有一部分被储水箱溢流阀或放水阀排掉外，还有一部分使得蒸汽温度上升，从而使受热面壁温增高。

（2）为了保证锅炉低风量保护不动作（当锅炉总风量小于 30％BMCR 锅炉负荷对应的风量时，MFT 动作）和油枪的良好燃烧，锅炉带负荷初期送风量比较大，此时送风量与蒸汽量的比值远超过锅炉额定负荷运行时，因此烟气量相对蒸汽流量也比较大，致使蒸汽温度上升，壁温随之上升。

（3）由于送风量大（送风大部分由下部燃烧器或 W 火焰锅炉的拱下进入炉膛），因此锅炉火焰中心上移，炉膛出口温度高，使得尾部烟气温度也较高，加剧了对流受热面的超温。对于超临界直流 W 火焰锅炉，更容易出现该问题。

（4）煤粉偏粗，火焰行程加长。

（5）锅炉蒸汽流量相对较少。

B&W 型超临界 W 火焰锅炉有时也会在转直流后的高负荷阶段出现对流受热面超温，其原因主要有以下几点：

（1）燃烧火焰中心控制不当，比如配风不当，造成火焰中心上移，炉膛出口烟温不正常地升高。

（2）一次风射流下冲动量不足。

（3）煤粉偏粗，火焰行程加长。

（4）锅炉出现偏烧，即局部热负荷集中。

（5）出现断煤、风机失速、空气预热器堵塞等异常工况，造成炉内燃烧组织混乱。

（6）煤水比自动调节失当。

（7）燃尽风开度过大，下炉膛供风不足，燃尽风层燃烧强度增加，致使火焰中心上移。

3. 水冷壁超温（或壁温差超限）原因分析

水冷壁温度超限基本都发生在锅炉转直流运行以后，主要原因如下：

（1）W 火焰锅炉由于下炉膛宽深比较大（深度 16550mm，宽度 31813mm），燃烧器沿炉膛宽度方向布置且燃烧器总体数量较少（总共 24 个燃烧器），每个燃烧器承担的负荷很大，因此极容易出现沿炉宽方向的热负荷分配不均衡，是水冷壁超温的根本性原因之一。

（2）超临界 W 火焰锅炉水冷壁的自补偿能力较弱，在锅炉负荷较高或在热偏差较大时自补偿能力容易遭到破坏，此时水冷壁反而呈现负的流量响应特性。

（3）W 火焰直流锅炉由于全部都是垂直管屏的水冷壁结构，较之螺旋上升型管屏结构更易出现热偏差累积。

（4）锅炉转态操作时，易出现燃料增加过快的情况，致使局部区域热负荷偏高、水冷壁超温。

（5）水冷壁向火侧温度不能监测到，容易出现传热恶化区落入或接近高热负荷区的情况，造成向火侧与背火侧温差大。

4.3.2 防止对流受热面超温的措施及效果

根据分析，在超临界机组调试及运行优化过程中，采用了以下防治措施。

1. 对于锅炉转直流运行之前的对流受热面超温情况采取的主要措施

（1）升负荷过程中，燃料量的增加应平稳、持续，采用"小步快走"的方式。

（2）通过二次风的调整，压低火焰中心，增加水冷壁辐射吸热量，降低炉膛出口烟温，减少对流受热面吸热量。

（3）严格控制二次风量不超过其额定值的 50%，从而达到限制总烟气量，减少对流换热量的目的。

（4）将煤粉尽可能调细，缩短火焰行程。

（5）汽机调门全开或尽可能开大，增加蒸汽流量，适当降低蒸汽温度。

（6）通过增加拱上风量、减小拱下风量、关小乏气、增加射流刚性、减小旋流强度、增加单火嘴出力等方法尽量增强煤粉气流的下冲，杜绝煤粉气流短路上漂的发生。

（7）拟定合适的磨煤机投入以及燃烧器投入顺序，避免热负荷的局部集中。

2. 针对锅炉转直流运行之后对流受热面超温采取的主要措施

（1）第 1 条措施中的（1）～（7）点。

（2）对并列运行轴流式一次风机自动调节策略进行优化，避免一次风机失速，解决轴流风机失速造成的燃烧失稳问题。

（3）提高水煤比自动调节响应速度。

（4）优化空气预热器吹灰方式，在冬季提高空气预热器入口风温，避免空气预热器严重堵塞。

（5）优化二次风的调整，尽量减少热负荷局部集中。

通过采取上述措施，不管是转直流前还是转直流后，锅炉对流受热面超温均得到有效控制，基本避免了超温的发生。

4.3.3 防止水冷壁超温的措施及效果

B&W 型超临界锅炉水冷壁超温（或壁温差超限）发生的频率和严重性，以及泄漏的频次都远高于对流受热面，因此如何控制水冷壁超温是该类锅炉投产初期亟待解决的问题。为此，从减少锅炉热偏差、改善水动力特性等方面提出了多项优化措施。

1. 减少锅炉热负荷偏差的措施及效果

（1）采用燃烧器投运顺序优化措施，提高沿炉宽方向热负荷的均衡性，燃烧器的投运顺序应做好规划，原则上尽量做到燃烧器对角对称投入，炉宽中部的燃烧器在投停顺序上建议采用"先停后投"的方式。燃烧器投运的具体顺序为：优先投入位于炉宽方向三分之一区域的燃烧器，随后投入靠两侧墙的燃烧器，最后投入炉宽中部区域的燃烧器。采用此优化措施后，水冷壁超温次数有明显降低（图 4-7）。

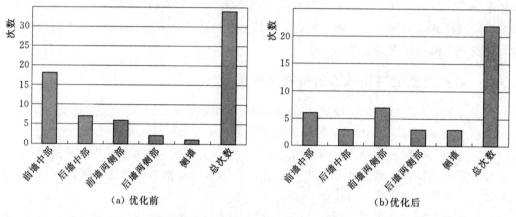

图 4-7　燃烧器停运顺序优化前、后超温次数统计的对比

（2）为了提高炉宽方向热负荷的均匀性，建议不宜采用 5 台磨煤机带满负荷或高负荷的方式。

（3）对于炉膛高度方向上的热负荷偏差，可以采用变化拱上、拱下风量比例的方法来调整。该型 W 火焰锅炉由于有全混式中间混合集箱，所以当下水冷壁温度正常、上水冷壁温度偏高时，说明该区域上部水冷壁的辐射吸热量偏大，可适当增加该区域对应燃烧器的拱上风量，减少拱下风量，使火焰中心下移；当上水冷壁温度正常、下水冷壁温度偏高时，说明该区域下部水冷壁的辐射吸热量偏大，可适当增加该区域对应燃烧器的拱下风量，减少拱上风量，使火焰中心上移。该调整方法效果明显，改变拱上（套筒风）、拱下风量（分级风）对水冷壁温度的影响如图 4-8 和图 4-9 所示。

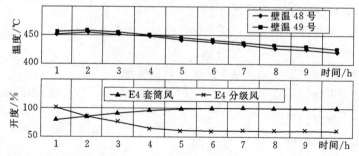

图 4-8　某电厂分级风、套筒风对上水冷壁出口管壁温度的影响

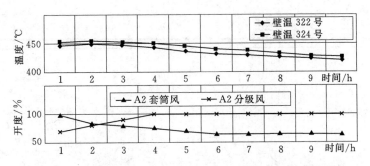

图 4-9 某电厂分级风、套筒风对下水冷壁出口管壁温度的影响

（4）对于前后墙的热负荷偏差，可以采用调整前后墙燃料量和风量来达到一定程度上的纠偏，同台磨煤机前后拱燃料的分配可以通过调整各自对应的容量风挡板开度来实现。

（5）中高负荷下，停运燃烧器的拱下风量不宜关得过小，应避免相邻燃烧器火焰挤压、冲刷，造成停运燃烧器对应区域的水冷壁反而出现超温的情况。

（6）制粉系统的治理和维护非常重要，W 火焰锅炉对煤粉细度的要求比较严格，并且要求各燃烧器煤粉气流含粉率以及一次风速均不宜偏差过大（有特殊调整要求除外），因此制粉系统必须长期处于比较良好的工作状况，应定期开展分离器清堵、补加钢球、清理矸石、检查磨内衬板等工作。

（7）水冷壁出口工质进入分离器的温度点可以帮助判断炉内燃烧情况是否均衡，如果几个点的温度接近，则说明炉内燃烧均衡，如两侧温度偏差大，则说明燃烧不均衡，需要立即进行相应调整，否则持续一段时间后容易出现局部水冷壁超温。

（8）中低负荷下不宜采取单风机运行（一次风机除外）方式。

2. 水冷壁工质侧的优化调整措施及效果

（1）提高给水温度有利于提高水动力稳定性。

（2）通过提高主蒸汽压力来相应提高给水压力，有助于提高水动力稳定性。

（3）在锅炉热负荷波动较大时，应保证水煤比维持在稍高的值，升负荷时先加水再加燃料、降负荷时先减燃料再减水，牺牲一定的经济性，适当降低中间点过热度运行，可以更好地保障水冷壁的安全。

（4）亚临界工况下提高水冷壁工质压力，可以提高工质密度，从而增加重位压降在工质总压降中所占比例，达到提高水冷壁的补偿能力的目的。同时提高工质压力还可以消除水冷壁中间混合集箱汽水分层现象、减少传热恶化对水冷壁温度的不利影响。图 4-10 是某厂超临界 W 火焰锅炉上水冷壁出口温度随主汽压力的变化趋势，可以看出，水冷壁两点壁温差对蒸汽压力的随动性很强，主汽压力升高则壁温差下降，反之亦然。当主汽压力超过临界压力后，壁温差由 53℃ 减低至 8℃。

3. 减少水冷壁撕裂的措施

（1）针对容易出现撕裂的部位，在鳍片上设置应力释放孔或应力释放缝。

（2）工质在近临界区更容易出现传热恶化，故应该尽量避免机组长期在临界压力（22.12MPa）附近运行，尤其不宜经常性地在超临界压力和亚临界压力之间来回变化。

（3）锅炉安装过程中应注意检查水冷壁各处是否按照要求进行焊接，尤其需要防止水

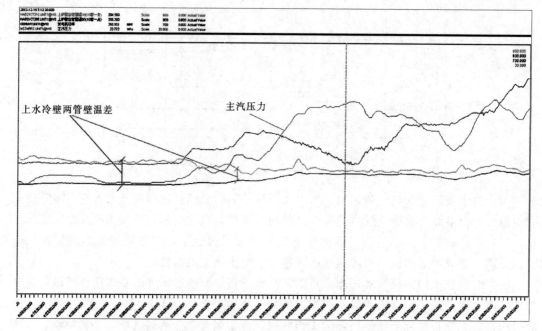

图 4 - 10　某厂超临界 W 火焰锅炉上水冷壁出口温度随主汽压力的变化趋势

冷壁滑块被焊死。

4. B&W 型超临界 W 火焰锅炉参与调峰的建议

（1）B&W 型超临界 W 火焰锅炉水冷壁适应调峰的能力较差，建议在调度上条件允许时给予适当照顾。

（2）建议应尽量避免锅炉在较短的时间内出现负荷的反复波动，尤其是在 350～480MW 电负荷区间。

（3）根据锅炉特性制定调峰期间锅炉运行调整的细化方案，例如燃烧器和磨煤机的停运顺序、定压或滑压的运行方式以及各负荷段蒸汽压力控制范围、蒸汽温度控制范围等，尽量减少变负荷时水冷壁超温的次数，必要时可以牺牲一定的经济性。

5. 优化措施总体应用效果

优化措施目前已经在贵州大部分超临界 W 火焰锅炉上得到了应用，效果显著。以某厂 2 台 B&WB1025/17.4 - M 型锅炉为例，锅炉水冷壁超温频次减少一半以上，1 号机组水冷壁爆管次数由 2013 年度的 10 次减少到 2014 年度的 5 次，2 号机组水冷壁爆管次数由 2013 年度的 8 次减少到 2014 年度的 3 次。爆管次数的减少共计节约燃油 1000t，减少电量损失约 2.88 亿 kW·h，节约了水冷壁换管所需的材料费和人工费，另外超温频次的降低还使水冷壁管子寿命得到了延长。

第5章　W火焰锅炉燃烧系统改造与优化调整

从20世纪90年代末开始，贵州已累计投产40台W火焰锅炉，为贵州经济社会的发展做出了突出贡献。在此过程中，贵州电网有限责任公司电力科学研究院承担了大部分机组的调试工作，开展了大量性能测试和卓有成效的燃烧系统改造与优化调整研究工作，为W火焰锅炉燃烧技术的发展做出了有益的探索。

5.1　FW型W火焰锅炉的改造与优化调整

5.1.1　DG1025/18.20-Ⅱ10型锅炉的燃烧调整与改进

5.1.1.1　背景与存在的问题

贵州投产的首台300MW等级锅炉和首台W火焰锅炉就是东方锅炉厂引进美国福斯特惠勒（FW）技术设计制造的DG1025/18.20-Ⅱ10型W火焰锅炉。由于当时东方锅炉厂W火焰锅炉技术刚引进不久，经验不足，在锅炉设计上存在较大缺陷，导致锅炉投产以来一直存在高负荷运行时加风困难、不稳定、抗扰动能力差的问题，锅炉被迫长期缺氧燃烧，燃烧经济性很差（调试及投产初期飞灰可燃物高达30%～40%，大渣可燃物含量也在30%左右）。同时还存在汽温不足（吹灰时尤甚）、两侧墙附近结焦严重且水平烟道积灰严重等问题。

5.1.1.2　锅炉燃烧系统与设备

DG1025/18.2-Ⅱ10型W火焰锅炉燃烧系统和设备以及设计煤质都与第1章中的DG1025/18.2-Ⅱ15型锅炉基本一样（锅炉实际燃用煤质也与设计煤质接近，$V_{daf}=10\%$左右，煤粉细度也能满足设计要求），不同之处主要包括：

（1）燃烧器倾角较大（10°）。

（2）炉膛总高度较高（43109mm）。

（3）炉膛深度较小（7239mm/13344.5mm）。

（4）下炉膛高度较低（16281mm）。

（5）炉膛容积热负荷相应较大（112kW/m³）。

（6）下炉膛容积热负荷相应较大（251.5kW/m³）。

（7）下炉膛断面热负荷相应较高（2.45MW/m²）。

（8）卫燃带面积相应较小（723m²）。

5.1.1.3　基础调整

基础调整工作包括了对乏气挡板、消旋叶片，以及A、B、C、D、E等二次风挡板的调整。

（1）乏气挡板保持在0～20％左右较小的开度。乏气挡板在可调范围内并没有发现对燃烧有明显影响，特别是在开大乏气挡板对一次风进行浓缩后并没有对燃烧稳定性起的帮助，相反在关闭乏气挡板后燃烧稳定性和经济性都略有好转。因此一般乏气挡板都保持在0～20％左右较小的开度。

（2）消旋叶片保持在6格左右。消旋叶片位置大于14格（总共26格，全部放到底为0格）后，炉膛负压大幅度波动；在调节范围内（2～12格）消旋叶片对燃烧经济性的影响并不很明显。但从趋势上看，消旋叶片下调使汽温及燃烧中心有所降低，燃烧稳定性有所改善。因此消旋叶片一般保持在6格左右。

（3）A、B挡板开度50％左右。A、B喷口风量很小，一般全开、全关都没有太明显的影响，一般保持50％左右开度。

（4）D、E挡板开度5％～15％。D、E挡板开度较大时对燃烧稳定性极为不利，因此一般仅保持在5％～15％的开度。

（5）C挡板的影响比较特殊。C喷口正常情况下是给油枪燃烧供风的，它和拱部是垂直的，因而和一次风射流有15°的夹角并且离一次喷口也很近。在停用油枪后如果普遍保持开启，一次风根本无法稳定着火，所以一般油枪停用后都将C挡板关闭（保持冷却位）。但比较特别的是，在3台磨煤机运行时，选择开启个别C挡板却使燃烧有了明显改善，其原因和机理还需要进一步的研究和摸索。

5.1.1.4　投入磨煤机台数的影响

锅炉具备3台磨煤机带满负荷的能力，但3台磨煤机运行时煤粉变粗，并且炉内燃烧对称性差，前后墙温度偏差大，燃烧稳定性、经济性都明显比4台磨煤机运行时差。图5-1是锅炉投入3台磨煤机和4台磨煤机运行时炉膛温度的对比，表5-1是其燃烧经济性的对比。

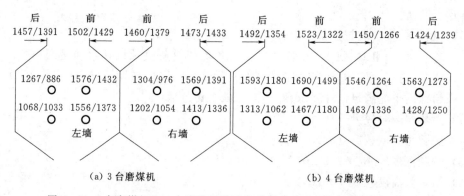

图5-1　3台磨煤机和4台磨煤机带满负荷时炉膛温度的对比（单位：℃）

表5-1　　　　　　　　　3台磨煤机和4台磨煤机带满负荷时燃烧经济性的对比

项　目	单位	3台磨煤机运行	4台磨煤机运行
实际电负荷	MW	303.90	301.30
飞灰含碳量	％	22.40	13.72
炉渣含碳量	％	25.70	25.80

5.1.1.5　负荷的影响

试验发现锅炉负荷的高低对燃烧经济性和稳定性有重大影响，当负荷降低时炉膛温度趋于合理，燃烧经济性、稳定性均大幅度提高。如图 5-2 所示，150MW（50％负荷）时，下炉膛中部温度提高，说明着火及时；下炉膛出口温度降低说明燃尽程度提高。如图 5-3 所示，飞灰含碳量的升降随锅炉负荷的升降几乎是同步的，相关性很强，影响非常明显（取自电厂运行数据）。

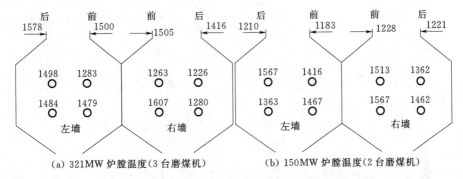

图 5-2　高负荷和低负荷下炉膛温度的对比（单位：℃）

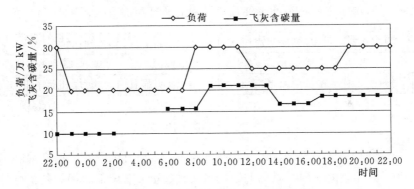

图 5-3　飞灰含碳量随负荷的变化情况

5.1.1.6　F 挡板的调整

FW 型 W 火焰锅炉的一个明显特征之一就是沿炉宽氧量分布非常不均匀，中间氧量非常低，而两侧要高得多。刚开始，中间氧量还不到 1％，而两边最外侧氧量可高达 3％以上，并且燃烧器的投入方式对锅炉两侧氧量分布有重要影响，如果锅炉左右两侧燃烧器数量不对称，燃烧器多的一侧氧量明要低得到，并且根本无法用二次风挡板来实现调平。但试验证明，用 F 挡板对锅炉沿炉宽氧量分布进行调平后（F 挡板开度与氧量分布的关系如图 5-4 所示），锅炉燃烧稳定性和经济性都得到了显著改善，锅炉飞灰含碳量由之前的 30％左右降到了 20％左右。

5.1.1.7　燃烧器投入方式的调整

在经过基础调整和 F 挡板氧量调平后，常规调整手段已经穷尽，但锅炉燃烧稳定性和经济性仍然不能令人满意。在此情况下，经过反复研究和摸索，最终打破常规、创造性地采用了高负荷时切除部分燃烧器的调整方法，在保持 4 台磨煤机运行、保证较高煤粉细

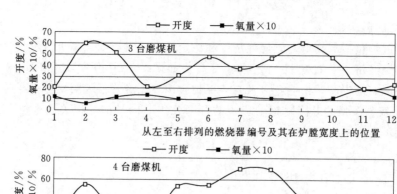

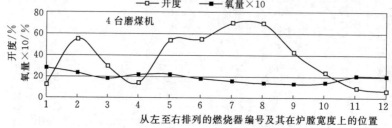

图 5-4　F 挡板开度与沿炉宽氧量分布的关系

度和对称性的同时，选择性地将每台磨煤机运行的燃烧器由 6 个减少到 4 个，具体燃烧器切除方式如图 5-5 所示。由于前后交错切除方式比前后对位切除方式更有利于提高炉膛中部氧量水平，效果也更好，因此最终选择了前后错开切除方式。

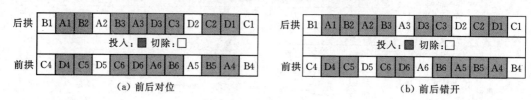

图 5-5　燃烧器切除方式

切除部分燃烧器后锅炉燃烧稳定性和经济性有了本质性的提高，彻底解决了锅炉高负荷时加风困难、稳定性差、氧量低的问题，飞灰含碳量显著降低、锅炉效率显著提高，具体主要体现在以下几个方面：

（1）燃烧稳定性显著增强，风量和过剩空气系数大幅度提高。省煤器后平均氧量从 1.0% 以下提高到 3.1% 以上（图 5-6）。调整前炉膛吹灰时炉膛负压大幅度波动，特别是吹到炉膛中部时尤为剧烈，而在调整后，吹灰期间保持了高风量和燃烧稳定。

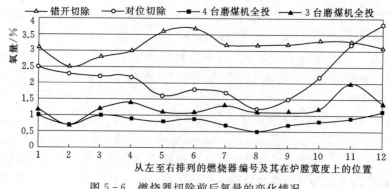

图 5-6　燃烧器切除前后氧量的变化情况

（2）燃烧经济性大幅度好转。飞灰可燃物由 20% 左右降到 12% 左右，最低 9%～10%（表 5-2），大渣含碳量由 30% 左右降到 15% 左右，燃煤消耗量明显降低（表 5-3）。

表 5-2　　　　　　　　　　调整前后飞灰含碳量的对比

时间段	飞灰含碳量/%	
	调整前（2000/11/24）	调整后（2000/12/3）
22：00—2：00	21.2	吹灰
6：00—9：00	吹灰	9.8
9：00—14：00	22.0	11.6
14：00—17：00	24.9	11.2
17：00—22：00	27.4	15.3
平均值	23.8	12.0

注　调整前后燃煤空干基挥发分均为 7.9%，燃煤空干基灰分分别为 26% 和 27.2%。

（3）汽温不足的问题得到彻底解决。由于二次风风量大幅度增加，调整后过热汽温/再热汽温均能保持在 540℃，而且还能投入 35t/h 左右的减温水（表 5-3）。此外，调整前吹灰过程中汽温常常会低到 500℃ 以下，只好暂停吹灰，等到汽温恢复后再继续。而在调整后，吹灰期间过热汽温最低降到 538℃，再热汽温最低降到 525℃，已不影响机组的安全运行（表 5-3），且很快就能恢复（时间小于 15min），使吹灰能连续进行。

表 5-3　　　　　　　　　　调整前后运行参数对比

参数名称	单位	3 台磨煤机燃烧器全投	4 台磨煤机燃烧器全投	4 台磨煤机16 只燃烧器	4 台磨煤机/吹灰16 只燃烧器
机组电负荷	MW	306	305	306	297
燃煤量	t/h	136	136	131	132
过热蒸汽流量	t/h	933	978	942	931
汽包压力	MPa	17.86	17.79	18.05	17.88
过热蒸汽出口压力	MPa	16.53	16.58	16.90	16.71
过热蒸汽出口温度	℃	524	528	542	538
过热器减温水流量	t/h	0	0	36	0
再热器进/出口压力	MPa	3.63/3.46	3.89/3.75	3.83/3.69	3.75/3.62
再热器进/出口温度	℃	317/519	327/523	335/540	332/525
再热器减温水流量	t/h	0	0	0	0
省煤器出口氧量 A/B	%	3.39/0.83	1.02/1.07	4.51/2.94	5.79/3.71
送风机动叶开度 A/B	%	66/50	44/80	62/100	62/100
送风机电流 A/B	A	50/52	54/60	66/71	66/72
引风机静叶开度 A/B	%	58/59	75/74	94/94	99/97
引风机电流 A/B	A	120/125	136/136	145/144	145/143
一次风机导叶 A/B	%	31/30	21/22	28/29	29/29
一次风机电流 A/B	A	83/93	99/100	103/101	103/101
一次风压	kPa	6.84	6.91	8.18	7.74
排烟温度 A/B	℃	123/119	128/130	138/140	141/143

（4）燃烧器切除后炉膛温度分布趋于合理，燃烧中心明显下移，如图 5 - 7 所示。

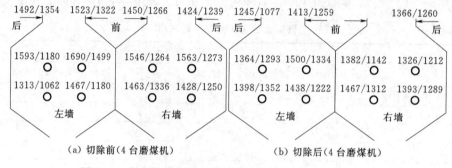

图 5 - 7　燃烧器切除前后炉膛温度的变化情况（单位：℃）

（5）下炉膛结焦明显减轻。调整前，停炉检查时可发现两侧墙及其附近结焦较多，热态运行时，两侧墙看火孔常敷满了约 300mm 厚的焦块，而在调整后基本消失。

（6）水平烟道积灰明显减轻。调整前风量很低，水平烟道积灰较严重，每次吹灰进行到水平烟道时从炉膛火焰电视可观察到大量掉灰，严重时甚至会使火焰电视变黑，影响了锅炉的安全运行，而在调整后这种现象基本消除。

虽然每台磨煤机切 8 个燃烧器效果最好，但实际上只要保持燃烧器分布的对称性和氧量分布的均匀性，燃烧器的切除数量和方式有多种选择：①如果燃煤发热量较低，机组带负荷能力不足，则可适当减少停用燃烧器的数量，只不过停用燃烧器数量越多，效果越好；②停用部分炉膛中部燃烧器，并且适当开大炉膛中部停用燃烧器位置 F 挡板进行补风，对解决炉膛中部氧量极低、CO 浓度高的难题非常有帮助，这也是燃烧经济性能显著提高的关键因素之一；③停用靠两侧墙的燃烧器，因为拉大了燃烧器与炉墙的距离，减少了火焰和高温颗粒与炉墙的接触，因而能明显减轻翼墙和侧墙的结渣，并且燃烧器切除后，对应风门挡板对燃烧稳定性的影响减小，调整更加灵活，结渣严重时可适当开大相应风门挡板，对结渣起到很好的控制作用。

5.1.1.8　调整前后燃烧工况的数值模拟计算与分析

为了验证和深入研究调整前后锅炉燃烧稳定性和经济性明显改善的原因，对燃烧调整前后燃烧工况进行数值模拟计算和分析，如图 5 - 8 所示。

从由模拟计算得到的下炉膛温度场和速度场分布来看，在调整前（设计工况），煤粉火焰喷出后很短距离内就转折向上离开了下炉膛，火焰行程和煤粉停留时间很短，根本没有形成有效的高温烟气回流，拱下垂直墙上 D、E 挡板位置二次风对着火区影响很大，这就是调整前燃烧稳定性和经济性均很差的原因。而在调整后（切除 8 个燃烧器），虽然燃烧器出口一次风速明显提高，但由于一次风煤粉火焰下冲能力增强，形成了明显的高温烟气回流，因而着火区温度显著提高，这是燃烧稳定性改善的主要原因。同时火焰行程和煤粉停留时间明显增加，燃烧中心明显下移，这是燃烧经济性显著提高的主要原因。

5.1.1.9　调整试验结论与总结

（1）DG1025/18.2 - Ⅱ 10 型锅炉下炉膛明显偏小。这使得下炉膛上升烟气流速增大，一次风火焰难以穿透下来，容易形成"短路"而过早离开下炉膛。一方面不利于高温烟气

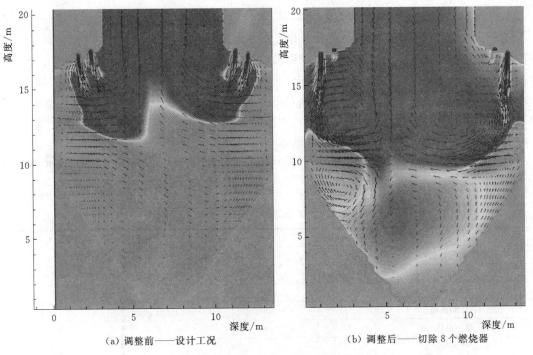

（a）调整前——设计工况   （b）调整后——切除 8 个燃烧器

图 5 - 8　燃烧器切除前后炉膛温度的变化情况

回流的形成，从而不利于着火稳燃；另一方面，也使煤粉停留时间缩短从而不利于燃尽。这也是锅炉在较低负荷下稳燃和燃尽性能都明显改善的原因。

实际上，DG1025/18.2 - Ⅱ 10 型锅炉是在阳泉电厂 DG1025/18.2 - Ⅱ 7 型锅炉上改进的产物，但只是单纯地增加了总炉膛高度，而下炉膛参数没变。实践证明，W 火焰锅炉稳燃燃尽的关键在下炉膛，单纯在传统四角切圆锅炉上那样增加总炉膛高度效果并不好。

（2）DG1025/18.2 - Ⅱ 10 型锅炉拱上一次风动量和下冲能力明显偏弱。W 火焰锅炉的一次风必须要保持一定的下冲动量来保证一次的充分下冲，从而形成足够的热烟气回流和煤粉停留时间，这对达到良好的稳燃燃尽性能是至关重要和必不可缺的。FW 型 W 火焰锅炉的燃烧器数量本来就比其他类型 W 要多，并且每个燃烧器又分为两个喷口，所有喷口又基本上沿炉宽均匀分布，这就造成一次风过于分散，在相同的一次风速下射流衰减加快、刚性和下冲能力减弱，从而容易短路上漂。

本来较低的一次风速和煤粉浓缩是有利于低挥发分煤着火稳燃的，但同时要采取必要的措施来保持一次风足够的下冲动量，而这一点恰好是 DG1025/18.2 - Ⅱ 10 型锅炉所缺乏的，并且已经成为了影响锅炉稳燃燃尽性能的主要矛盾，因而调整试验中增强一次风刚性和下冲能力的措施都取得了正面的效果，最终通过切除部分燃烧器（虽然明显提高了一次风速但也同时显著提高了一次风下冲动量和能力）来显著改善了锅炉的稳燃和燃尽。

（3）DG1025/18.2 - Ⅱ 10 型锅炉拱下二次风容易对燃烧造成不良影响。FW 型 W 火焰锅炉的显著特点之一就是大部分二次风都是从拱下送入的（在关闭油枪风后，拱上二次风量基本可以忽略）。本来让二次风远离着火区，能够避免早期混合、减小着火热，对着火稳燃是有利的，而加强后期二次风的混合也能保证燃料的充分燃尽，体现了分级燃烧的特点和要求、有利于降低 NO_x 的生成,"风墙"式送入拱下二次风还能保护炉墙、避免结渣,并且,拱下送入的二次风也能促进拱上热烟气的回流,从而保证足够的着火热源。然而,实际上,水平送入的大量二次风很容易引起火焰上漂和短路,而不是逐步、充分而强烈的混合。其中 D、E 二次风由于离着火区近,因而影响更大,实际上基本都关得很小,起不到什么作用。实际上大部分二次风都是由 F 风口送入的,但它和一次风的混合也很不理想,也起不到分级配风的作用。

5.1.1.10　在 DG1025/18.20 -Ⅱ15 型锅炉上的改进

在调整试验的基础上,东方锅炉厂在后续的 DG1025/18.2 -Ⅱ15 型锅炉上进行了重要改进,见表 5 - 4。

表 5 - 4　　DG1025/18.2 -Ⅱ10 型锅炉和 DG1025/18.2 -Ⅱ15 锅炉燃烧系统主要设计参数对比

项　目	符号	单位	DG1025/18.2 -Ⅱ10	DG1025/18.2 -Ⅱ15
燃烧器倾角	α	(°)	10	5
炉膛宽度	W	m	24.765	24.765
炉膛总高度	H	m	43.109	42
下炉膛高度	H_L	m	16.281	17.671
燃尽高度	h_1	m	17.935	15.436
上炉膛深度	D_U	—	7.239	7.620
下炉膛深度	D_L	m	13.345	13.726
炉膛容积热负荷	q_V	kW/m³	112	93.72
下炉膛容积热负荷	$q_{V,L}$	kW/m³	251.5	203.36
下炉膛断面热负荷	$q_{F,L}$	MW/m²	2.450	2.340
卫燃带面积	A_r	m²	723	781
下炉膛卫燃带比例	P_r	%	57.6	59.5

改进主要是加大了下炉膛高度(增加了 1.39m),上下炉膛深度均增加了 0.381m,炉膛容积热负荷明显下降,这些都是 DG1025/18.2 -Ⅱ15 型锅炉稳燃燃尽性能得到明显改善的重要原因。但同时炉膛总高度下降了 1.109m,并且随着下炉膛的加大,卫燃带的敷设面积和比例都有所增加。

如图 5 - 9 所示,与 DG1025/18.2 -Ⅱ10 型锅炉相比,DG1025/18.2 -Ⅱ15 型锅炉在相同煤质和工况条件下(4 台磨煤机、错位切除 8 个燃烧器带满负荷运行),氧量水平更高、更稳定。

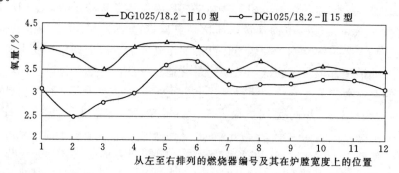

图 5 - 9　DG1025/18.2 -Ⅱ10 型锅炉和 DG1025/18.2 -Ⅱ15 型锅炉氧量水平的比较

图 5 - 10 是 DG1025/18.2 - Ⅱ10 型锅炉和 DG1025/18.2 - Ⅱ15 型锅炉炉膛温度水平的对比。由表 5 - 5 可见，与 DG1025/18.2 - Ⅱ10 型锅炉相比，DG1025/18.2 - Ⅱ15 型锅炉飞灰、炉渣含碳量和排烟温度均明显下降，锅炉效率大幅度上升，已到达锅炉效率保证值，说明改进是基本成功的。

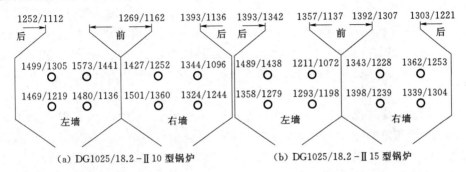

　　　　(a) DG1025/18.2 - Ⅱ10 型锅炉　　　　　(b) DG1025/18.2 - Ⅱ15 型锅炉

图 5 - 10　DG1025/18.2 - Ⅱ10 型锅炉和 DG1025/18.2 - Ⅱ15 型锅炉炉膛温度水平的比较

表 5 - 5　　DG1025/18.2 - Ⅱ10 型锅炉和 DG1025/18.2 - Ⅱ15 型锅炉经济性对比

项目	单位	DG1025/18.2 - Ⅱ10 型锅炉		DG1025/18.2 - Ⅱ10 型锅炉	
工况		3 台磨煤机运行	4 台磨煤机/全投	3 号炉/4 台磨煤机/切	4 号炉/4 台磨煤机/切
电负荷	MW	302.1	301.3	303.28	303.20
排烟温度	℃	123	134	113.58	114.04
飞灰含碳量	%	18.06	13.72	8.27	9.49
炉渣含碳量	%	25.50	25.80	2.27	2.61
干燥无灰基挥发分	%	10.45	8.98	0.1158	0.1200
低位发热量	kJ/kg	23056	23660	23630	23800
锅炉效率	%	85.81	87.76	92.205	91.765

5.1.2　DG1025/18.20 - Ⅱ15/17 型锅炉燃烧系统改造与优化调整

5.1.2.1　背景与存在的问题

　　DG1025/18.2 - Ⅱ15/17 型锅炉（17 型燃烧系统和 15 型一样，设备简介参见第 1 章）是在 DG1025/18.2 - Ⅱ10 基础上优化改进的产品，应该说在当时的煤质条件下是基本成功的。但运行时间的增加和近年来煤质的大幅度恶化（主要表现在灰分、硫分增加、发热量降低），高负荷燃烧稳定性和经济性差的问题又逐步凸现了出来，同时还表现出不同于 DG1025/18.2 - Ⅱ10 锅炉的一些新问题：

　　（1）高负荷时燃烧稳定性差，加风困难，氧量稍高就容易引起炉膛负压大幅度波动。

　　（2）沿炉宽氧量分布不均，高负荷时炉膛中部氧量很低而炉膛两侧氧量相对较高。

　　（3）炉膛翼墙、侧墙结渣严重，减温水量大、排烟温度高。

　　（4）高负荷时锅炉燃烧经济性很差，飞灰含碳量 10% 左右，锅炉效率仅 87% 左右。

　　特别是当煤质恶化后，因发热量下降严重，切除较多燃烧器将使得机组带不满负荷，因而限制了改调整方法的使用，从而使得上述问题表现的更加严重。

5.1.2.2 改造方案的研究与选择

1. 拱下F二次风下倾

FW型W火焰锅炉的典型特点之一就是燃烧器、喷口数量多，一次风喷口下冲动量和能力比较弱，拱上又缺少二次风帮助和携带，从而使一次风难以冲到下炉膛下部，一次风煤粉从一次风喷口出来后还没有充分燃烧就转折向上进入上炉膛，煤粉的停留时间大幅度缩短，从而难以燃尽，更重要的是没有形成高温烟气回流，从而不能很好地稳定燃烧（FW型W火焰锅炉卫燃带敷设面积已经很多，说明光靠卫燃带提供的辐射热也是不够的）。同时FW型W火焰锅炉的二次风绝大部分由拱下水平送入，从而使一次风火焰更加容易短路上漂。

对于低挥发分煤来说，采用低一次风速对稳定燃烧是有利的，因此W火焰锅炉的设计普遍都采用了很低的一次风速（10m/s左右）。其他类型的W火焰锅炉大多采用了较大的燃烧器，并且主要依靠大量较高风速和动量的拱上二次风来帮助、携带一次风下冲（控制一二次风混合的时机很重要，要在一次风充分着火后再混入，否则会显著增加着火热）。但较小的燃烧器能改善热负荷输入的均匀性，同时使二次风远离着火区，能有效避免二次风过早混入的风险，因此它的一次风主要是依靠自身的能力向下冲，这也是FW燃烧器采用圆形直流一次风喷口的原因（相同截面积条件下，圆形截面周长最小，因而相同截面积的圆形喷口射流的刚性最好）。

相应的，FW采用了低矮而很扁、很宽的下炉膛（实际FW型W火焰锅炉的一次风并没有有效地射入下炉膛，从而降低了下炉膛高度，但采用了很宽的炉膛宽度，并且煤的反应性能越差，需要的炉膛宽度越宽）。但是很显然，DG1025/18.2-Ⅱ10/15型锅炉的炉膛宽度对于贵州的高原环境和煤质条件来说，都还很不够（实际上过宽的宽度在场地布置上和建造成本上也不现实的），而它燃烧器自身的下冲能力也还差得很远。DG1025/18.2-Ⅱ15型锅炉虽然增加了下炉膛高度，但增加的高度也需要一次风冲下来才有用。在煤质恶化以前还可以通过切除部分燃烧器来强化一次风下冲，但随着煤质恶化，这种方法受到限制，矛盾就更加突出。但是作为已投运锅炉的改造来说，要大幅度改变炉膛结构尺寸和燃烧器的设计，或者大幅度改变拱上二次风的比例和参数是很困难和不现实的，因此，主要从拱上二次风着手才是比较可行的途径。

从拱下适当送入的二次风同样能够促进高温烟气向燃烧器出口着火区的回流。显然，目前水平送入的二次风并不能达到这一目的，特别是D、E风离着火区太近，根本不能用，但F风适当下倾后情况就不一样了，它不但能促进热烟气的回流，而且能够减少对一次风的冲击，延长煤粉的停留时间，从而对稳燃和燃尽都有利。

计算机数值模拟计算研究结果显示（图5-11）：F风适当下倾后（F风下倾30°，乏气和D、E挡板全关），火焰下冲明显加强，形成了大范围的明显的高温烟气回流，下炉膛温度增高，火焰对称性明显增强，一次风出口段附近的低温区完全消失，流向着火区的拱下二次风气流消失，冷灰斗反向涡流完全消失，燃烧中心明显下移，煤粉在下炉膛停留时间明显延长。

考虑到实际燃烧问题和现场实际情况的复杂性、多变性，以及数值模拟的局限性，为了增强改造方案的安全性、有效性和对复杂多变的实际情况的适应性，决定将方案设计成

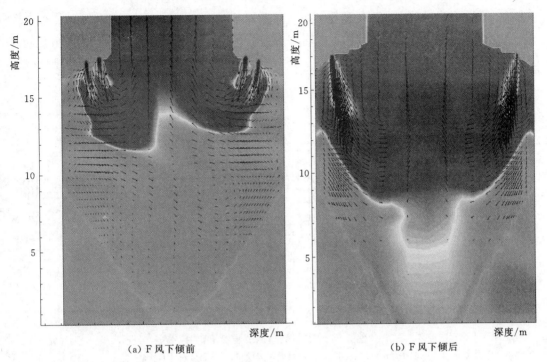

(a) F 风下倾前   (b) F 风下倾后

图 5-11 计算机模拟的 F 风下顷前后效果的对比

能对 F 风倾角进行大范围灵活调节的形式。这样不但能通过优化调整寻找到最优的下顷角度，适应煤质和工况的变化（如结渣、汽温、壁温偏差等），在极端情况下还可以将 F 风倾角恢复到原来的水平送入状态，以确保改造的安全性。

2. 取消乏气风并增设燃尽风

对一次风进行浓淡分离后，浓相煤粉气流需要的着火热减少，有利于着火稳燃及减少 NO_x 的生成。但试验研究证明，对于目前的乏气风布置方式和燃烧器设计参数，乏气风离一次风太近，浓淡分离的效果并没有显现，并且乏气风的存在会明显减弱一次风下冲能力，对稳燃、燃尽都是不利的。因而改造方案决定取消乏气风。同时为增强燃烧后期扰动和混合、进一步改善燃尽，决定在原乏气风喷口位置增设燃尽风喷口。燃尽风水平送入，在减少对着火区的影响的同时对拱部和上部的屏式过热器起到保护作用。

3. 增设沿翼墙吹向侧墙的贴壁风

为了减弱和消除下炉膛翼墙和侧墙附近的反向涡流，加强对翼墙和侧墙的冷却，提高壁面附近的氧化性气氛，决定在前后墙与翼墙连接处增设一列沿翼墙吹向侧墙的贴壁风，以改善翼墙和侧墙的结渣。数值模拟计算研究结果也显示，增设贴墙风后下炉膛侧墙和翼墙附近温度有明显降低。

5.1.2.3 燃烧系统改造设计研究工作

1. F 风倾角调节装置的设计和研究

根据改造方案的要求，F 风倾角调节装置必须简单、可靠，以保证在热态运行的高温含尘二次风环境下能够灵活、方便地进行手动调节。同时还要保证调节装置穿出风箱部分的密封。因此决定每个 F 风室设置单独可调的 F 风倾角调节装置。总体上采用百叶窗形式（转动轴平行于炉宽方向），各相对转动部件均采用销子连接并保证足够间隙，安装在多孔板（后移）和水冷壁管之间，调节拉杆从风箱前后墙穿出作前后直线运动以方便拉杆从风箱穿出处进行密封（图 5-12）。

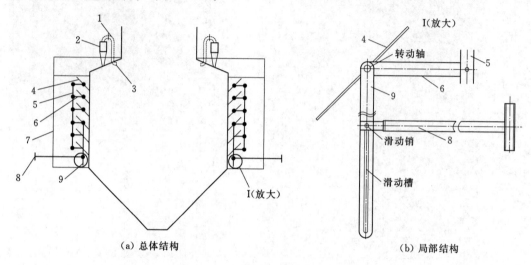

（a）总体结构　　　　　　　　　　　　　　（b）局部结构

图 5-12　F 风倾角调节装置示意图

1—原乏气管；2—燃烧器；3—新增燃尽风喷口；4—百叶窗叶片；5—连杆；
6—调节臂；7—F 风室；8—拉杆；9—转动拐臂

F 风倾角调节装置的设计主要解决了以下技术难题：

（1）独特的滑动销设计，成功解决了作前后直线运动的调节拉杆和作前后转动的百叶窗转动拐臂之间的连接问题。如图 5-12 所示，由于 FW 型 W 火焰锅炉二次风箱为整体大风箱结构，内部再用钢板分隔成各二次风室，因而各二次室是并排紧密相连的，不可能在各风室外侧面设置传统的转动拐臂进行百叶窗角度的调节。同时因为锅炉很宽（约 25m），考虑到轴系的绕曲和热态下的膨胀以及调节力矩的大小，也不可能在大风箱侧墙外设置总的转动拐臂，因此只能在各 F 风室内部设置转动拐臂，然后与拉杆连接，拉杆再从风室前后墙伸到 F 风室外进行调节（拉杆也可从风室顶部伸出，但因为所需拉杆太长而没有采用）。考虑到拉杆穿过风室前后墙处密封的需要，拉杆必须作前后直线运动，因而拉杆与作前后转动的转动拐臂（在前后方向和垂直方向上都有位移）之间采用一般的转动销连接是不能满足要求的。通过多种方案的对比，最终通过设计独特滑动销和滑动槽的连接方式巧妙地解决了这一问题（图 5-12）。

（2）成功解决了 F 风出口实际倾角不能保持（明显衰减）的问题。在设计工作中遇到的一个非常棘手的问题是：如果按照通常最简单的思路将百叶窗叶片宽度设计成和 F 风室宽度一致，则实际 F 风出口下顷角度会比百叶窗叶片倾角大幅度减小，通过模拟试验和数值模拟计算也证实了这一点，如果不能解决，将大大影响 F 风出口下顷改造的效果。

通过数值模拟计算研究发现，百叶窗叶栅中，通过一定长度叶片的导流作用后，F 风下顷角度已经和叶片角度一样，但在 F 风经过叶片到达 F 风口位置后，F 风下顷角度突然大幅度减小,非常令人不解。最后通过理论研究发现,这实际上是一个速度合成的问题。如图 5-13 所示,在百叶窗叶栅中 F 风的垂直分速度(使 F 风产生下顷)是由叶片的导流作用形成的,经过足够长的叶片导流后(在导流过程中水平分速度保持不变),其大小和 F 风的倾角决定于叶片的倾角,在流出叶片后垂直分速度仍然可以保持。但百叶窗叶栅中 F 风的水平分速度在一定的风量下决定于通道面积,在通道高度不变时决定于通道的宽度,与叶片角度无关。因为 F 风室很宽而 F 风口很窄,因而在 F 风流过叶片末端进入 F 风口后会产生加速,F 风的水平分速度会大幅度增加,而此时 F 风的垂直分速度仍然保持原有垂直分速度,结果根据速度合成原理,在 F 风口处合成后的速度矢量下顷角度也就产生了大幅度的衰减。据此对 F 风室进行分隔,将每个 F 风室隔成几个和 F 风口对应的通道,通道宽度保持和 F 风口宽度一样,然后再在通道内设置百叶窗叶栅,这样就保证了在叶栅中和 F 风口处的 F 风水平分速度一样,从而保证了 F 风口处 F 风实际下顷角度和百叶窗叶片角度一样,使问题得到了圆满解决。并且该方案也通过计算机数值模拟计算和实际锅炉冷态试验得到了验证和证实。

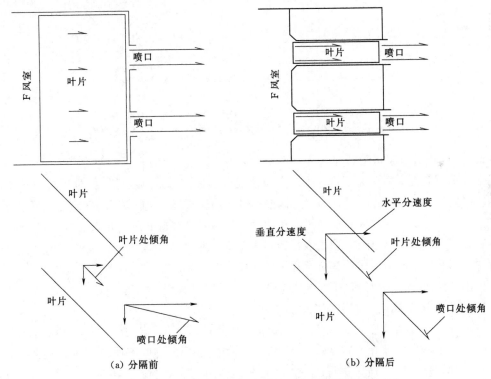

图 5-13 对 F 风室进行分隔前后 F 风出口实际倾角的变化

2. 燃尽风装置的设计

首先将乏气挡板后乏气管整体抽出,燃烧器侧乏气管在挡板处封堵,原乏气管穿过风箱处用钢板封堵,然后在原乏气管位置装设带 90°弯头的燃尽风喷口(图 5-12),喷口上部与上部风箱底板焊接,二次风经原乏气周界风风道和挡板(A 挡板)通过燃尽风喷口水平送入炉膛,这样就充分利用了原有风道,并且可以通过原有 A 挡板对燃尽风量进行调节，大大节约了改造费用和工作量。

　　3. 贴壁风装置的设计

　　DG1025/18.2-Ⅱ15 型 W 火焰锅炉侧墙和翼墙结渣问题的加剧和它在最边上的 F 风室内少一列风口有很大关系。因此，将原来与翼墙水冷壁管相连的第一根前后墙水冷壁向后拉，形成新的风口，然后将对应的分隔风道向炉膛中心方向偏置，同时用隔板将拉稀管靠翼墙侧封堵，从而使 F 风在风口产生向翼墙、侧墙方向的偏转，形成贴壁风（图 5-14）。

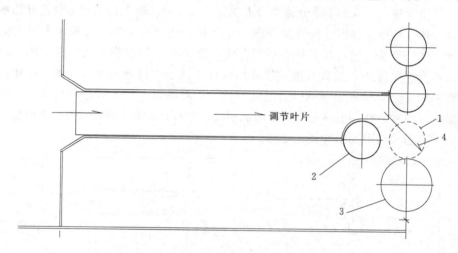

图 5-14　炉膛四角新增贴壁风
1—原前后墙水冷壁管；2—新增拉稀管；3—翼墙水冷壁管；4—贴壁风

5.1.2.4　改造后冷态试验研究

　　在改造安装完成后，为了检查改造安装情况，掌握调节机构特性，并且模拟运行工况，了解改造后炉内空气动力特性，为热态调整提供帮助和指导，进行炉内冷态试验研究非常有必要。冷态试验研究在完成一个 F 风室改造后，先针对已改造 F 风室和未改造风室进行了改造前后 F 风风速和 F 风实际倾角以及已改造 F 风室保留和取消均流多孔板的对比试验研究；然后在全部 F 风改造完成后又对所有 F 风和部分燃尽风风速、倾角进行了观测；最后在不同 F 风出口倾角和燃尽风开度下对炉内空气动力场进行烟花示踪试验。

　　1. 2 号 F 风室改造安装完成后的试验

　　（1）不同导叶片角度下 F 风实际下倾角度观测试验。保持二次风箱压力 0.95kPa、F挡板全开，用飘带对导叶片角度 40°、60°和 10°时 2 号 F 风实际下倾角度进行观测。同时作为对比对 3 号 F 风（还未进行改造）出口角度也进行了观测，结果见表 5-6。

表 5-6　　　　　　　　　　　　　　　　F 风 实 际 倾 角

2号F风导叶角度	2号F风倾角			3号F风倾角
	上	中	下	
下倾 40°	下倾 40°	下倾 35°	下倾 20°~25°	上倾 10°
下倾 60°	下倾 60°	下倾 50°		
下倾 10°		下倾 5°~10°		

由表 5-6 可知，F 风导叶调节作用明显，调节线性较好，但 F 风口下部倾角要小一些。反观 3 号 F 风（还未进行改造）出口角度略有上倾。

（2）2 号 F 风室安装多孔板前后出口风速测量。2 号 F 风室有 4 个喷口，由一个窄喷口和 3 个宽喷口组成。由锅炉 A 侧到 B 侧编号，喷口分布为"窄、宽、宽、宽"。每个喷口布置 6 个测点，由低到高编号。保持二次风箱压力 0.95kPa、F 挡板全开，对 2 号 F 风室安装多孔板前后、导叶片角度 40°和 10°时 F 风出口风速进行测量。试验结果见表 5-7～表 5-10。

表 5-7　　　　　　　　　　2 号 F 风（改后）风速（导叶倾角 40°，有多孔板）　　　　　单位：m/s

喷口	测点						各喷口平均风速	2 号 F 风平均风速
	①	②	③	④	⑤	⑥		
I	15	13	14	20	18	15	15.8	17.3
II	17	15	16	17	17	19	16.8	
III	18	19	18	19	19	19	18.7	
IV	18	16	17	19	16	17	17.2	
不同高度平均风速	17.3	16.1	16.6	18.6	17.4	17.9		

表 5-8　　　　　　　　　　2 号 F 风（改后）风速（导叶倾角 0°，有多孔板）　　　　　单位：m/s

喷口	测点						各喷口平均风速	2 号 F 风平均风速
	①	②	③	④	⑤	⑥		
I	21	19	22	14	19	18	18.8	17.0
II	20	17	18	17	16	17	17.5	
III	19	17	16	16	14	17	16.5	
IV	18	14	14	16	16	19	16.2	
不同高度平均风速	19.3	16.4	16.9	16.0	15.9	17.7		

表 5-9　　　　　　　　　　2 号 F 风（改后）风速（导叶倾角 40°，无多孔板）　　　　　单位：m/s

喷口	测点						各喷口平均风速	2 号 F 风平均风速
	①	②	③	④	⑤	⑥		
I	17	19	16	19	19	14	17.3	17.2
II	20	15	20	19	14	13	16.8	
III	20	17	24	19	13	13	17.7	
IV	20	17	24	18	13	10	17.0	
不同高度平均风速	19.6	16.7	21.7	18.7	14.1	12.3		

表 5-10　　　　　　　　　2 号 F 风（改后）风速（导叶倾角 0°，无多孔板）　　　　　单位：m/s

喷口	测　点						各喷口平均风速	2 号 F 风平均风速
	①	②	③	④	⑤	⑥		
Ⅰ	19	20	21	19	17	13	18.2	17.7
Ⅱ	21	19	21	17	13	11	17.0	
Ⅲ	22	22	19	17	14	12	17.7	
Ⅳ	22	20	21	17	16	14	18.3	
不同高度平均风速	21.3	20.3	20.4	17.3	14.7	12.4		

由测量结果看，考虑到测量误差的影响，F 风导向叶片角度的调节对平均风速没有明显影响，加装多孔板前后平均风速也没有明显变化，但加装多孔板后风速沿高度的分布要均匀些，因此最后决定保留多孔板。

（3）3 号 F 风风速对比测量。作为对比，保持二次风箱压力 0.95kPa、F 挡板全开，还对 3 号 F 风室（未改造）出口风速进行了测量，见表 5-11。

表 5-11　　　　　　　　　　　　　3 号 F 风风速对比测量结果　　　　　　　　　　　单位：m/s

喷口	测　点						各喷口平均风速	3 号 F 风平均风速
	①	②	③	④	⑤	⑥		
Ⅰ	17	19	17	22	24	30	21.5	17.3
Ⅱ	22	25	25	29	26	26	25.5	
Ⅲ	19	18	16	13	17	20	17.2	
Ⅳ	16	15	10	5	10	12	11.3	
不同高度平均风速	18.7	19.3	17.0	16.6	18.6	20.9		

说明　3 号 F 风室有 4 个喷口，由 2 个窄喷口和 2 个宽喷口组成。由锅炉 A 侧到 B 侧编号，喷口分布为"窄、窄、宽、宽"。每个喷口布置 6 个测点，由低到高编号。

由测量结果看，考虑到测量误差的影响，2 号、3 号 F 风室出口平均风速没有明显区别，说明在 F 风室改造前后阻力不会有大的变化。此外，3 号 F 风室两个窄喷口风速明显比两个宽喷口高，并且由于 3 号 F 风室喷口面积比 2 号 F 风室小，因此总的风量比 2 号 F 风室要小。

2. 全部改造安装工作完成后的试验情况

（1）F 导向叶片对送风阻力的影响。启动所有送、引风机，调整送风量至接近风机额定电流。在保持送引风机挡板开度和所有风烟系统挡板开度不变的情况下，调节 F 导向叶片倾角，观察二次风箱压力和炉膛负压的变化情况，结果见表 5-12。

由表 5-12 可知，随着 F 导向叶片角度的增大，各送风风压略有增加，表盘二次风总风量略有减少，幅度均很小，说明阻力增加不明显。

（2）检查、测试 F 风和燃尽风风向、风速。保持二次风箱压力 0.6kPa 左右、F 挡板

表 5-12   不同 F 导向叶片角度时系统阻力情况

项　目	数　值		
F 导向叶片角度/(°)	0	45	55
引风机挡板开度 A/B/%	40.1/46.9	40.1/46.9	40.1/46.9
引风机电流 A/B/A	138.9/141.8	138.6/142.4	138.6/143.0
送风机挡板开度 A/B/%	86.8/95.5	86.8/95.5	86.8/95.5
送风机电流 A/B/A	95.5/92.0	95.8/92.3	95.2/92.7
送风机出口风压 A/B/kPa	1.66/1.74	1.68/1.76	1.71/1.79
空气预热器出口二次风压 A/B/kPa	0.54/0.48	0.56/0.52	0.60/0.54
前/后二次风箱压力/kPa	0.22/0.21	0.26/0.24	0.29/0.28
炉膛负压/Pa	−129	−150	−136
表盘二次风总风量/(t/h)	1790	1778	1762

开度 60%，燃尽风挡板（A 挡板）开度 100%，F 导向叶片角度 40°，对所有 F 风和 2 号、6 号燃尽风风向、风速进行测量。前墙 F 风室编号由锅炉 A 侧到 B 侧为 1~12 号，后墙 F 风室编号由锅炉 B 侧到 A 侧为 13~24 号。各 F 风室喷口和测点编号方式同前。测量结果见表 5-13~表 5-15。

表 5-13   前墙 F 风速测量结果   单位：m/s

F 风室	喷口	测　点				各喷口平均风速	风室出口平均风速
		①	②	③	④		
1 号	Ⅰ　大	13	17	7	9	11.5	12.3
	Ⅱ　大	14	11	10	13	12.0	
	Ⅲ　大	14	13	12	12	12.8	
	Ⅳ　小	15	20	7	13	13.8	
2 号	Ⅰ　小	6	9	6	12	8.3	7.7
	Ⅱ　大	8	7	9	6	7.5	
	Ⅲ　大	7	8	7	8	7.5	
	Ⅳ　大	8	9	8	6	7.8	
3 号	Ⅰ　小	7	13	10	11	10.3	9.8
	Ⅱ　小	8	12	10	10	10.0	
	Ⅲ　大	11	10	8	10	9.8	
	Ⅳ　大	12	11	8	7	9.5	
4 号	Ⅰ　小	10	13	14	14	12.8	12.3
	Ⅱ　小	10	15	14	17	14.0	
	Ⅲ　小	6	10	12	15	10.8	
	Ⅳ　小	7	14	11	14	11.5	

续表

F 风室	喷口		测　点				各喷口平均风速	风室出口平均风速
			①	②	③	④		
5 号	I	大	11	5	6	9	7.8	8.3
	II	大	7	8	7	10	8.0	
	III	小	4	3	10	15	8.0	
	IV	小	10	10	11	10	10.3	
6 号	I	大	10	7	5	4	6.5	6.8
	II	大	8	5	5	8	6.5	
	III	大	8	9	6	7	7.5	
	IV	小	6	7	5	7	6.3	
7 号	I	小	5	3	8	6	5.5	6.0
	II	大	7	5	7	8	6.8	
	III	大	5	4	7	5	5.3	
	IV	小	5	6	7	8	6.5	
8 号	I	小	4	6	7	8	6.3	8.3
	II	大	9	7	11	10	9.3	
	III	大	9	7	9	10	8.8	
	IV	小	7	5	10	8	7.5	
9 号	I	小	7	5	9	9	7.5	9.3
	II	大	6	7	11	10	8.5	
	III	大	11	7	12	13	10.8	
	IV	小	10	6	13	9	9.5	
10 号	I	小	10	5	10	10	8.8	9.3
	II	大	10	6	11	11	9.5	
	III	大	9	11	10	12	10.5	
	IV	小	3	6	8	10	6.8	
11 号	I	小	7	14	16	11	12.0	10.3
	II	大	8	7	14	13	10.5	
	III	大	11	5	14	13	10.8	
	IV	小	4	7	8	11	7.5	
12 号	I	小	9	7	11	13	10.0	8.9
	II	大	4	4	13	11	8.0	
	III	大	4	5	12	11	8.0	
	IV	大	12	8	9	11	10.0	
不同高度平均风速			8.3	8.3	9.5	10.2		

表 5-14　　　　　　　　　　　　　　后墙 F 风速测量结果　　　　　　　　　　　单位：m/s

F 风室	喷口		测点				喷口平均风速	风室出口平均风速
			①	②	③	④		
24 号	I	大	4	9	5	6	6.0	8.6
	II	大	10	9	10	11	10.0	
	III	大	9	8	9	10	9.0	
	IV	小	10	10	9	13	10.5	
23 号	I	小	5	9	11	9	8.5	11.0
	II	大	14	14	11	9	12.0	
	III	大	14	11	10	10	11.3	
	IV	小	15	10	9	10	11.0	
22 号	I	小	16	15	9	9	12.3	12.7
	II	大	16	13	12	10	12.8	
	III	大	15	13	12	14	13.5	
	IV	小	10	11	10	14	11.3	
21 号	I	小	13	15	11	11	12.5	10.1
	II	大	8	6	11	11	9.0	
	III	大	10	10	10	9	9.8	
	IV	小	13	10	10	9	10.5	
20 号	I	小	13	12	9	12	11.5	10.5
	II	大	11	11	12	12	11.5	
	III	大	10	9	12	8	9.8	
	IV	小	7	6	13	9	8.8	
19 号	I	小	5	4	10	13	8.0	9.8
	II	大	16	11	11	8	11.5	
	III	大	16	9	10	6	10.3	
	IV	小	13	8	5	3	7.3	
18 号	I	小	9	6	13	10	9.5	9.5
	II	大	8	6	14	13	10.3	
	III	大	12	5	11	7	8.8	
	IV	小	14	9	9	7	9.8	
17 号	I	小	4	2	5	5	4.0	8.2
	II	大	10	5	15	14	11.0	
	III	大	11	5	9	7	8.0	
	IV	小	7	3	11	8	7.3	
16 号	I	小	12	6	10	8	9.0	7.6
	II	大	10	6	11	5	8.0	
	III	大	10	4	10	8	8.0	
	IV	小	3	2	9	4	4.5	

续表

F 风室	喷口		测点				喷口平均风速	风室出口平均风速
			①	②	③	④		
15 号	Ⅰ	小	11	5	11	8	8.8	8.5
	Ⅱ	大	10	5	11	6	8.0	
	Ⅲ	大	10	6	11	9	9.0	
	Ⅳ	小	12	4	9	9	8.5	
14 号	Ⅰ	小	9	6	9	9	8.3	8.3
	Ⅱ	大	7	9	7	6	7.3	
	Ⅲ	大	10	9	8	12	9.8	
	Ⅳ	小	8	6	7	10	7.8	
13 号	Ⅰ	小	12	11	13	11	11.8	12.8
	Ⅱ	大	18	20	11	14	15.8	
	Ⅲ	大	17	12	13	20	15.5	
	Ⅳ	大	7	10	6	8	7.8	
不同高度平均风速			10.7	8.4	10.1	9.5		

表 5-15　　　　　　　　　　　　　燃尽风喷口风速测量　　　　　　　　　　单位：m/s

燃烧器	A 侧	B 侧
2 号	27	25
6 号	26	28

　　F 风实际倾角和此前 2 号 F 风室试验情况一样，各 F 风实际倾角基本一致，其中炉膛 4 角 F 喷口风向还呈 45°沿翼墙吹向侧墙。燃尽风为水平喷入。

　　（3）在不同工况下施放烟花并摄像。启动两台一次风机，一次风速 23m/s 左右，维持二次风箱压力 0.6kPa 左右，B 挡板 100%、C 挡板关、D 挡板关、E 挡板关、消旋叶片 0 格、G 挡板全开、前墙二次风箱进口挡板 100%、后墙二次风箱进口挡板 80%，F 挡板开度按风速测量结果进行调平（表 5-16）。然后在不同工况下施放烟花，共 5 个工况，具体如图 5-15～图 5-20 所示。

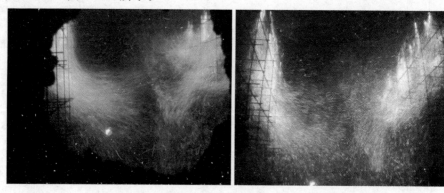

图 5-15　F 导向叶片 0，A 挡板 20%（磨煤机 A 入口快关门因故障未能打开）

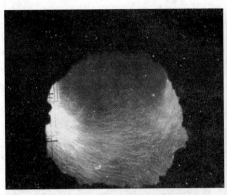

图 5-16 F导向叶片 30°，A挡板 20%

图 5-17 F导向叶片 45°，A挡板 20%

图 5-18 F导向叶片 15°，A挡板 20%

表 5-16 　　　　　　　　　　　　F 挡 板 调 平 开 度

燃烧器	24 号	23 号	22 号	21 号	20 号	19 号	18 号	17 号	16 号	15 号	14 号	13 号
F 开度	60%	45%	35%	55%	50%	60%	65%	75%	90%	70%	70%	30%
燃烧器	1 号	2 号	3 号	4 号	5 号	6 号	7 号	8 号	9 号	10 号	11 号	12 号
F 开度	30%	60%	50%	60%	70%	75%	99%	70%	55%	55%	55%	40%

图 5 - 19　F 导向叶片 30°，A 挡板 100%

图 5 - 20　改造前烟花示踪图片

3. 结论

（1）改造后 F 风导叶调节灵活可靠，调节作用明显，调节范围大、调节线性较好，各 F 风实际倾角基本一致，但 F 风口下部倾角要小一些。

（2）炉膛 4 号 F 喷口风向还呈 45°沿翼墙吹向侧墙。燃尽风为水平喷入。

（3）改造后系统阻力增加不明显。F 风导叶的调节对阻力的影响也不明显。

（4）F 风导叶的调节对火焰形状和燃烧中心的调节作用明显，火焰对称性好，在 F 风导叶 45°时火焰能穿透到冷灰斗以下。A 挡板的调节未见明显影响。

（5）3 台磨煤机运行时火焰对称性明显变差（图 5 - 15 工况 1）。

5.1.2.5　改造后热态燃烧优化调整试验研究

通过改造后热态燃烧优化调整试验摸清了改造后锅炉燃烧特性，进一步优化了锅炉燃烧工况，确定了改造后的燃烧优化调整原则。试验依据《电站锅炉性能试验规程》（GB 10184—1988）和改造合同、技术协议进行。

1. 试验内容和工况

燃烧调整试验主要分两个阶段进行，具体试验内容和工况安排详见表 5 - 17，每个工况视情况进行炉膛温度、空气预热器前后氧量、排烟温度和锅炉效率测试。

表 5 - 17 　　　　　　　　　　　燃烧调整试验内容和工况

第一阶段燃烧调整（所有工况消旋叶片 2 格）

编号	负荷/MW	工 况 说 明
T1	300	改变燃烧器切除方式：切除 1 号、12 号、13 号、24 号燃烧器，F 倾角 30°，A/B/C/D/E/F 开度 30％/100％/30％/0/10％/50％，其中 F 挡板按冷态试验结果调平
T2	300	改变燃烧器切除方式：切除 1 号、12 号、13 号、24 号、6 号、18 号燃烧器，其余同 T1
T3	300	改变燃烧器切除方式：切除 6 号、9 号、18 号、21 号、24 号燃烧器，4 角 D/E 开度 20％/30％，其余同 T1
T4	300	改变燃烧器切除方式：切除 6 号、10 号、18 号、22 号燃烧器，2 号辅助风 30％，23 号辅助风 30％，24 号辅助风 20％，A 挡板 100％，1～3 号和 13～15 号 D/E 开度 40％/50％，10～12 号和 22～24 号 D/E 开度 20％/30％，F 挡板根据氧量分布调整：左侧 30％，右侧 75％，其余同 T1
T5	300	调 C 挡板：切除 6 号、10 号、18 号、22 号燃烧器，F 倾角 45°，A/B/D/E 开度 100/100/0/10，1～3 号 C 挡板 30％、其余 100％，F 挡板根据氧量分布调整：左侧 20％，右侧 35％
T6	300	调 C 挡板：4 角边上 3 个 C 挡板 30％～50％，中间 3 个 C 挡板 70％，其余同 T5
T7	300	调 C 挡板：所有 C 挡板 70％，A 挡板 20％，其余同 T5
T8	300	调 C 挡板：所有 C 挡板 30％，其余同 T5
T9	300	根据炉温分布调 C 挡板：切除 9 号、21 号、22 号燃烧器，F 倾角 45°，A/B/D/E 开度 100％/30％/0/10％，F 挡板：左侧 30％，右侧 35％
T10	300	改变 F 倾角：切除 5 号、8 号、17 号、20 号燃烧器，F 倾角 45°，A/B/C/D/E/F 开度 100％/100％/0/0/0/30％
T11	300	改变 F 倾角：F 倾角 30°，其余同 T10
T12	300	改变燃烧器切除方式：燃烧器全投，F 倾角 60°，A/B/C/D/E/F 开度 40％/100％/0/0/0/25％，其中 F 挡板按氧量分布调整
T13	300	改变燃烧器切除方式：切除 5 号、8 号、17 号、20 号燃烧器，F 倾角 45°，A/B/C/D/E/F 开度 40％/100％/0/0/0/30％
T14	300	C 挡板全关，关小 F 挡板，变氧量：F 倾角 50°，F 开度 20％，其余同 T13

第二阶段燃烧调整（所有工况消旋叶片 2 格）

编号	负荷/MW	工 况 说 明
T15	270	切除 1 号、12 号、13 号、24 号燃烧器，F 倾角 45°，A/B/D/E/F 开度 70％/100％/0/0/15％，其中：4 角边上 3 个 A 挡板 100％，中间 40％；F 挡板按氧量分布调整（4 角 4 个 F 全关）。B 侧后墙 C 挡板全开，其余全关
T16	270	切除 1 号、12 号、13 号、24 号、6 号、18 号燃烧器，A 侧前墙和 B 侧后期 C 挡板 30％，B 侧前墙和 A 侧后期 C 挡板全关。F 挡板 20％，按氧量分布调整（4 角 4 个 F 全关）。其余同 T15
T17	300	切除 1 号、12 号、15 号、24 号、6 号、18 号燃烧器，C 挡板根据炉温和单个燃烧器情况调整，13 号 D/E 挡板适当开大。F 挡板全部 20％，其余同 T15

续表

第一阶段燃烧调整（所有工况消旋叶片 2 格）		
编号	负荷/MW	工况说明
T18	300	切除 1 号、12 号、13 号、24 号、6 号、18 号燃烧器，C 挡板根据炉温和单个燃烧器情况调整，F 挡板全部 23%，其余同 T17
T19	300	切除 1 号、12 号、13 号、24 号燃烧器，C 挡板根据炉温和单个燃烧器情况调整。A 挡板 40%，F 挡板 20%（4 角 4 个 F 关小），其余同 T15
T20	300	在 T19 基础上适当减少送风量

2. 第一阶段燃烧调整试验结果与分析

第一阶段燃烧调整主要对改后燃烧特性进行了摸索。由于磨煤机分离器堵塞，煤粉细度较粗，部分粉管煤粉 R_{90} 达到 12% 左右，加上 C 挡板的调整还不到位，所以，第一阶段调整后，锅炉飞灰含碳量由改前的 10% 左右降到 5%~6%、大渣含碳量 10% 左右，锅炉效率由改前的 87% 左右提高到 89% 左右。

（1）改变燃烧器切除方式（T1~T4，T12~T14）。

由表 5-18 可知，切除 4 角燃烧器时炉温偏低，而投入 4 角燃烧器后炉膛温度明显升高，但炉膛结渣危险性增强，特别是左侧墙，并且左侧后墙还发生过短时流焦，不过在适当开大 4 角 D、E 挡板和左侧角部粉管辅助风挡板后，结渣情况得到了有效控制，特别是在第一阶段后期，在燃烧器全投和对称切除中部 4 个燃烧器同时投入 4 角燃烧器时（切除 5 号、8 号、17 号、20 号燃烧器），在全关 D、E 挡板和辅助风挡板的情况下也未发生流焦（可能与煤粉细度的变化有关）。

表 5-18　　　　　　　T1~T4 和 T12、T14 炉膛温度　　　　　　　单位：℃

	T1：切除 1 号、12 号、13 号、24 号燃烧器					T2：切除 1 号、12 号、13 号、24 号、6 号、18 号燃烧器				
	左		右			左		右		
后	1406~1441	1336~1413	1283~1341	1247~1288	前后	1276~1342	1228~1344	1251~1350	1259~1347	后
	1446~1516	1308~1376	1008~1108	1268~1345		1336~1417	1242~1361	1295~1448	961~1203	
	1397~1459	1302~1389	1244~1294	1176~1277		1287~1370	1306~1364	1277~1341	977~1059	
	T3：切除 6 号、9 号、18 号、21 号、24 号燃烧器					T4：切除 6 号、10 号、18 号、22 号燃烧器				
	左		右			左		右		
后	1269~1313	1267~1334	1377~1433	1368~1431	前后	1317~1368	1302~1348	1362~1416	1353~1398	后
	1306~1351	1372~1551	1540~1606	1404~1443		1483~1516	1460~1585	1525~1617	1479~1516	
	1325~1451	1353~1439	1306~1379	1379~1470		1316~1457	1279~1313	1319~1364	1438~1501	
	T12：燃烧器全投					T14：切除 5 号、8 号、17 号、20 号燃烧器				
	左		右			左		右		
后	1347~1401	1314~1398	1309~1394	1222~1284	前后	1372~1418	1378~1402	1389~1420	1409~1433	后
	1511~1556	1448~1544	1529~1564	1371~1429		1550~1616	1442~1566	1520~1587	1350~1469	
	1507~1583	1354~1443	1325~1389	1363~1428		1476~1535	1503~1625	1253~1421	1308~1481	

投入 4 角燃烧器、切除部分中部燃烧器后，炉膛中部极度缺氧的状况得到明显改善，沿炉膛宽度氧量分布趋于均匀，尤其是在对称切除中部 4 个燃烧器、同时投入 4 角燃烧器（切除 5 号、8 号、17 号、20 号燃烧器）时氧量分布非常均匀和理想。各工况氧量分布情况见表 5－19（测孔从左到右数）。此外，试验发现调整 F 挡板对氧量分布的影响不大，有时还可能出现相反的结果。

表 5－19　　　　　　　　　T1～T4 和 T12～T13 省煤器后氧量分布　　　　　　　　　　%

工况	左 侧 氧 量								右 侧 氧 量							
	(1)	(2)	(3)	(4)	(5)	(6)	(7)	(8)	(9)	(10)	(11)	(12)	(13)	(14)	(15)	(16)
T1	6.6	6.4	5.5	3.4	2.5	0.7	0.6	0.2	0.4	0.8	2.0	4.0	4.8	7.3	8.7	8.3
T2	7.3	6.9	6.1	4.3	3.0	2.1	1.8	1.1	1.2	1.5	2.3	3.5	4.4	5.2	6.6	7.4
T3	7.3	7.3	5.6	5.1	4.6	4.3	4.1	4.3	3.8	3.1	3.0	3.2	3.6	3.6	3.5	2.9
T4	7.7	7.2	6.0	5.4	5.1	4.5	5.0	4.7	4.2	4.6	4.5	3.7	3.9	3.9	4.8	5.0
T12	5.1	4.9	4.3	4.1	3.7	2.7	2.6	2.1	2.7	2.2	2.9	3.2	4.4	6.2	6.6	6.1
T13	5.1	4.6	4.3	4.4	4.5	4.7	4.4	4.2	4.0	4.4	4.3	4.3	4.3	4.3	4.7	5.6

由此可见，投入 4 角燃烧器、切除中部燃烧器的方式对提高炉膛温度、改善氧量分布有利，因而必将有利于燃烧效率和锅炉效率的提高，T4 也取得了较好的效果，锅炉效率达到了 89%，详见表 5－20，因此第一阶段后续调整工作都是在这一基础上进行的。

表 5－20　　　　　　　　　第一阶段主要调整试验结果

名　称	单位	数　据						
工况号		T4	T5	T6	T7	T8	T9	T14
入炉煤水分	%	7.40	5.60	5.30	5.30	5.30	5.40	5.30
入炉煤灰分	%	34.08	33.24	31.39	31.39	31.39	35.82	33.49
入炉煤低位发热量	kJ/kg	19040.00	19900.00	20920.00	20920.00	20920.00	19160.00	20120.00
入炉煤干燥无灰基挥发分	%	15.58	12.98	12.24	12.24	12.24	13.88	12.25
实际电负荷	MW	300.00	301.00	299.57	300.00	298.60	300.00	302.50
飞灰含碳量	%	5.09	6.21	5.23	5.78	5.61	5.86	5.41
炉渣含碳量	%	8.03	10.13	15.63	15.08	15.08	10.28	11.64
进风温度	℃	6.48	14.92	14.88	16.67	15.85	13.50	10.82
排烟温度	℃	142.19	151.58	148.18	147.47	154.54	151.81	150.00
空气预热器入口氧量	%	4.58	4.09	3.61	3.43	4.14	3.58	5.16
空气预热器出口氧量	%	5.69	5.23	4.79	4.62	4.76	6.22	6.22
排烟损失	%	6.86	6.67	6.30	6.11	6.74	6.52	7.15
可燃气体未完全燃烧热损失	%	0.00	0.00	0.00	0.00	0.00	0.04	0.01
固体未完全燃烧热损失	%	3.54	4.12	3.78	3.99	3.90	4.42	3.84
散热损失	%	0.39	0.38	0.40	0.43	0.40	0.39	0.40
灰渣物理热损失	%	0.36	0.35	0.32	0.31	0.32	0.39	0.35
锅炉效率	%	88.84	88.48	89.21	89.16	88.64	88.23	88.26

名　称	单位	数　据						
保证进风温度	℃	20.00	20.00	20.00	20.00	20.00	20.00	20.00
修正后排烟温度	℃	151.39	154.90	151.60	149.71	157.25	156.07	156.11
修正后排烟损失	%	6.69	6.60	6.23	6.07	6.68	6.44	7.02
修正后可燃气体未完全燃烧热损失	%	0.00	0.00	0.00	0.00	0.00	0.04	0.01
修正后固体未完全燃烧热损失	%	3.57	4.13	3.79	3.99	3.91	4.43	3.86
修正后散热损失	%	0.39	0.38	0.40	0.43	0.40	0.39	0.40
修正后灰渣物理热损失	%	0.36	0.34	0.31	0.31	0.32	0.38	0.35
修正后锅炉效率	%	89.00	88.55	89.27	89.20	88.69	88.31	88.37

（2）调 C 挡板（T5～T9、T14）。试验发现，C 挡板的影响较大。特别是通过 T6～T8 试验结果看，中间 C 挡板开大、边上 C 挡板关小（30%）效果最好，C 挡板全开大（70%）又比 C 挡板全关小（30%）好（特别是 C 挡板关小后排烟温度明显升高），因此 T6 锅炉效率达到了第一阶段最高值 89.27%。在 C 挡板全关时情况相对最差，虽然此时采用的是对称切除中部 4 个燃烧器、同时投入 4 角燃烧器（切除 5 号、8 号、17 号、20 号燃烧器）的方式，氧量分布非常均匀和理想，但排烟温度、飞灰、大渣含碳量均较高，就算在 T14 工况，在 F 挡板、A 挡板经过优化后，氧量加到 5.16%（第一阶段最高氧量），炉膛温度也比较高，但飞灰含碳量仍比氧量较低、C 挡板适当开大的 T4、T6 工况高，锅炉效率也比 T4、T6、T7、T8 工况差，由此可见 C 挡板的重要性，同时，如果采用对称切除中部 4 个燃烧器、同时投入 4 角燃烧器的方式，并合理调整 C 挡板开度，应该可以得到更好的结果。此外，T9 试验结果表明：根据炉温分布分别调节炉膛前后左右 C 挡板的开度是有必要的（T9 工况 C 挡板开度为：1～3 号和 12 号全关，4～6 号、13～18 号和 24 号为 50%，7～11 号为 30%，19～23 号为 70%），特别是 T9 工况下炉膛出口温度降下来了，并且对称性较好、比较均匀，从一个侧面反映出火焰中心降低，下炉膛燃烧较完全。T5～T9 和 T14 主要调整试验结果见表 5-20，T5、T6、T9、T14 炉膛温度见表 5-21，T5、T6 氧量分布见表 5-22。

表 5-21　　　　　　　　　　　T5、T6、T9、T14 炉膛温度　　　　　　　　　　单位:℃

	T5：1～3 号 C 挡板 30%				T6：边上 3 个 C 挡板 30%～50%，中间 3 个 C 挡板 70%			
	左		右		左		右	
后	1314～1423	1256～1376	1344～1439	1347～1466 前	后 1314～1367	1264～1364	1394～1429	1407～1425 后
	1468～1525	1291～1553	1376～1511	1468～1571	1556～1601	765～972	1573～1662	1511～1559
	1057～1284	1297～1359	926～1234	1362～1483	1284～1456	1257～1295	1290～1451	1370～1499
	T9：根据炉温分布调 C 挡板				T14：C 挡板全关			
	左		右		左		右	
后	1326～1360	1280～1358	1254～1376	1321～1347 前	后 1372～1418	1378～1402	1389～1420	1409～1433 后
	1448～1484	1426～1603	1456～1573	1437～1475	1550～1616	1442～1566	1520～1587	1350～1469
	1254～1511	1256～1318	1320～1432	1246～1294	1476～1535	1503～1625	1253～1421	1308～1481

（3）改变 F 风倾角（T10、T11）。试验发现在倾角 30°～50°范围内，调小 F 风倾角后，下炉膛下层看火孔温度降低比较明显。对比同一燃烧器切除方式下的 T4 和 T6、T7 也可以发现，倾角 30°的 T4 的锅炉效率比倾角 45°的 T6、T7 低，因此目前保持 F 风倾角 45°左右比较合适，在优化燃烧器切除方式和 C 挡板开度后可进行进一步的摸索。T10、T11 炉膛温度见表 5－22。

表 5－22   **T10、T11 炉膛温度**   单位：℃

	T10：F 倾角 45°					T11：F 倾角 30°				
	左		右			左		右		
后	1399～1454	1393～1418	1401～1486	1362～1432	后后	1345～1393	1354～1399	1349～1439	1316～1400	后
	1507～1544	1478～1500	1584～1654	1469～1525	前	1489～1547	1522～1604	1413～1494	1485～1512	
	1432～1484	1398～1478	1483～1518	1449～1504		1397～1444	1203～1352	1273～1344	1383～1495	

（4）A 挡板的调整。由于受其他因素的影响，在 T14 之前的调整中并没有发现 A 挡板明显的规律性，只是在 T14 工况的调整过程中，经过反复的调整，根据锅炉负荷稳定时汽压的反应最终将 A 挡板开度定在了 40%左右。

（5）F 挡板的调整。由多个工况的调整情况看，F 挡板的调整对整体氧量分布的影响不大，有时还有相反的效果，所有 F 挡板保持同一个开度反而要好一些，并且在开度 20%左右效果比较好，而较大的 F 挡板开度是不利的。这也说明加大拱上下冲的二次风的重要性。

3. 第二阶段燃烧调整试验结果与分析

第二阶段磨煤机分离器经过清理，煤粉细度恢复正常（基本达到 4 号炉摸底试验时的水平）。为了减少结渣的危险性，第二阶段调整主要在切除 4 角燃烧器的方式下进行，主要在切 6 个燃烧器和切 4 个燃烧器的情况下进行 C 挡板的详细调整。经过调整，在切除 6 个燃烧器时效率到达了 90.49%，在切除 4 个燃烧器时效率到达了 90.18%。第二阶段各工况炉膛温度见表 5－23、氧量分布见表 5－24、C 挡板开度见表 5－25，主要调整试验结果见表 5－26，表盘参数见表 5－27。

表 5－23   **第二阶段各工况炉膛温度**   单位：℃

	T15					
	左			右		
后	1268～1354	1288～1356	前	1217～1275	1232～1268	后
	1119～1289	1416～1451		1311～1467	1312～1335	
	1266～1425	1361～1401		1343～1394	1253～1276	

	T18					
	左			右		
后	1251～1365	1298～1376	前	1332～1372	1322～1364	后
	1372～1446	1455～1489		1454～1499	1329～1409	
	1402～1465	1433～1458		1477～1536	1408～1434	

续表

T20						
	左		前	右		
后	1339~1398	1324~1377		1246~1304	1234~1311	后
	1461~1513	1442~1484		1150~1335	1435~1468	
	1477~1527	1461~1493		1375~1475	1364~1469	

表 5 - 24　　　　　　　　　　第二阶段各工况氧量分布　　　　　　　　　　%

测孔工况	左 侧 氧 量								右 侧 氧 量							
	(1)	(2)	(3)	(4)	(5)	(6)	(7)	(8)	(9)	(10)	(11)	(12)	(13)	(14)	(15)	(16)
T15	9.3	9.2	8.3	7.1	6.0	4.5	3.5	2.6	2.6	2.6	2.8	3.9	5.2	6.8	7.4	8.6
T16	5.6	5.6	5.2	5.2	4.6	4.5	4.6	4.4	3.3	3.2	4.2	4.8	5.7	5.6	5.9	6.1
T17	5.9	5.6	5.7	5.5	5.4	4.9	4.0	3.8	3.8	4.3	4.9	5.6	5.6	5.9	6.1	6.9

表 5 - 25　　　　　　　　　　第二阶段各工况 C 挡板开度　　　　　　　　　　%

燃烧器	24 号	23 号	22 号	21 号	20 号	19 号	18 号	17 号	16 号	15 号	14 号	13 号
	B1	A1	B2	A2	B3	A3	D3	C3	D2	C2	D1	C1
C 挡板开度 T15	0	0	0	0	0	0	100	100	100	100	100	100
T16	0	0	0	0	0	0	30	30	30	30	30	30
T17	100	20	50	70	70	70	100	70	70	70	10	100
T18	10	10	50	50	100	100	50	80	50	20	0	100
T19	10	10	50	50	100	100	50	80	50	20	0	100
T20	10	10	50	50	100	100	50	80	50	20	0	100

燃烧器	C4	D4	C5	D5	C6	D6	A6	B6	A5	B5	A4	B4
	1 号	2 号	3 号	4 号	5 号	6 号	7 号	8 号	9 号	10 号	11 号	12 号
C 挡板开度 T15	0	0	0	0	0	0	0	0	0	0	0	0
T16	30	30	30	30	30	30	0	0	0	0	0	0
T17	100	10	50	70	100	70	70	70	70			
T18	100	100	50	70	100	80	70	70	70	0	0	0
T19	55	0	70	70	70		65	65	65	0	0	0
T20	55	0	70	70	70		65	65	65	0	0	0

表 5 - 26　　　　　　　　　　第二阶段主要调整试验结果

名称　工况号	单位	数 据					
		T15	T16	T17	T18	T19	T20
入炉煤水分	%	6.30	6.30	6.60	5.70	6.60	6.60
入炉煤灰分	%	31.89	31.89	30.61	29.62	31.40	31.40
入炉煤低位发热量	kJ/kg	20080.00	20080.00	20660.00	21490.00	20410.00	20410.00

名称 工况号	单位	数据					
		T15	T16	T17	T18	T19	T20
入炉煤干燥无灰基挥发分	%	12.50	12.50	12.24	12.1	12.33	12.33
实际电负荷	MW	270.00	270.00	300.00	306.33	300.00	300.00
飞灰含碳量	%	7.18	7.10	3.68	5.15	4.71	4.43
炉渣含碳量	%	7.23	6.46	3.69	10.42	1.48	3.60
进风温度	℃	19.53	19.11	16.67	14.04	14.17	14.37
排烟温度	℃	142.68	133.18	148.89	148.76	150.01	146.84
空气预热器入口氧量	%	5.27	4.91	5.26	4.53	4.88	4.83
空气预热器出口氧量	%	6.34	6.00	6.07	5.66	5.97	5.93
排烟损失	%	6.44	5.83	6.94	6.73	7.05	6.85
可燃气体未完全燃烧热损失	%	0.00	0.00	0.00	0.00	0.00	0.00
固体未完全燃烧热损失	%	4.15	4.03	1.91	2.96	2.30	2.33
散热损失	%	0.43	0.44	0.42	0.40	0.40	0.40
灰渣物理热损失	%	0.31	0.30	0.29	0.28	0.30	0.30
锅炉效率	%	88.67	89.40	90.44	89.63	89.95	90.11
保证进风温度	℃	20	20	20	20	20	20
修正后排烟温度	℃	143.00	133.80	151.07	152.83	153.97	150.71
修正后排烟损失	%	6.43	5.82	6.90	6.65	6.97	6.78
修正后可燃气体未完全燃烧热损失	%	0.00	0.00	0.00	0.00	0.00	0.00
修正后固体未完全燃烧热损失	%	4.15	4.04	1.91	2.96	2.30	2.34
修正后散热损失	%	0.43	0.44	0.42	0.40	0.40	0.40
修正后灰渣物理热损失	%	0.31	0.30	0.29	0.28	0.30	0.30
修正后锅炉效率	%	88.67	89.41	90.49	89.70	90.02	90.18

（1）C挡板的精细调整。对比切除4个燃烧器时的T15（C细调前）和T19、T20（C细调后）以及切除6个燃烧器时的T16（C细调前）和T17、T18（C细调后）可以发现，经过C挡板的精细调整，锅炉燃烧明显改善、锅炉飞灰和大渣含碳量明显降低、锅炉效率明显提高。炉膛温度分布均匀合理，能够保持下炉膛温度较高的同时保持上炉膛出口温度较低。

（2）燃烧器切除方式的调整。对比T15和T16以及T20和T17发现，切除6个燃烧器时锅炉效率比切4个燃烧器时要高，并且在相同氧量水平下排烟温度要低一些。对比T17和T18发现，投入边上13号燃烧器、切除靠中部的15号燃烧器能明显改善锅炉右侧的燃烧，从而使锅炉效率明显提高。虽然投入边上13号燃烧器后右侧墙后部有结渣的趋势，但适当开启13号D、E挡板后，结渣就得到了有效的控制。这说明，经过C挡板的精细调整后，如果投入边上燃烧器、切除中部燃烧器可以进一步的改善燃烧、提高锅炉效率，同时可以通过适当开大边上相应的D、E、F挡板对结渣进行有效控制。

表 5 - 27　表盘参数汇总

工况号	单位	T1	T2	T3	T4	T5	T6	T7	T8	T9	T14	T15	T16	T17	T18	T19	T20
机组功率	MW	297.2	289.3	288.0	298.3	300.7	299.6	299.9	298.6	298.8	302.5	270.0	270.0	300	306.3	300.0	300.0
给水流量	t/h	887.3	894.3	896.0	873.0	912.7	884.3	806.6	895.4	906.0	919.8	795.5	805.0	865.5	929.5	901.8	911.5
给水压力	MPa	18.4	18.2	18.4	20.6	20.0	47.4	20.7	20.9	17.6	19.8	17.0	19.4	17.2	19.2	19.3	19.5
主蒸汽流量	t/h	852.3	843.0	880.0	844.5	858.7	849.1	852.9	848.0	861.6	867.5	758.5	759.0	903.5	892.0	859.5	864.0
A 一减流量	t/h	57.0	50.7	56.0	57.5	44.7	40.1	45.3	37.8	48.0	31.8	50.0	42.5	31	19.5	33.8	29.0
B 一减流量	t/h	43.2	41.0	43.0	56.2	50.3	48.1	39.9	39.0	33.4	21.1	50.0	37.0	35.5	24.2	25.7	24.5
A 二减流量	t/h	16.0	5.7	8.0	7.3	7.3	8.2	6.1	6.4	7.8	7.6	5.5	5.5	7.5	4.2	6.7	9.5
B 二减流量	t/h	11.8	7.7	8.0	8.1	8.8	8.9	10.2	8.6	6.2	8.6	4.5	6.0	8	4.5	6.2	7.5
再热器减温水流量	t/h	11.0	0.0	6.0	24.1	15.3	28.4	20.7	21.6	0.0	0.0	0.0	0.0	0.0	0.0	0.0	0.0
过热烟气挡板开度	%	78.7	47.0	60.0	57.3	47.3	92.4	47.6	43.8	88.8	54.3	100.0	91.0	80	77.8	78.8	89.0
再热烟气挡板开度	%	100.0	100.0	100.0	100.0	100.0	56.4	100.0	100.0	100.0	100.0	41.5	83.5	60	66.1	80.0	83.0
汽包压力	MPa	16.7	16.4	17.0	17.1	16.9	16.9	17.2	17.4	17.3	17.5	16.8	17.2	17.05	17.3	17.3	17.5
主汽压力	MPa	15.6	15.4	15.4	16.1	16.0	16.0	16.5	16.5	16.4	16.5	16.0	16.5	16.1	16.1	16.2	16.4
再热器入口压力	MPa	3.4	3.2	3.2	3.4	3.4	3.3	3.4	3.4	3.3	3.3	3.0	3.5	3.3	3.4	3.3	3.4
再热器出口压力	MPa	3.3	3.1	3.1	3.3	3.3	3.3	3.3	3.2	3.2	3.2	2.9	2.9	3.2	3.3	3.2	3.2
主汽温度	℃	537.7	535.0	540.0	533.3	536.7	537.6	538.0	537.6	534.2	539.5	539.5	538.0	539.5	537.3	450.4	536.0
再热器入口汽温	℃	330.7	324.0	318.0	322.8	260.0	317.4	252.7	252.6	321.2	325.3	286.0	315.5	328	326.8	325.8	324.0
再热器出口汽温	℃	540.2	538.3	535.0	531.0	536.0	536.3	538.3	537.4	536.0	540.0	390.5	539.0	540	535.7	538.5	536.5
锅炉给水温度	℃	273.5	272.0	271.0	272.8	273.8	274.1	274.0	273.8	273.8	273.4	266.0	265.0	272	272.8	272.0	272.5
送风机电电流 A	A	70.0	71.0	71.0	72.0	69.7	69.7	69.9	72.0	71.8	74.2	73.5	75.0	94	92.2	91.2	88.0
送风机电电流 B	A	68.7	70.7	67.0	73.0	69.3	69.5	69.9	71.2	71.0	96.5	72.5	74.0	90	90.7	91.8	88.5
二次总风量	t/h	1319	1257	1340	1360	1277	1310	1145	1130	1170	1027	771	782	1014	929	943	944

续表

工况号	单位	T1	T2	T3	T4	T5	T6	T7	T8	T9	T14	T15	T16	T17	T18	T19	T20
A表盘氧量	%	1.9	2.7	1.9	3.5	3.0	2.7	2.3	2.1	2.5	3.1	4.0	2.9	4.4	4.2	3.8	3.6
B表盘氧量	%	3.4	3.4	2.8	3.2	3.4	3.3	3.2	2.6	3.1	3.8	3.7	5.2	5.4	4.6	5.3	5.5
一次风母管压力	kPa	9.0	9.3	9.0	9.3	9.4	9.5	9.5	9.6	9.2	9.2	8.1	8.5	9.55	9.8	9.6	9.5
二次风压 A	kPa	1.0	1.1	1.2	1.1	1.2	1.2	1.2	1.3	1.3	2.3	1.5	1.7	1.9	1.8	1.9	1.9
二次风压 B	kPa	0.9	1.0	0.8	0.9	1.0	1.1	1.2	1.2	1.2	2.1	1.5	1.7	1.8	1.8	1.8	1.9
前墙二次风箱压力	kPa	0.7	0.8	0.6	0.5	0.7	0.8	0.8	0.9	0.7	1.6	1.1	1.3	1.2	1.3	1.4	1.4
后墙二次风箱压力	kPa	0.4	0.4	0.7	0.3	0.5	0.5	0.6	0.5	0.4	0.7	1.2	1.4	1.2	1.3	1.4	1.5
A二次热风温	℃	329.2	330.7	331.0	330.8	335.7	331.1	339.4	343.2	334.2	334.0	336.0	342.0	356	355.7	346.2	351.5
B二次热风温	℃	321.0	325.3	336.0	320.8	329.7	324.4	330.0	331.8	321.2	341.0	333.0	332.0	352.5	353.5	347.0	350.0
A一次热风温	℃	320.0	322.3	329.0	319.3	327.0	322.6	328.9	333.3	325.8	326.0	327.0	333.0	346	346.8	337.2	343.5
B一次热风温	℃	310.3	314.7	320.0	307.3	320.7	314.1	321.6	324.0	311.6	318.5	322.0	324.0	340.5	342.8	337.7	339.5
A送风机入口温度	℃	20.4	22.0	24.0	0.8	9.9	8.3	9.7	10.1	6.0	3.9	16.3	9.2	10.3	7.9	7.1	7.3
B送风机入口温度	℃	20.2	21.0	21.0	-1.0	8.5	8.8	9.4	8.9	5.0	3.1	16.0	10.0	9.5	6.6	7.2	7.7
B一次风机出口温度	℃	32.5	35.7	33.0	310.8	23.0	22.3	23.9	24.0	20.5	17.0	27.5	27.0	24	20.8	21.5	21.5
A一次风机出口温度	℃	34.0	36.0	36.0	318.8	22.7	23.2	24.0	24.0	20.6	17.1	25.0	25.0	24	21.5	21.5	21.5
A空气预热器入口二次风温	℃	24.0	25.0	24.0	4.6	13.7	12.6	14.0	14.0	11.7	9.5	18.0	18.0	15	12.7	12.0	12.0
B空气预热器入口二次风温	℃	24.0	24.0	21.0	3.7	13.3	13.6	14.0	14.0	11.7	9.4	18.0	18.0	15.5	12.2	13.0	13.5
高再前烟温 A	℃	755.0	744.0	760.0	810.0	834.7	859.3	839.1	847.2	833.4	819.5	803.5	854.9	873.5	869.3	878.5	871.5
高再前烟温 B	℃	718.0	723.3	728.0	821.3	812.0	814.0	800.6	793.2	781.1	769.0	743.5	801.1	823.5	805.3	774.8	777.0
空气预热器入口烟温 A	℃	391.7	391.0	400.0	431.0	411.0	430.7	424.3	421.8	433.3	444.8	392.5	430.9	445.5	444.7	431.3	433.5
空气预热器入口烟温 B	℃	380.7	382.0	346.0	425.5	406.7	403.6	406.1	406.8	408.7	410.2	405.5	419.6	433.5	432.0	402.8	398.5
A排烟温度	℃	153.8	154.3	151.0	143.3	156.0	152.9	156.1	159.6	154.3	149.0	148.0	157.3	158.5	151.8	147.0	149.5

续表

工况号	单位	T1	T2	T3	T4	T5	T6	T7	T8	T9	T14	T15	T16	T17	T18	T19	T20
B排烟温度	℃	157.7	158.3	152.0	140.0	157.7	155.3	157.4	160.0	160.4	160.8	152.5	160.3	158.5	163.2	163.0	161.0
炉膛压力	Pa	-65.2	-41.0	-18.0	42.3	-14.7	-13.6	-49.6	-15.8	-19.3	-22.8	-60.0	-42.9	-70	-3.0	0.3	-24.5
磨煤机A压力（负荷挡板后）	kPa	8.2	8.8	7.7	8.7	8.3	8.3	8.1	7.8	7.4	6.9	8.1	7.6	7.65	8.2	7.3	6.6
磨煤机B压力（负荷挡板后）	kPa	7.8	8.4	8.4	7.2	8.1	8.5	8.8	8.3	7.6	7.0	7.0	7.7	7.55	7.6	7.2	6.6
磨煤机C压力（负荷挡板后）	kPa	8.9	9.5	9.1	8.4	8.7	8.7	8.9	9.1	8.7	8.2	8.1	9.2	8.8	9.1	9.5	8.3
磨煤机D压力（负荷挡板后）	kPa	8.1	8.9	8.4	8.7	8.5	9.3	9.4	10.0	8.9	7.9	8.0	9.5	9.35	9.8	8.4	7.7
磨煤机A出口温度1	℃	106.3	105.3	103.0	107.2	102.7	93.0	95.7	98.0	94.3	90.5	93.0	98.2	91	82.8	85.7	86.0
磨煤机B出口温度1	℃	104.8	107.3	110.0	103.8	115.3	112.4	114.0	119.2	106.6	94.0	58.9	116.6	115	109.5	111.8	114.0
磨煤机C出口温度1	℃	108.3	114.3	113.0	96.8	100.3	95.7	91.7	95.0	96.5	98.0	95.5	97.3	100	105.8	106.6	107.0
磨煤机D出口温度1	℃	105.7	113.3	116.0	108.5	99.0	94.7	95.0	89.0	91.3	93.5	119.0	107.2	126	122.7	124.8	127.5
磨煤机A出口温度2	℃	105.3	105.5	110.0	118.5	115.0	98.7	102.7	107.4	105.5	103.5	109.5	108.4	119	121.3	117.5	120.0
磨煤机B出口温度2	℃	121.0	119.0	110.0	114.7	124.7	120.4	122.4	126.6	114.6	102.5	128.0	122.5	118	120.0	125.7	127.5
磨煤机C出口温度2	℃	108.2	114.3	113.0	96.0	100.7	95.1	92.9	93.4	95.1	96.8	99.5	99.2	104	105.2	107.0	109.0
磨煤机D出口温度2	℃	88.5	94.0	90.0	96.5	85.3	87.3	83.3	88.4	85.2	82.0	117.5	102.4	116.5	115.5	109.8	111.0
A1给煤机煤流量	t/h	11.0	11.3	10.0	8.9	10.9	12.7	12.0	12.4	12.6	12.8	13.0	11.7	16.5	17.3	16.3	17.0
A2给煤机煤流量	t/h	16.2	17.0	17.0	10.0	12.4	14.2	15.6	14.0	12.9	11.8	15.5	10.5	8	5.7	6.8	5.5
B1给煤机煤流量	t/h	17.3	18.0	20.0	18.3	17.6	14.3	15.0	12.6	15.8	19.0	16.0	14.8	17	17.7	18.0	18.0
B2给煤机煤流量	t/h	17.0	18.0	17.0	19.3	13.3	15.0	15.3	14.6	15.7	16.8	14.5	15.3	17.5	15.7	8.3	14.5
C1给煤机煤流量	t/h	15.3	14.7	10.0	20.5	21.1	18.7	19.6	20.8	17.7	14.5	15.5	20.4	20	17.3	16.8	17.0
C2给煤机煤流量	t/h	15.0	15.7	15.0	20.8	19.4	20.2	21.1	21.2	17.6	14.0	15.5	15.6	12.5	21.3	9.8	13.5
D1给煤机煤流量	t/h	18.5	15.3	16.0	12.9	17.5	15.9	12.9	17.2	19.0	20.8	17.5	14.6	12	11.5	13.8	17.0
D2给煤机煤流量	t/h	13.0	10.0	13.0	9.0	9.9	12.1	12.3	10.0	12.3	14.5	10.5	10.7	11.5	11.2	13.3	13.5

（3）送风量和氧量的调整。通过第二阶段燃烧调整发现，氧量控制在 4.5％～5％比较合适。对比 T19 和 T20 发现，在 T19 基础上适当减少送风量后，飞灰含碳量反而略有下降、大渣含碳量略有上升，灰渣平均含碳量和 q_4 基本不变，而锅炉排烟温度和 q_2 下降则较为明显，从而使整体锅炉效率略有上升。这说明在一定调整工况下锅炉的最佳氧量还可以进行进一步的摸索。

4. 燃烧优化调整的基本原则

（1）一般应切除最边上 4 个燃烧器以防止侧墙结渣。视煤质情况，在带负荷能力足够时再切除两个中部燃烧器，有利于改善中部缺氧状况。

（2）省煤器后平均氧量保持在 4％～5％比较合适。

（3）F 风调节叶片 45°以上比较合适。

（4）较小的 F 挡板开度比较有利于燃尽，采用中间大、两边小的方式进行调整有利于稳燃，但结渣的倾向较大。

（5）应保持炉膛中部较大的 C 挡板开度（70％～100％）以帮助一次风下冲，同时应保持炉膛两侧较小的 C 挡板开度（0～50％）以保证稳燃和较高的下炉膛温度水平。

（6）其他：燃尽风（A 挡板）开度 40％左右、B 挡板全开、D、E 挡板应全关（最边上 4 个可视侧墙结渣状况适当开启），消旋叶片在最低位置。

（7）当侧墙有结渣危险时可适当开大边上 C 挡板和 D、E、F 挡板。

5. F 风下倾改造后对 NO_x 排放的影响

为了解 F 风下倾改造后对 NO_x 排放的影响，进行了相关试验，情况见表 5-28。

表 5-28　　　　　　　　　　F 风下倾和燃烧调整对 NO_x 排放的影响

工况成分		位　置											平均
		(1)	(2)	(3)	(4)	(5)	(6)	(7)	(8)	(9)	(10)	(12)	
F 水平	O_2/%	4.07	3.27	2.6	2.75	2.63	2.47	1.94	2.48	2.76	3.85	6.64	3.22
	NO/(μL/L)	586	622	631	650	660	553	710	679	554	506	466	602
	NO_x/[mg/(N·m³)]	1123	1138	1112	1155	1165	968	1208	1189	985	957	1052	1098
F 下倾 50°	O_2/%	5.27	3.94	3.42	2.57	1.24	1.63	0.92	1.12	1.85	1.93	5.79	2.7
	NO/(μL/L)	372	433	446	462	476	479	562	507	460	380	301	443
	NO_x/[mg/(N·m³)]	767	823	823	813	781	802	908	827	779	646	642	785
加风	O_2/%	5.63	4.62	3.67	3.48	2.25	1.81	1.65	2.33	2.65	3.59	7.81	3.59
	NO/(μL/L)	483	523	585	634	699	588	669	607	483	421	323	547
	NO_x/[mg/(N·m³)]	1019	1036	1095	1174	1209	994	1121	1054	854	784	794	1019
开 C 挡板	O_2/%	5.11	4.37	4.72	4.67	4.47	4.26	3.9	3.86	4.04	4.08	7.29	4.62
	NO/(μL/L)	573	588	631	703	667	659	583	560	502	442	331	567
	NO_x/[mg/(N·m³)]	1169	1147	1257	1396	1309	1277	1106	1060	960	847	783	1123

说明　表中每个工况均在前一个工况基础上进行调整，除了 F 下倾角度或 C 挡板的变化外其他均保持与前一个工况相同

由表 5-28 数据分析，F 风下倾后锅炉省煤器后 NO_x 降低了约 30％，锅炉效率保持

不变。而当加大风量和 C 挡板开度后，NO_x 恢复到改前水平但锅炉效率大幅度提高。NO_x 的变化趋势还可以参见图 5-21。

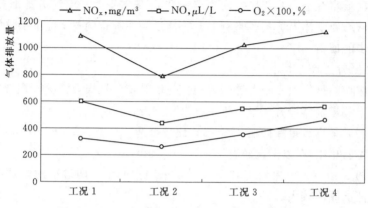

图 5-21　F 风下倾和燃烧调整对 NO_x 排放的影响

6. 应用情况和效率考核试验

目前已经完成了 7 台同类型 W 火焰锅炉的改造。经过改造和燃烧优化调整后，各电厂 W 火焰锅炉下炉膛结渣得到有效控制、过热器减温水量明显降低，燃烧稳定性普遍显著增强、锅炉效率普遍显著提高，见表 5-29。

表 5-29　　FW 型 300MW 等级亚临界 W 火焰锅炉燃烧系统改造与优化调整应用情况汇总表

锅炉名称	功率等级/MW	数量/台	飞灰含碳量降低值/%	效率提高值/%
A 厂 4 号炉	300	1	6.5	4.3
A 厂 3 号炉	300	1	5	3
B 厂 1~4 号炉	300	4	4	2.5
C 厂 4 号炉	300	1	3.5	2

由表 5-29 可见，飞灰含碳量下降 3.5~6.5 个百分点，锅炉效率提高 2~4.3 个百分点。部分锅炉改后效率考核试验结果及与改前的比较见表 5-30~表 5-32。

表 5-30　　A 厂 4 号炉效率考核试验（ASME PTC4.1）结果及与改前的比较

项　目	单位	改前	改后
收到基碳	kg/kg	0.5237	0.5312
收到基氢	kg/kg	0.0195	0.0199
收到基氧	kg/kg	0.0125	0.0108
收到基氮	kg/kg	0.0068	0.0073
收到基硫	kg/kg	0.0233	0.0231
收到基水分	kg/kg	0.0815	0.0770
收到基灰分	kg/kg	0.3329	0.3307
干燥无灰基挥发分	kg/kg	0.1091	0.1085
收到基低位发热量	kJ/kg	19185	19650

项　目	单位	改前	改后
煤粉细度（R_{90}）	%	8.88	—
干球温度	℃	30.20	8.00
大气压力	Pa	90930	91670
空气相对湿度	%	70.00	84.50
AH 进口一次风温	℃	46.80	26.56
AH 进口二次风温	℃	33.20	18.02
炉渣可燃物	%	11.28	2.91
飞灰可燃物	%	9.68	3.19
省煤器后 O_2	%	3.41	4.81
干基预热器出口 O_2	%	5.44	6.17
干基预热器出口 CO	%	0.0815	0.0012
干基预热器出口 RO_2	%	14.20	13.64
预热器入口烟温	℃	433.01	423.20
预热器出口烟温	℃	158.71	151.35
未燃尽碳热损失	%	6.39	1.85
干烟气带走的热损失	%	5.73	6.67
燃料中水分引起的热损失	%	0.10	0.10
燃料中氢引起的热损失	%	0.21	0.22
空气中湿分引起的热损失	%	0.22	0.07
CO 引起的热损失	%	0.33	0.01
辐射对流热损失	%	0.18	0.19
未测量热损失	%	0.30	0.30
锅炉效率	%	86.54	90.59
保证进风温度	℃	20	20
修正后的排烟温度	℃	147.71	151.53
修正后锅炉效率	%	86.32	90.60

表 5 - 31　　　　　　B 厂 3 号炉效率考核试验结果及与改前的比较

项　目	单位	改造前 1	改造前 2	改造后 1	改造后 2
入炉煤收到基水分	%	8.1	7.40	7.30	5.00
入炉煤收到基灰分	%	38.53	35.45	36.88	38.35
入炉煤收到基低位发热量	kJ/kg	17270	19580	18290	18731
入炉煤干燥无灰基挥发分	%	12.14	12.51	11.66	12.28
实际电负荷	MW	294	295.39	300.61	284.89

续表

项　目	单位	改造前 1	改造前 2	改造后 1	改造后 2
飞灰含碳量	%	7.42	7.38	4.48	3.48
炉渣含碳量	%	2.3	11.50	1.66	4.43
进风温度	℃	21.34	25.56	9.80	23.28
排烟温度	℃	142.25	155.70	133.13	154.94
空气预热器入口氧量	%	2.46	3.66	4.35	4.97
空气预热器出口氧量	%	4.07	5.14	5.72	6.23
空气预热器出口一氧化碳	μL/L	3260	3680	15	28
排烟损失	%	5.65	6.18	6.40	7.07
可燃气体未完全燃烧热损失	%	1.32	1.51	0.00	0.01
固体未完全燃烧热损失	%	5.45	5.33	2.88	2.59
锅炉效率	%	86.70	86.12	89.88	89.42
修正后排烟温度	℃	141.35	152.08	140.13	152.72
修正后锅炉效率	%	86.69	86.02	90.01	89.36

表 5-32　　　　　C 厂 4 号炉效率考核试验结果及与改前的比较

项　目	单位	改前	改后
入炉煤收到基水分	%	8.16	6.5
入炉煤收到基灰分	%	34.06	28.14
入炉煤收到基低位发热量	kJ/kg	18970	22190
入炉煤干燥无灰基挥发分	%	12.42	10.21
锅炉出力	t/h	898.4	833.9
飞灰含碳量	%	8.01	6.06
炉渣含碳量	%	3.32	4.66
基准温度	℃	20.86	18.63
排烟温度	℃	161.27	159.15
空气预热器入口氧量	%	3.1	4.2
空气预热器出口氧量	%	5.31	5.9
空气预热器出口一氧化碳	μL/L	69	32
排烟损失	%	6.97	7.2
气体未完全燃烧热损失	%	0.03	0.01
固体未完全燃烧热损失	%	4.95	2.69
散热损失	%	0.48	0.51
灰渣物理热损失	%	0.34	0.24
锅炉效率	%	87.2	89.3

5.1.3 FW 型 600MW 等级亚临界 W 火焰锅炉燃烧调整

5.1.3.1 燃烧系统设备简介

DG2028/17.45 - Ⅱ3 型锅炉是东方锅炉（集团）股份有限公司（简称东方锅炉厂）引进 FW 技术制造的 600MW 等级亚临界、一次中间再热、自然循环锅炉，如图 5 - 22 所示。

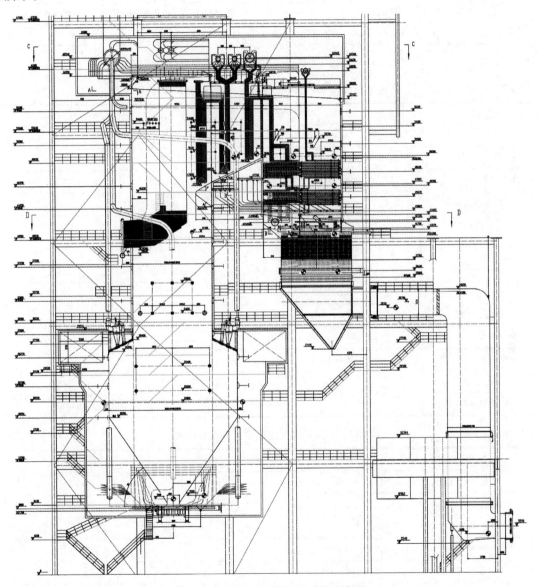

图 5 - 22　DG2028/17.45 - Ⅱ3 型锅炉

锅炉燃烧系统设备与 DG1025/18.2 - Ⅱ15 型锅炉类似，只是容量大了一个等级（容积热负荷明显减小了），具体尺寸有所区别（表 5 - 33）：锅炉共 36 只燃烧器（是 300MW 等级的两倍），配备 6 台 BBD4360 双进双出磨煤机，每台磨煤机对应 6 个燃烧器，对应关系如图 5 - 23 所示。锅炉主要设计参数见表 5 - 34，设计煤种见表 5 - 35。

前拱	D1	E1	F1	D2	E2	F2	D3	E3	F3	A3	B3	C2	A2	B2	C2	A1	B1	C1

炉膛

后拱	C4	B4	A4	C5	B5	A5	C6	B6	A6	F6	E6	D6	F5	E5	D5	F4	E4	D4

图 5 - 23　DG2028/17.45 - Ⅱ3 型锅炉磨煤机与燃烧器对应关系

表 5 - 33　　　　几种不同型号 FW 型 W 火焰锅炉炉膛轮廓尺寸对比

项目	符号	单位	DG2028/17.45 - Ⅱ3	DG2076/25.73 - Ⅱ12	DG1025/18.2 - Ⅱ15
燃烧器数量	N_b	只	36	24	24
燃烧器倾角	α	(°)	5	5	5
炉膛宽度	W	m	34.481	32.121	24.765
炉膛总高度	H	m	50.8	58	42
下炉膛高度	H_L	m	20.42	21.565	17.671
燃尽高度	h_1	m	17.81	24.244	15.436
上炉膛深度	D_U	m	9.906	9.960	7.620
下炉膛深度	D_L	m	16.012	17.1	13.726
炉膛容积热负荷	q_V	kW/m³	85.74	86	93.72
下炉膛容积热负荷	$q_{V.L}$	kW/m³	186.47	206.2	203.36
下炉膛断面热负荷	$q_{F.L}$	MW/m²	2.704	2.898	2.340
卫燃带面积	A_r	m²	1163	925	781
下炉膛卫燃带比例	P_r	%	55	41.6	59.5

表 5 - 34　　　　DG2028/17.45 - Ⅱ3 型锅炉主要设计参数表

项　目	单位	BMCR 工况	THA 工况
过热蒸汽流量	t/h	2028	1770.13
过热蒸汽出口压力	MPa	17.45	17.26
过热蒸汽出口温度	℃	541	541
再热蒸汽流量	t/h	1717.74	1519.13
再热蒸汽进/出口压力	MPa	4.08/3.89	3.619/3.449
再热蒸汽进/出口温度	℃	330/541	317.9/541
给水温度	℃	279.6	272.3
一次热风温度	℃	336	333
二次热风温度	℃	352	346

项　　目	单位	BMCR工况	THA工况
排烟温度（修正前）	℃	126	123
排烟温度（修正后）	℃	121	118
锅炉计算热效率	%	92.2	92.44
锅炉保证热效率	%	91.75	

表 5-35　　　　　DG2028/17.45-Ⅱ3型锅炉燃煤特性

项目	符号	单位	设计煤种	校核煤种（1）	校核煤种（2）
碳	C_{ar}	%	58.65	62.32	54.30
氢	H_{ar}	%	3.18	2.45	1.42
氧	O_{ar}	%	2.25	1.83	0.75
氮	N_{ar}	%	1.09	0.99	0.61
硫	S_{ar}	%	1.83	1.52	1.98
水分	M_{ar}	%	5.0	10.0	10.0
灰分	A_{ar}	%	28.00	20.89	30.94
低位发热值	$Q_{net,ar}$	kJ/kg	22039	23145	19832
空干基水分	M_{ad}	%	0.36	1.58	2.07
干燥无灰基挥发分	V_{daf}	%	9.92	14.29	8.24
可磨性系数	HGI		67	80	70
灰变形温度	DT	℃	1290	1250	1100
灰软化温度	ST	℃	1360	1310	1150
灰半球温度	HT	℃	1400	1330	1170
灰流动温度	FT	℃	1430	1360	1260

5.1.3.2　背景与存在的问题

2号锅炉燃烧调整前测试锅炉热炉效率仅为89.31%，远低于设计保证热效率91.75%。锅炉效率低的原因主要在于飞灰和大渣含碳量高，使机械未完全燃烧损失 q_4 高达4.5%，燃烧调整前锅炉飞灰含碳量长期在8.5%左右、大渣含碳量长期在7.5%左右、飞灰和大渣含碳量均比同类型机组高约4%。从锅炉运行参数、燃烧组织方式以及现场测试的结果分析，锅炉飞灰及大渣含碳量高主要原因在于：

（1）煤粉气流下冲动量不足。煤粉气流的射流强度弱，造成火焰行程短，煤粉在炉内停留时间短，不利于煤粉的燃尽。从炉膛温度的测试结果来看，下部炉膛温度仅为1000~1200℃，温度偏低，说明大量煤粉没有下冲进入下部炉膛燃烧，燃烧中心区域的位置较高。

（2）制粉系统出力不足致使煤粉偏粗。由于电厂大幅减少了磨煤机钢球装载量，致使制粉系统磨煤出力不足，磨煤机运行电流远低于额定电流（额定电流207A，磨煤机实际运行电流130~180A），为满足机组带高负荷的需求，制粉系统采取的运行方式是：全开磨煤机容量风门，同时提高一次风压，通过加大制粉系统通风量的办法来强行增加入炉煤粉量，这就造成了入炉煤粉偏粗，调整前在送粉管等速取样化验，煤粉细度 R_{90} 大多在 8%～12%，远高于设计要求（$R_{90} \leqslant 6$%）。

（3）氧量不足。锅炉在省煤器后的水平烟道上沿炉宽方向设计安装有 4 个氧量测点，运行中作为炉膛出口氧量予以监控调整。机组满负荷运行时，这 4 个氧量测量值的表盘平均值大多在 3% 左右，但由于 W 火焰锅炉沿宽度方向氧量分布极其不均（两侧高、中间低，并且有时偏差很大），因此 4 个氧量测点数量太少，难以准确反映炉膛出口氧量的真实水平。调整前按网格法实测省煤器后（空气预热器前）烟气含氧量平均值仅为 2.55%，炉宽方向的中部区域氧量最低值仅为 0.86%，而此时表盘氧量平均值为 3.2%。由于设计的氧量测点偏少，造成锅炉表盘氧量长期高于实际氧量，因此 2 号锅炉实际长期处于低氧量运行。

5.1.3.3　燃烧调整采取的针对措施

（1）提高煤粉气流下冲动量的措施：①将主燃烧器内的消旋叶片向下放到最低，用以增加煤粉气流的射流强度、减少旋流强度；②增加拱上二次风的风率比（主要是增加 B、C 挡板开度），减少拱下二次风的风率比（主要是减少 D、E 挡板开度），通过增加拱上二次风的风量，尤其是增加包裹着煤粉气流的二次风的风量（即从 B 挡板进入炉膛的二次风），使二次风裹挟煤粉下冲的动量增强；③切除少量燃烧器，而总的一次风量和燃烧量基本不变，从而使剩余燃烧器的煤粉气流出口速度增加，下冲动量也随之增加；④关闭燃烧器乏气挡板，提高主火嘴煤粉气流下冲动量。

（2）改善煤粉细度：①磨煤机根据各自电流情况补加钢球，共补加了 28t 钢球；②通过试验对比，调整磨煤机出口分离器挡板至最佳位置；③控制一次风压，通过试验验证，在磨煤机入口容量风门全开情况下，将一次热风压力达到 9.2kPa 作为机组运行允许最高一次风压。

（3）补氧：①根据省煤器后烟气成分实际测量值，有针对性地对缺氧区域进行补氧，即开大该位置的 C 挡板和 F 挡板；②在严重缺氧的区域（炉膛中部），切除位于该区域的 1～3 个燃烧器，从而明显改善了该区域补气条件；③由于炉膛中部是燃料聚集、燃烧集中、燃烧化学反应剧烈的区域，烟气膨胀量大，因此补气条件差，同时由于二次风箱是由两侧进风，因此在挡板开度一样的情况下，风箱两侧的出风量远高于风箱中部。冷态试验测试发现在所有 F 挡板开度一致时，靠近炉膛两侧的 F 风口其风速始终高于中部 F 风口约 2.0m/s（图 5-24）。鉴于此，C、F 挡板宜采用中部开度大、向两侧逐渐减小的设置方法，这样可以改善沿炉宽方向氧量分布的均衡性。

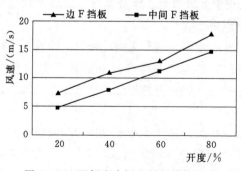

图 5-24　两侧和中间 F 挡板特性对比

5.1.3.4　燃烧调整详细内容及效果分析

锅炉燃烧调整试验在机组带 600MW 满负荷的条件下进行，共进行了 60 余个工况的调整对比试验，主要调整试验内容及对应工况编号见表 5-36。

表 5-36 燃烧调整试验内容及对应工况编号

试 验 内 容	工 况 编 号
基础工况	T0
磨煤机出口分离器挡板调整试验	T1～T3
磨煤机入口容量风挡板调整试验	T4～T5
锅炉燃烧稳定最高允许一次风压试验	T6
A 挡板调整试验	T47～T48
B 挡板调整试验	T24～T27
C 挡板开度调整试验	T13～T18、T20
F 挡板调整试验	T9、T29
乏气挡板调整试验	T9～T12、T24、T27～T28
消旋叶片调整试验	T17～T18
燃烧器组合试验（切火嘴试验）	T7～T8、T21～T23、T41～T44、T52～T53
氧量（送风量）调整试验	T24～T26
锅炉热效率测试试验	T0、T26～T27

注 T29～T66 工况是在锅炉增设 SCR、空气预热器发生堵塞，并且锅炉燃用 $V_{daf}=8\%$ 的低热值无烟煤的情况下进行的。

1. 基础工况下锅炉主要运行数据

基础工况锅炉主要风门挡板开度为：A 挡板/B 挡板/D 挡板/E 挡板/乏气挡板/消旋叶片＝20％/20％/0/0/30％/50％（每个燃烧器都一样），而 F 挡板和 C 挡板沿炉宽有所变化，见表 5-37。基础工况锅炉主要运行参数见表 5-38，炉膛温度见表 5-39。

表 5-37 基础工况锅炉风门挡板开度情况 %

燃烧器	D1	E1	F1	D2	E2	F2	D3	E3	F3	A3	B3	C3	A2	B2	C2	A1	B1	C1
C 挡板	30	30	30	30	30	30	30	30	30	30	30	30	30	26	20	20	20	20
F 挡板	35	35	35	45	50	55	60	65	65	60	60	45	30	20	10	10	10	
燃烧器	C4	B4	A4	C5	B5	A5	C6	B6	A6	F6	E6	D6	F5	E5	D5	F4	E4	D4
C 挡板	30	30	30	30	30	30	30	30	30	30	30	30	25	20	20	20	20	
F 挡板	30	30	30	45	50	55	60	65	65	65	60	60	45	35	25	20	15	15

表 5-38 基础工况锅炉与燃烧相关主要运行参数与实测值

项 目	单位	表盘参数	实测值
机组功率	MW	601	—
主蒸汽温度	℃	542.1	—
主蒸汽压力	MPa	16.2	—
主蒸汽流量	t/h	1801.9	—
燃烧器投运情况		全部投入	
排烟温度平均值	℃	134.5	137.1

续表

项　目	单位	表盘参数	实测值
炉膛出口氧量平均值	%	3.2	2.55
热一次风压	kPa	8.27	—
热一次风温	℃	348.4	—
热二次风温	℃	350.2	—
磨煤机电流（A/B/C/D/E/F）	A	180/166/175/130/160/167	207
磨煤机入口容量风门开度	%	100	
煤粉细度 R_{90}（6 台磨煤机）	%	3～12（在线装置）	4～13
飞灰含碳量	%	7.23	—
大渣含碳量	%	6.38	—
锅炉热效率	%	—	89.12

表 5－39　　　　　　　　　　　　基 础 工 况 炉 膛 温 度　　　　　　　　　　　　单位：℃

看火孔	左 侧 墙		右 侧 墙	
	炉后	炉前	炉前	炉后
第三层	1269～1354	1301～1378	1122～1194	1173～1374
第二层	1244～1649	1432～1519	1412～1569	1082～1568
第一层	936～1388	1185～1365	1282～1390	958～1229

从基础工况数据可以看出：

（1）B、C 挡板开度偏小，消旋叶片下放深度不足。

（2）磨煤机电流偏低，煤粉偏粗。

（3）炉膛出口氧量偏低。

（4）下炉膛温度偏低。

（5）飞灰、大渣含碳量偏高，锅炉实测热效率仅为 89.12%（保证效率 91.75%）。

2. 分离器挡板调整试验

维持机组负荷 600MW，改变 B、D 磨煤机分离器挡板开度，在不同分离器挡板开度下采用等速取样法对磨煤机出口煤粉进行取样分析，试验数据见表 5－40。

表 5－40　　　　　　　　分离器挡板开度对煤粉细度 R_{90} 的影响　　　　　　　　%

分离器挡板开度	工况号	煤粉细度 R_{90}			
		B1 粉管	B6 粉管	D1 粉管	D4 粉管
3 格（50%）	T1	9.85	12.33	22.33	14.68
4 格（33%）	T2	4.25	9.10	6.36	8.76
5 格（17%）	T3	5.15	9.78	6.85	8.93

试验数据表明：

（1）当分离器挡板置于 3 格（50%）开度时，煤粉细度 R_{90} 非常大，不能满足燃用干燥无灰基挥发份 V_{daf} 仅为 10%～12% 的无烟煤的需求。

(2) 当分离器挡板关至 4 格 (33%) 开度时,煤粉细度 R_{90} 明显减小,但继续关至 5 格 (17%) 开度时,煤粉细度 R_{90} 反而上升,分析认为这是由于分离器挡板关小到一定幅度时,分离器阻力会明显增加,为维持锅炉负荷,需要增大入磨风量,同时,分离器挡板关小到一定程度时,挡板间的通流截面减少,气流通过该截面的速度剧增,携带煤粉的能力增强,致使煤粉反而变粗。

(3) 综上所述,磨煤机分离器挡板置于 4 格 (33%) 开度合适。

(4) 从等速取样的结果来看,无论分离器挡板置于何种开度,均有部分粉管煤粉细度偏粗,说明制粉系统存在一定缺陷(驱动端和非驱动端阻力差异大、磨煤机装球量不足、衬板磨损等),需要对制粉系统进行治理。

3. 容量风挡板调整试验

维持一次总风压不变,改变磨煤机容量风挡板开度,用电厂在线取样装置对磨煤机出口煤粉进行取样分析,试验数据见表 5-41。

表 5-41　　　　　　　　容量风挡板开度对煤粉细度 R_{90} 的影响

项 目	单位	T4		T5	
		磨煤机 B	磨煤机 D	磨煤机 B	磨煤机 D
容量风挡板开度	%	90.5/100	99/96	55/55	50/50
容量风挡板后压力	kPa	5.87/7.0	7.94/7.99	5.3/6.05	7.11/7.07
分离器出口压力	kPa	5.15/5.21	5.57/5.57	4.53/4.55	4.95/4.95
给煤机出力	t/h	23.1/15.4	46.6/23.4	15.6/23.4	36.6/23.5
磨煤机 B 电流	A	163.8	129.1	163.3	128.6
磨煤机差压式料位	Pa	1021	968	965	1021
煤粉细度 R_{90}	%	9.42/7.97/8.39	5.28/5.21/4.71	7.32/6.79	4.49/3.92

试验数据表明:

(1) 容量风挡板关小后,磨煤机 B、D 出口煤粉细度 R_{90} 均降低。

(2) 电厂 2 号炉磨煤机目前的运行方式是容量风挡板基本均为全开,会造成煤粉偏粗,影响锅炉燃烧经济性。但容量风挡板关小后,机组无法带满负荷,因此应采取措施(补加钢球)提高磨煤机出力。

4. 锅炉燃烧稳定最高允许一次风压试验

黔东电厂因为磨煤机出力不足,满负荷时磨煤机容量风挡板一般均为接近全开,且一次风压维持较高,通过提高制粉系统通风量的方法来强行提高磨煤机出粉量,但这种方法有一个弊端,即当制粉系统通风量增加到一定量时会造成入炉煤粉急剧变粗,致使锅炉燃烧恶化(燃烧不稳甚至导致灭火),为了确定在多少一次风压下运行锅炉燃烧是安全的,特进行该项试验。试验从机组带 480MW 负荷开始,A、B、C、E、F 5 台磨煤机运行,磨煤机容量风挡板均开到最大,逐步提高一次风压,直至锅炉燃烧出现恶化征兆,此时的一次风压即作为电厂运行允许的最高一次风压。锅炉燃烧出现恶化的判据是炉膛负压波动大、炉膛火焰工业电视画面闪烁、火检强度波动、主汽压力、主汽温度波动等。试验数据见表 5-42 及图 5-25。

表 5－42   一次风压对燃烧稳定性的影响

项 目	单位	工况 1	工况 2
一次风机出口压力	kPa	9.76	10.1
机组功率	MW	514.8	548.4
主蒸汽温度	℃	537.5	537.6
主蒸汽压力	MPa	14.9	14.3
一次风机电流 A/B	A	93.84/93.32	98.87/98.18
一次风机动叶开度 A/B	%	35.42/38.45	37.82/41.23
一次热风压力	kPa	9.16	9.48
炉膛压力波动范围	Pa	−120～108	−137～126

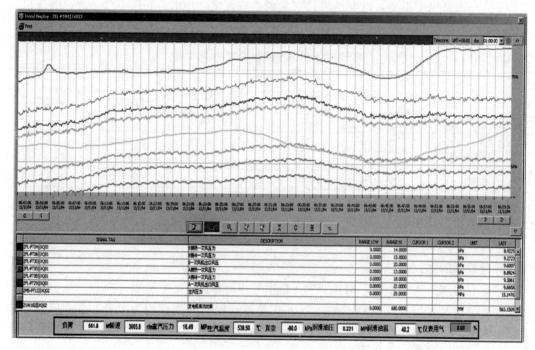

图 5－25　机组参数随一次风压的变化情况

试验数据表明：

（1）试验过程中，当一次风机出口压力达到 9.76kPa、一次热风压力达到 9.16 kPa 时，炉膛压力出现波动较大现象，主汽压力下降速率较快，机组负荷无法维持稳定，滞后一段时间后跟随主汽压力下降，继续提高一次风压至一次风机出口压力达到 10.1kPa，主汽压力仍然下降，试验组决定中止试验，以一次风机出口压力达到 9.8kPa、一次热风压力达到 9.2 kPa 作为机组运行允许最高一次风压。

（2）在逐渐降低一次风机出口压力至 9.1 kPa 后，锅炉主汽压力开始明显回升，炉膛压力波动幅度减小，说明随制粉系统通风量减少，入炉煤粉变细，锅炉燃烧逐渐好转。

（3）在磨煤机容量风挡板全开情况下，一次风机出口压力上升至 9.8 kPa 左右时，锅炉出现燃烧恶化征兆，说明单纯依靠增加一次风量来提高磨煤机出粉量的方法是不可取的，煤粉的增粗会造成锅炉燃烧经济性变差甚至锅炉灭火。

5. A 挡板调整试验

A 挡板开度对飞灰含碳量的影响见表 5-43。

表 5-43　　　　　　　　　　　A 挡板开度对飞灰含碳量的影响

工况	A 挡板开度	飞灰含碳量/%
T47	两侧 0~20%，中部 30%	7.53
T48	A 挡板全关	7.42

试验数据表明：A 挡板全关后飞灰含碳量略有下降，下降幅度很小，说明 A 挡板的开度变化对燃烧经济性影响很小，从同类型锅炉以往燃烧调整的经验来看，为保障锅炉燃烧稳定，A 挡板适宜维持在一个较小的开度（0~20%）。

6. B 挡板调整试验

B 挡板调整各工况对比见表 5-44。

表 5-44　　　　　　　　　　　B 挡板调整各工况对比

工况	说　　明	飞灰/%	大渣/%	备　　注
T24	B 挡板：20%	7.34	—	省煤器后烟气 CO 含量最高超过 1500μL/L
T25	B 挡板：100%	5.28	5.45	配合 F 风调整，省煤器后烟气 CO 含量最高 150μL/L，但夜间低负荷时发现炉膛负压波动较大
T26	B 挡板：100%，同时将炉膛出口氧量提高到 4.0%	3.84	3.87	
T27	中部 6 个火嘴全开，从两侧往中部呈阶梯递增，具体见表 5-45	4.86	4.68	低负荷时锅炉燃烧稳定性好

表 5-45　　　　　　　　　　　T27 工况 B 挡板开度　　　　　　　　　　　%

燃烧器	D1	E1	F1	D2	E2	F2	D3	E3	F3	A3	B3	C3	A2	B2	C2	A1	B1	C1
开度	30	30	30	50	55	65	75	100	100	100	75	65	55	45	30	30	30	50
燃烧器	C4	B4	A4	C5	B5	A5	C6	B6	A6	F6	E6	D6	F5	E5	D5	F4	E4	D4
开度	30	30	30	50	55	65	75	100	100	100	75	65	55	45	30	30	30	50

试验数据表明：

（1）B 挡板开大能明显降低飞灰含碳量，且省煤器后 CO 含量也明显降低。

（2）所有 B 挡板全开，且增大送风量运行，锅炉燃烧经济性最好，但在锅炉负荷较低时锅炉燃烧稳定性会受到一定影响。由于 B 挡板均为手动调节挡板，且数量很多，调节不便，因此不便于根据锅炉负荷经常性变动，故最后决定采取 B 挡板从两侧向中部阶梯递增的设置，这种设置方法兼顾了锅炉燃烧经济性和稳定性。

7. C 挡板调整试验

C 挡板调整各工况对比见表 5 - 46。

表 5 - 46　　　　　　　　　　　　　C 挡板调整各工况对比

工况	C 挡板开度情况	飞灰/%	大渣/%	备　注
T0	基础工况（表 5 - 37）	7.23	6.38	燃烧器全投
T13	30%	6.45	4.32	燃烧器全投
T14	25%	6.44	5.89	燃烧器全投
T15	中部 8 个 40%，其余 25%	6.26	4.63	燃烧器全投
T16	中部 A3、A6、F3、F6 开度 50%，其余同 T15	6.58	4.98	燃烧器全投，CO：400～1800μL/L，炉膛压力波动增大
T17	25%	7.43	5.62	切 1 个燃烧器
T18	30%	7.48	3.38	燃烧器全投
T20	中部 8 个 50%～55%	7.63	6.92	切 2 个燃烧器，CO 含量波动较大，炉膛压力波动增大

试验数据分析：

（1）C 挡板（尤其是炉宽中部位置的 C 挡板）适当开大可以比较明显地降低飞灰含碳量，配合火嘴切除可以明显降低烟气中 CO 含量。

（2）为保证锅炉燃烧稳定性和有针对性的补氧（沿炉宽中部区域容易出现缺氧），C 挡板不宜采取统一全部开大的方式，而宜采用中部较大、两侧较小的开度设置。

（3）中部 C 挡板开度在 40%～50% 范围燃烧经济性最好，高于 50% 后飞灰含碳量反而上升、烟气中 CO 含量波动增大，且锅炉燃烧稳定性受影响。

8. F 挡板调整试验

F 挡板调整各工况对比见表 5 - 47。

表 5 - 47　　　　　　　　　　　　　F 挡板调整各工况对比

工况	F 挡板开度情况	飞灰/%	大渣/%	备　注
T0	基础工况（表 5 - 37）	7.23	6.38	—
T9	两侧 30%，往中部递增，中部 6 个火嘴 65%	6.55	7.3	根据省煤器后烟气成分中 O_2 和 CO 含量，有针对性的增大中部 F 挡板开度
T29	在 T9 基础上，中部火嘴开度平均提高 5%	6.5	3.99	—

试验数据分析：

（1）试验调整前 F 挡板开度偏小，尤其是中部 F 挡板，适当开大后锅炉飞灰含碳量有一定程度降低。

（2）由于该炉型炉宽方向中部区域容易出现缺氧，F 挡板宜采用中部大、两侧小的控制方式。

（3）F 挡板的调整最好能和切燃烧器的方法相结合，这样可以增强 F 挡板对缺氧区域补氧的效果。

9. 乏气挡板调整试验

乏气挡板调整各工况对比见表 5-48。

表 5-48　　　　　　　　　　乏气挡板调整各工况对比

工　况		乏气挡板	飞灰含碳量/%	大渣含碳量/%	备注
第一组	T9	10%	6.55	7.3	
	T10	30%	6.43	6.52	
	T11	50%	6.12	5.71	
	T12	25%	6.19	5.51	
第二组	T27	20%	4.86	4.68	B 挡板调整后
	T28	中部 18 个全关	6.07	7.32	B 挡板调整后

试验数据分析：

（1）试验调整前 2 号炉乏气挡板开度是合适的。

（2）总体来说，乏气挡板开度在 0~50% 开度时，开度越大锅炉飞灰含碳量越小，但当乏气挡板开度大于 25% 之后继续开大对飞灰含碳量的影响已经很小。

（3）乏气风挡板全关后锅炉飞灰含碳量上升明显。

（4）乏气挡板全关虽然能增加主火嘴煤粉气流下冲动量，但丧失了煤粉浓缩燃烧的优势，反而会使锅炉燃烧经济性变差。

10. 消旋叶片调整试验

消旋叶片调整工况对比见表 5-49。

表 5-49　　　　　　　　　　消旋叶片调整工况对比

工况	消旋叶片位置情况	飞灰含碳量/%	大渣含碳量/%
T17	向下（向炉膛内）放 50%	7.43	5.62
T18	向下（向炉膛内）放 100%	7.48	3.38

试验数据分析：

（1）消旋叶片向下调整增强了煤粉气流的射流强度、减弱了其旋流强度。

（2）消旋叶片向下调整后，飞灰含碳量基本无变化，但大渣含碳量明显降低。

11. 燃烧器投入方式的调整

调整情况见表 5-50，其中 T8、T41 和 T52 工况炉膛温度情况见表 5-51。

表 5-50　　　　　　　　　　不同燃烧器投入方式的对比

工　况		燃烧器	飞灰/%	大渣/%	备　　注
第一组	T0	全投	7.23	6.38	
	T7	切 2 个	8.47	4.11	A3、B6 切除后炉宽方向氧量差异仍然大
	T8	切 2 个	6.97	5.99	D3、E6 切除后氧量偏差明显减少，CO 大幅降低

续表

工况		燃烧器	飞灰/%	大渣/%	备 注	
第二组	T21	切 2 个	7.51	7.78	切 E2、F6	
	T22	切 3 个	7.53	6.30	切 E2、F6、B2	
	T23	切 4 个	7.15	5.69	切 E2、F6、B2、A5	
第三组	T41	全投	8.28		燃用劣质低挥发分无烟煤、锅炉增加 SCR 脱硝,空气预热器堵塞后进行的试验	
	T42	切 4 个	7.89	—		切 A6、E2、E5、C3
	T43	切 5 个	7.49	—		切 A6、E2、E5、C3、F4
	T44	切 6 个	7.30	—		切 A6、E2、E5、C3、C4、B1
第四组	T52	切 5 个	6.73	—		切 B6、C3、D6、E6、F2
	T53	切 6 个	6.51	—		切 A5、C3、B3、D6、E2、F6

表 5 - 51　　　　　　　　　T8、T41 和 T52 工况炉膛温度　　　　　　　　单位:℃

工况	看火孔	左 侧 墙		右 侧 墙	
		炉后	炉前	炉前	炉后
T8	第三层	1323~1405	1296~1364	1273~1353	1321~1389
	第二层	1516~1617	1442~1517	1423~1526	1458~1534
	第一层	1309~1542	1309~1423	1332~1428	1313~1447
T41	第三层	1259~1316	1082~1191	1046~1113	1043~1145
	第二层	1306~1492	1298~1421	1301~1464	1317~1512
	第一层	1294~1363	1172~1290	1216~1344	1247~1359
T52	第三层	1190~1288	1196~1297	1277~1308	1267~1408
	第二层	1360~1528	1489~1571	1293~1536	1513~1596
	第一层	1222~1293	1333~1449	1297~1498	1355~1468

试验数据分析:

(1) 调整试验前电厂习惯采用燃烧器全投的运行方式,沿炉宽方向中部区域烟气含氧量明显比两侧低,CO 含量较高,说明炉内缺氧燃烧的区域较大,致使飞灰含碳量较高。

(2) 切燃烧器时,根据省煤器后烟气成分调整 F 挡板和 C 挡板开度,可以极明显地提高沿炉宽方向氧量分布的均衡性,大幅降低烟气中 CO 含量。

(3) 切燃烧器的运行方式可以提高火焰下冲能力,表 5 - 51 的对比可以看出切燃烧器工况下下炉膛温度较燃烧器全投时有显著提高。

(4) 采用切燃烧器的方法可以明显降低锅炉飞灰含碳量,提高锅炉燃烧经济性。

(5) 虽然切燃烧器运行时炉膛总体温度水平(尤其是下炉膛温度)上升,但锅炉结渣情况未出现恶化趋势。

12. 氧量调整试验

氧量调整试验情况见表 5 - 52。

表 5 – 52 氧量调整试验情况

工况	省煤器后平均氧量/%	飞灰含碳量/%	大渣含碳量/%	备　注
T24	2.55	7.34	6.22	B 挡板开度 20%
T25	2.81	5.28	4.32	B 挡板开度 100%
T26	3.50	3.84	4.27	

试验数据表明：结合切火嘴方式、开大 B 挡板、提高氧量运行可以明显降低锅炉飞灰含碳量。

5.1.3.5　燃烧调整试验结果与效率考核试验

1. 工况调整优化结果

经过大量的调整试验和对比分析，最终燃烧系统设备优化工况设置见表 5 – 53。

表 5 – 53　　　　　　　　　　　　燃烧系统设备优化工况

优化项目	优化结果	作　用
A 挡板	开度：0～20%	提供乏气燃烧所需氧量
B 挡板	全开或见表 5 – 45	增加煤粉气流下冲动量
C 挡板	中部 8 个开 40%～45%，向两侧逐步降至 20%	强化下冲、补充炉膛中部氧量
D 挡板	全关	避免干扰煤粉着火、增大着火热并造成火焰短路、上飘
E 挡板	开度：0～10%	
F 挡板	中部 6 个开 65%～75%，向两侧逐步降至 20%	均衡补风、提供燃尽所需氧量
乏气挡板	25%～40%	兼顾浓淡分离效果和下冲能力
消旋叶片	向下放到最低	消除旋转、增强一次风下冲能力
磨分离器挡板	30% 左右开度	保障煤粉细度
磨钢球装载量	加钢球至接近额定电流	保障煤粉细度和出力
磨钢球配比	提高磨内小球比例	保障煤粉细度和出力
燃烧器	切除 2～6 个运行，缺氧严重区域优先	强化一次风下冲、均衡氧量分布
运行氧量	增加沿炉宽氧量测点，控制氧量平均值 >3.5%	保证燃尽必要的氧量水平

2. 燃烧调整试验的效果和效率考核试验

(1) 经过燃烧调整，锅炉飞灰含碳量与大渣含碳量均明显下降。按调整前后各 14 天的平均值计算，灰库飞灰综合样含碳量由 8.63% 下降到 4.46%、大渣含碳量由 7.6% 下降到 4.1%，分别降低了 4.17 和 3.50 个百分点，煤粉燃尽率提高显著。

(2) 经过燃烧调整，锅炉在优化工况下进行了锅炉效率考核试验，锅炉效率从调整前的 89.12% 上升至 91.22%，提高了 2.1 个百分点，详见表 5 – 54。

5.1.3.6　小结

从燃烧调整试验结果看，FW 亚临界 600MW 等级的 W 火焰锅炉与 300MW 等级的 W 火焰锅炉，在燃烧特性上是基本一致的。当然因为尺寸的增大、容积热负荷明显下降后，600MW 等级的 W 火焰锅炉的性能明显要优于 300MW 等级。但其一次风下冲能力弱、沿炉宽氧量偏差大等问题依然存在，在燃烧设计和优化调整上仍然还有很大的空间，

表 5 - 54　　　　　　　　　　　　燃烧调整前后锅炉效率考核试验情况对比

项　目	单位	调整前	调 整 后	
工况号	—	T0	T26	T27
入炉煤收到基水分	%	7.90	7.70	7.56
入炉煤收到基灰分	%	33.27	30.31	31.35
入炉煤收到基低位发热量	kJ/kg	19200	20510	20280
入炉煤干燥无灰基挥发分	%	11.94	13.26	11.26
实际电负荷	MW	602	595	601
飞灰含碳量	%	7.23	3.84	4.86
炉渣含碳量	%	6.38	4.27	4.68
进风温度	℃	21.70	18.60	19.30
排烟温度	℃	137.00	144.00	141.10
空气预热器出口烟气含氧量	%	3.96	4.86	3.59
空气预热器出口烟气含 CO 量	μL/L	665	0	0
排烟损失	%	5.43	6.29	5.54
可燃气体未完全燃烧热损失	%	0.28	0.00	0.00
固体未完全燃烧热损失	%	4.50	2.05	2.65
散热损失	%	0.36	0.37	0.36
灰渣物理热损失	%	0.30	0.25	0.27
锅炉效率	%	89.13	91.04	91.18
保证进风温度	℃	20	20	20
修正后排烟温度	℃	135.82	144.85	141.57
修正后锅炉效率	%	89.12	91.22	91.21

特别是在燃烧器和炉膛参数的配合上、在配风方式的选择和乏气的布置上、在防止结渣的问题上和在低氮燃烧和高效燃烧性能的协调上，仍然有很多工作要做。

5.1.4　FW 型超临界 W 火焰锅炉燃烧调整

5.1.4.1　背景与存在的问题

近几年，随着对火力发电厂节能减排的要求越来越高，新投产的大部分都是超临界机组。因此，除了两台 DG2028/17.45 - Ⅱ 3 型锅炉外，其他 600MW 等级 W 火焰锅炉也全部都是超临界压力锅炉，数量最多、占比最大的仍然是 FW 型的 W 火焰锅炉，其中 DG2020/25.31 - Ⅱ 12 型锅炉就是比较有代表性的一种。

虽然超临界压力的 W 火焰锅炉在燃烧系统和设备上和亚临界 W 火焰锅炉是基本一致的，但由于超临界直流锅炉在水动力上的特殊性，其低质量流速的垂直上升管屏水冷壁对热偏差很敏感，因而也对超临界 W 火焰锅炉燃烧系统的设计和运行调整提出了不同的要求。

某厂一台 DG2020/25.31 - Ⅱ 12 型 W 火焰锅炉投产一段时间后，出现了锅炉飞灰、大渣含碳量高，锅炉效率大幅度低于设计保证值的问题，为此贵州电力科学研究院开展了针对该 DG2020/25.31 -Ⅱ12 型 W 火焰锅炉的燃烧调整工作。

5.1.4.2 锅炉热效率低原因分析

锅炉燃烧调整前测试锅炉效率仅为 85.72%，远低于设计保证热效率 91.08%。锅炉效率低的原因主要在于飞灰和大渣含碳量高，使机械未完全燃烧损失 q_4 高达 7.5%，燃烧调整前锅炉飞灰含碳量长期在 8.0% 左右、大渣含碳量长期在 15.0% 左右，飞灰和大渣含碳量均比同类型机组高。从锅炉运行参数、燃烧组织方式以及现场测试的结果分析，锅炉飞灰及大渣含碳量高主要原因在于：

（1）煤粉气流下冲动量不足，火焰中心上移。由于锅炉为了保证炉膛出口 NO_x 排放量维持在较低水平，强化了分级燃烧，锅炉燃尽风挡板开度大，在机组 550MW 负荷以上即处于全开状态。燃尽风比率提高后，减少了下炉膛的总体风量，致使火焰中心上移。从调整前炉膛温度的测试结果来看，燃尽风层的温度达到 1530℃，已经很接近下炉膛拱下第一层的最高炉温，而拱下第二层的炉膛温度普遍较低，仅为 800~1300℃，说明燃烧中心区域的位置较高。

（2）氧量不足。调整前按网格法实测省煤器后（空气预热器前）烟气含氧量平均值为 2.4%，炉宽方向的中部区域氧量仅为 0.6%~1.0%，因此锅炉实际长期处于低氧量运行，尤其炉宽方向中部区域严重缺氧。

5.1.4.3 燃烧调整采取的针对措施

（1）提高煤粉气流下冲动量：①将主燃烧器消旋叶片向下放到最低，用以增加煤粉气流的射流强度、减少旋流强度；②加强拱上配风（主要是增加 B、C 挡板开度）尤其是增加包裹着煤粉气流的二次风的风量（即从 B 挡板进入炉膛的二次风），使二次风裹挟煤粉下冲的动量增强；③关闭燃烧器乏气挡板，提高主火嘴煤粉气流下冲动量。

（2）补氧：①根据省煤器后烟气成分实际测量值，有针对性地对缺氧区域进行补氧，即开大该位置的 C 挡板和 F 挡板；②由于炉膛中部是燃料聚集、燃烧集中、燃烧化学反应剧烈的区域，烟气膨胀量大，因此补气条件差，同时由于二次风箱是由两侧进风，因此在挡板开度一样的情况下，风箱两侧的出风量远高于风箱中部。鉴于此，C、F 挡板宜采用中部开度大、向两侧逐渐减小的设置方法，这样可以改善沿炉宽方向氧量分布的均衡性。

5.1.4.4 燃烧调整详细内容及效果分析

因为燃烧调整试验期间入炉煤发热量偏低，机组无法带满负荷运行，故锅炉燃烧调整试验主要在在机组带 580MW 负荷和 520MW 负荷的条件下进行，共进行了 39 个工况的调整对比试验，主要调整内容及对应工况编号见表 5-55。

表 5-55　　　　　　　　锅炉燃烧调整试验内容及对应的工况编号

试 验 内 容	工 况 编 号
基础工况	T0
F 挡板调整试验	T1、T22~T23
C 挡板调整试验	T2~T3、T8~T9、T11~T13、T15~T17、T19~T21

续表

试　验　内　容	工　况　编　号
B 挡板调整试验	T13～T14、T32～T33
乏气挡板调整试验	T3～T4、T11～T12、
消旋叶片调整试验	T9～T10、T23～T25、T30～T32、T38～T39
燃尽风调整试验	T29～T30
燃烧器组合试验（切火嘴试验）	T5～T7
氧量（送风量）调整试验	T34～T36
磨煤机出口分离器挡板调整试验	T36～T37
锅炉热效率测试试验	T0、T13、T30

1. 锅炉基础工况下主要运行数据

基础工况锅炉主要风门挡板开度见表 5-56（所有消旋叶片向下放约 65%，定位销以上留有 5 格），主要运行参数见表 5-57。

表 5-56　　　　　　　　　　基础工况锅炉风门挡板开度　　　　　　　　　　　%

燃烧器	C1	B1	A1	C2	B2	A2	F1	E1	D1	F2	E2	D2
A 挡板	45	40	40	40	40	40	40	40	40	40	40	40
B 挡板	100	50	50	50	50	50	50	50	50	50	50	100
C 挡板	20	10	10	10	10	10	10	10	10	10	10	20
D 挡板	40	20	20	20	20	20	20	20	20	20	20	90
F 挡板	50	40	40	35	40	45	40	35	40	40	40	50
乏气挡板	50	50	50	50	50	50	50	50	50	50	50	50

燃烧器	D3	E3	F3	D4	E4	F4	A3	B3	C3	A4	B4	C4
A 挡板	45	40	40	40	40	40	40	40	40	40	36	45
B 挡板	100	50	50	50	50	50	50	50	50	50	50	80
C 挡板	20	5	5	5	5	5	5	5	5	5	5	20
D 挡板	90	30	20	20	20	20	15	20	20	30	15	40
F 挡板	50	45	55	55	55	55	60	55	60	45	45	50
乏气挡板	50	50	50	50	50	50	50	50	50	50	50	50

表 5-57　　　　　　　　　基础工况锅炉与燃烧相关主要运行参数

项　目	单位	表盘参数	项　目	单位	表盘参数
机组功率	MW	612.7	炉膛出口氧量平均值	%	2.4
主蒸汽温度	℃	568.3	空气预热器出口氧量	%	4.02
主蒸汽压力	MPa	24.2	煤粉细度 R_{90}（6 台磨煤机）	%	5～7
主蒸汽流量	t/h	1810	飞灰含碳量	%	8.01
燃烧器投运情况		全部投入	大渣含碳量	%	15.2
排烟温度平均值	℃	135.1			

2. B挡板调整试验

B挡板调整各工况对比见表5-58。

表5-58　　　　　　　　　　　B挡板调整各工况对比

工况		B挡板开度	飞灰/%	大渣/%	备　注
第一组	T13	按表5-56	4.709	4.88	中部F挡板开至60%，后墙消旋杆下放3格，乏气全关，C挡板由10%开至25%
	T14	按表5-59	4.838	—	除B挡板外，其余同T13
第二组	T32	按表5-59	3.752	—	中部F挡板开大至60%，乏气全关，C挡板由10%开至25%，燃尽风总风门开度60%
	T33	全部45%	5.31	6.55	除B挡板外，其余同T32

表5-59　　　　　　　　　　　B挡板开度分布情况　　　　　　　　　　　(°)

燃烧器	C1	B1	A1	C2	B2	A2	F1	E1	D1	F2	E2	D2
B挡板	45	45	45	60	60	75	75	60	60	45	45	45
燃烧器	D3	E3	F3	D4	E4	F4	A3	B3	C3	A4	B4	C4
B挡板	45	45	45	60	60	75	75	60	60	45	45	45

试验数据分析：第1组将中部B挡板开度增大到75°和60°，无明显效果；第2组将B挡板全部关到45°后，飞灰含碳量有明显上升，建议B挡板按表5-59设置。

3. C挡板调整试验

C挡板调整各工况对比见表5-60。

表5-60　　　　　　　　　　　C挡板调整各工况对比

组别	工况	C挡板	飞灰/%	大渣/%	备　注
一	T0	表5-56	8.014	15.2	CO：465～6000μL/L，波动大
	T2	中部由5%开到15%	5.433	—	F挡板开至60%，其余同T0
	T3	中部开到20%	5.053	5.72	其余同T2
二	T13	C挡板开到25%	4.709	4.88	乏气全关
	T15	后墙中部40%，其余30%	4.828	—	燃烧不稳，炉压、O₂、CO波动增大，前墙下水冷壁壁温明显上升
	T16	前墙中部15%，其余20%	5.226	8.15	
	T17	前墙中部10%，后墙中部15%，A4、B4关小5%	5.406	8.63	
三	T19	中部20%	5.958	6.41	前墙左侧腰部F挡板65%，中间55%，CO达1053μL/L，燃烧不稳
	T20	后墙开到30%～45%，中部45%	5.576	5.91	CO：531～833/μL/L，波动大，燃烧不稳，后墙下水A2、E1、F1区域壁温从410℃升至430℃且变化速率大
	T21	后墙关到20%～25%，中部25%	5.781		

续表

组别	工况	C挡板	飞灰/%	大渣/%	备 注
四	T22	5%～10%	4.40	8.64	中部F挡板开度偏小（前墙：50%，后墙：45%），其余同T21
	T23	开度增加5%～10%	4.06	10.66	中部F挡板开度增加10%

试验数据分析：调整前C挡板开度过小，适当开大后，飞灰含碳量下降，但开度超过40%后有时又会出现CO波动大、飞灰含碳量上升（T15工况）的情况。可能和部分F风口堵塞后F风下倾引射作用减弱有关。此外前墙C挡板开大容易造成前墙下水冷壁壁温上升。因此建议前墙C挡板开度不宜超过20%。

4. F挡板调整试验

F挡板调整各工况见表5-61。

表5-61　　　　　　　　　　　F挡板调整各工况对比

组别	工况	F挡板	飞灰/%	大渣/%	备 注
一	T0	表5-56	8.014	15.2	
二	T1	边上40%，中部60%	5.14	11.85	据尾部O₂和CO调整
二	T22	中部偏小（前墙50%，后墙45%）	4.40	8.64	C挡板开度5%～10%
	T23	中部开大增加10%	4.06	10.66	C挡板同时开大5%～10%

试验数据分析：调整前实测炉宽中部位置氧量偏低、CO含量高，增加中部F挡板开度及C挡板开度后，CO含量急剧下降，飞灰含碳量下降。

5. 乏气挡板调整试验

乏气挡板调整各工况对比见表5-62。

表5-62　　　　　　　　　　　乏气挡板调整各工况对比

组别	工况	乏气	飞灰/%	大渣/%	备 注
一	T3	50%	5.053	5.72	中部F/C挡板开至60%/20%，角部D挡板关小
	T4	25%	4.925	5.15	除乏气挡板外，其余同T3
二	T11	25%	5.311	7.62	中部F/C挡板开至60%/20%、其余C关小，角部D关小，后墙消旋下放3格
	T12	全关	4.607	8.83	除乏气挡板外，其余同T11

试验数据分析：调整前乏气挡板开度50%，调整过程中分2次关闭，每次关闭均使飞灰含碳量降低，目前已调整至全关状态。

6. 消旋叶片调整试验

消旋叶片调整工况对比见表5-63。

试验数据分析：消旋叶片向下放后，飞灰及大渣含碳量均降低，尤其是大渣含碳量降低得比较明显。鉴于前墙下水冷壁温度较高，故前墙消旋叶片较后墙少下放了2格，目前后墙消旋叶片仅留1格，前墙消旋叶片留3格。

表 5-63 消旋叶片调整工况对比

组别	工况	消旋叶片定位销以上格数	飞灰含碳量/%	大渣含碳量/%
一	T9	5 格	4.96	—
	T10	后墙 2 格	5.158	—
二	T23	后墙 2 格，前墙 5 格	4.06	10.66
	T24	前墙 2 格	4.27	5.91
	T25	前墙 2 格	4.18	6.04
三	T30	2 格	3.56	4.22
	T31	5 格	3.89	5.76
	T32	5 格	3.75	—
四	T38	5 格	4.878	5.29
	T39	后墙 1 格，前墙 3 格	4.471	7.11

7. 燃烧器投入方式试验

燃烧器投入方式调整试验工况对比见表 5-64。

表 5-64 燃烧器投入方式调整试验工况对比

工况	燃烧器	飞灰含碳量/%	备　注
T5	全投	4.76	
T6	切 E4	4.44	
T7	投入 E4，切 D2、D3	4.45	下水冷壁壁温上升

试验数据分析：

（1）采用切火嘴的方法可以明显降低锅炉飞灰含碳量，T6 工况切除的是靠近炉宽中部的火嘴，切除后中部缺氧的问题可以得到明显改善，T7 工况切除的是最两侧的火嘴，切除后飞灰含碳量无明显变化，但可以抑制炉膛结渣的恶化。

（2）由于电厂并列运行的轴流式一次风机在一次风压较高时容易出现失速，同时试验期间煤质条件太差，切火嘴运行方式要求一次风压提高较大，否则会造成锅炉出力下降，因此试验未过多进行切火嘴运行调整。

（3）火嘴切除选择不当，会造成水冷壁超温。

8. 燃尽风挡板调整试验

燃尽风调整试验工况对比见表 5-65。

表 5-65 燃尽风调整试验工况对比

工况	燃尽风/%	飞灰/%	大渣/%	备　注
T29	100	4.431	7.33	喷氨量由 1547/1170m³/h 升至 1547/1378m³/h，SCR 后 NO_x 排放量基本维持在 27mg/m³ 左右
T30	60	3.560	4.22	

试验数据分析：500MW 负荷下燃尽风挡板由 100% 关到 60%，SCR 入口 NO_x 含量明显增加，喷氨量增加，但 NO_x 排放量能满足环保要求。此时飞灰、大渣含碳量明显降低。

建议电厂自行估算综合经济效益，以便决定在此负荷段燃尽风是否可以不全开。

9. 总风量（炉膛出口氧量）调整试验

总风量调整试验工况对比见表 5 - 66。

表 5 - 66　　　　　　　　　　　总风量调整试验工况对比

工况	总风量/(t/h)	飞灰含碳量/%	大渣含碳量/%	备　注
T34	1950	3.83	5.92	
T35	2010	—	—	炉膛负压波动大，锅炉燃烧不稳
T36	1870	4.058	7.65	

试验数据分析：500MW 负荷下，将总风量由 1950t/h 逐渐增加到 2010t/h，锅炉负压明显波动增大，工业电视画面有闪烁，遂中止该工况，将总风量由 2010t/h 逐步减少到 1870t/h，取样发现锅炉飞灰和大渣含碳量均有所增加。试验证明在 500MW 负荷下，燃用当前煤质锅炉送风量维持在 1950t/h 较为合适，过大会造成燃烧不稳，过低会造成经济性变差。如以后煤质好转，可适当增大送风量。

5.1.4.5　燃烧调整试验结果与调整前后效率试验

1. 工况调整优化结果

优化调整后燃烧系统设备设置情况见表 5 - 67。

表 5 - 67　　　　　　　　　　优化调整后燃烧系统设备设置情况

设备	设　置　情　况
F 挡板	中部开度 60%～70%，逐步减小到两侧开度 30% 左右（结焦区可适当开大）
C 挡板	后墙中部开 25%～35%，前墙中部 15%～20%，逐步减小到两侧 10%
B 挡板	中部 75°，逐步减小到两侧 45°
D 挡板	10%～20%
乏气	全关
消旋叶片	后墙 1 格在外，前墙 3 格在外，视煤质和下水冷壁壁温可适当向上提
磨分离器上挡板	27%，煤质发热量提高后可适当关小
总风量	580MW 时 2100～2200t/h，500MW 时 1950t/h 左右，煤质好转后可尝试增大

2. 燃烧调整试验的效果和调整前后效率试验

试验数据表明，调整试验效果明显。经过调整，锅炉飞灰、大渣含碳量均有明显下降，大渣带水量明显减少，炉内结焦状况无明显变化，锅炉效率有明显上升，但仍然未达到设计保证值（煤质较差且严重偏离设计值）。

（1）580MW 负荷下：锅炉飞灰含碳量由之前的 7.5% 左右降低到 5% 左右，最好时能达到 4.7%，最差时为 5.5%；大渣含碳量由之前的 12%～15% 降低到 6% 左右，最好时能达到 4.9%，最差时 8.6%。

（2）500MW 负荷下，锅炉飞灰含碳量最好时能达到 3.8%，最差时为 4.4%，大渣含碳量最好时能达到 3.9%，最差时 6%。

（3）在优化调整工况下，机组负荷 580MW 时（T13，燃烧器全投）锅炉效率达到

88.34%，机组负荷 500MW 时（T30）锅炉效率达到 89.06%，相对于基础工况（T0，锅炉效率 85.72%），锅炉效率均提高了 2 个百分点以上，详见表 5-68。

表 5-68　　　　　　　　　　　燃烧调整前后锅炉热效率试验结果对比

项　　目	单位	调整前	调整后	
工况号	—	T0	T13	T30
入炉煤收到基水分	%	8.62	8.10	8.59
入炉煤收到基灰分	%	38.83	41.89	39.56
入炉煤收到基低位发热量	kJ/kg	16775.0	15750.0	16295.0
入炉煤干燥无灰基挥发分	%	13.47	14.99	14.60
实际电负荷	MW	612.7	579	502.5
飞灰含碳量	%	8.01	4.71	3.56
炉渣含碳量	%	15.20	4.88	4.88
进风温度	℃	16.50	23.40	27.00
排烟温度	℃	135.00	141.35	141.00
空气预热器出口烟气含氧量	%	4.02	6.22	7.47
空气预热器出口烟气含 CO 量	μL/L	1525	20	16
排烟损失	%	5.40	6.41	6.82
可燃气体未完全燃烧热损失	%	0.61	0.00	0.00
固体未完全燃烧热损失	%	7.52	4.45	3.14
散热损失	%	0.36	0.38	0.44
灰渣物理热损失	%	0.40	0.42	0.38
锅炉效率	%	85.72	88.34	89.22

5.1.4.6　小结

从设计参数的比较上看（表 5-33），相对于 600MW 亚临界 W 火焰锅炉，FW 型 600MW 超临界 W 火焰锅炉虽然在总的炉膛容积热负荷上与亚临界的 DG2028/17.45-Ⅱ3 型锅炉基本一样，但却采用了较小的下炉膛（下炉膛容积热负荷明显增加），也许是出于需要在上炉膛布置燃尽风的考虑（燃尽高度大幅度增加了）。相应地，燃烧器数量减少、单个出力增大了，拱下 F 风也设计了较大的下倾角度（下倾角度不可调）。但从上述燃烧调整试验结果看，超临界锅炉的燃烧稳定性、对开大拱上 C 风的耐受性似乎有所减弱（虽然入炉煤的挥发分明显高一些）。这提示我们，继续遵循 W 火焰锅炉燃烧、传热相对分离，靠下炉膛解决大部分燃烧问题的思路和原则，在燃尽风和分级燃烧的设计上也尽量考虑在下炉膛想办法，也许是个合理的选项。

试验表明，在燃料灰分显著增加、发热量下降严重时，W 火焰锅炉经济性也下降严重。这也是设计上需要考虑的问题。传统观点认为，主要应该靠增加炉膛宽度来适应煤质的变化。同时加大燃烧器与侧墙的距离也是减少侧墙、翼墙结渣的重要手段。同时，需要重视的是，超临界 W 火焰锅炉在强调火焰下冲的同时必须考虑水动力的安全性，在提高燃烧稳定性和经济性的同时必须兼顾水冷壁壁温情况，严防超温和壁温差超限。

因此，综合上述几个方面的需求，按照贵州电力科学研究院的设计思路，将拱下 F 风设计成下倾角可调的形式，用来适应煤质和工况的变化，也是非常合理和必要的。

5.2　B&W 型 W 火焰锅炉的燃烧调整

5.2.1　背景与存在的问题

B&WB-1025/17.4-M 型锅炉是北京巴威公司引进 B&W 技术制造生产的亚临界 W 火焰锅炉（详见第 1 章）。某厂该型锅炉自投入运行以来，一直存在高负荷燃烧经济性差、锅炉效率低等问题。应电厂要求，贵州电力科学研究院开展了该型 W 火焰锅炉的燃烧调整试验研究，找到了影响锅炉稳燃和燃尽的关键因素，大幅度提高了锅炉效率。

5.2.2　数值模拟与调整方案的研究

为了使燃烧调整试验更有针对性、提高调整工作效率，事先进行了大量的计算机数值模拟计算研究工作，对各种可能的工况进行了模拟计算和分析（图 5-26）。通过计算研究发现，双调风旋流燃烧器的内二次风对锅炉的稳燃燃尽有重大影响，在将内二次风全关后，燃烧器出口煤粉气流着火情况有了非常明显的改善，但是煤粉火焰的下冲有所减弱。在此基础上，将外二次风旋流叶片角度由设计值 60°调到 65°以后（旋流强度减弱），煤粉火焰的下冲有了明显改善，同时燃烧器出口煤粉气流着火仍然比较及时，与此前并没有明显改变。分析燃烧调整的方向和指导原则，主要是通过关小内二次风来保证着火和稳燃，同时调整二次风旋流强度来保证煤粉火焰的下冲和燃尽。

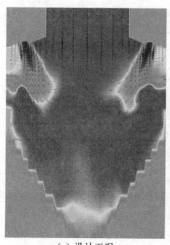 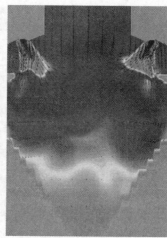 

　　　（a）设计工况　　　　　　　　（b）关闭内二次风　　　　　　（c）减弱外二次风旋转

图 5-26　燃烧调整工况的模拟计算结果

5.2.3　热态燃烧调整试验与燃烧特性分析

在既定的调整原则指导下，共进行了 12 个工况的热态燃烧调整试验，各工况燃烧器设置和主要试验结果见表 5-69（调整前工况燃烧器挡板设置比较混乱，开度平均值和工况 1 大致相当，飞灰含碳量在 10% 以上，锅炉效率为 87.27%）。其中内外二次风叶片角度是指旋流叶片与风管切向的夹角（即角度越大旋流强度越小）；而调风盘开度范围为 0~200mm，200mm 时内二次比例最小。

表 5-69 各工况燃烧器设置和主要试验结果

工况	内二次风叶片角度/(°)	外二次风叶片角度/(°)	调风盘开度/mm	收到基发热量/(kJ/kg)	干燥无灰基挥发分/%	飞灰含碳量/%	炉渣含碳量/%	锅炉效率/%
T1	40	65	150	20210	11.90	9.58	9.06	87.65
T2	30	65	150	18720	12.58	9.75	15.65	85.52
T3	50	65	150	20330	11.35	9.24	16.53	86.84
T4	40	65	180	19170	13.11	7.49	14.53	87.45
T5	40	注1	180	19980	10.9	8.39	14.53	87.76
T6	40	注2	180	20210	13.18	5.74	5.06	89.71
T7	40	65	180	19710	12.5	7.24	8.76	88.51
T8	30	注3	180	20390	12.87	6.59	4.74	89.38
T9	50	注3	180	18690	13.38	7.99	7.74	87.6
T10	40	注3	200	21890	13.82	5.95	6.32	90.62
T11	30	注3	200	20110	12.4	6.17	8.47	89.59
T12	20	注3	200	18020	14.6	6.5	7.5	88.15

注 1. 前墙中间 4 个燃烧器 55°，其余 45°；后墙 65°。

　　2. 前墙 55°；后墙 65°。

　　3. 前墙左侧 65°，右侧 55°；后墙 65°。

1. 内外二次风风量比例的影响

通过试验发现，内外二次风风量的比例对锅炉燃烧有重要影响。根据表 5-69 试验结果，通过线性回归分析的方法对锅炉效率和飞灰含碳量与调风盘开度的关系进行了分析（图 5-27）。发现随着内二次风比例的减小，飞灰含碳量呈显著直线下降趋势（$R^2 = 0.7826$，呈很强的相关性）、锅炉效率呈显著直线上升趋势（相关性系数 $R^2 = 0.544$，呈强相关性）。调风盘开度由 150mm 调到 200mm 时，飞灰含碳量下降约 3.5 个百分点、锅炉效率平均提高约 2.8 个百分点。

2. 内二次风叶片角度的影响

采用同样的方法对锅炉效率和飞灰含碳量与内二次风旋流叶片角度的关系进行分析，结果如图 5-28 所示。由图 5-28 可见，试验数据的离散性较大、相关性不强（相关性系数 R^2 仅 0.1 左右），说明内二次风风叶片角度的变化对锅炉效率和飞灰含碳量的影响不明显，受其他干扰因素的影响较大。为了尽量排除其他干扰因素的影响（煤质变化带来的干扰仍无法避免），特地分别对调风盘 150mm 和 200mm（外二次风叶片调整方式不变）时锅炉效率和飞灰含碳量与内二次风风叶片角度的关系进行了分析，如图 5-29 和图 5-30 所示。

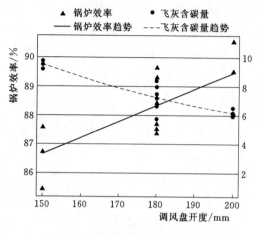

图 5-27　锅炉效率和飞灰含碳量与
调风盘开度的关系

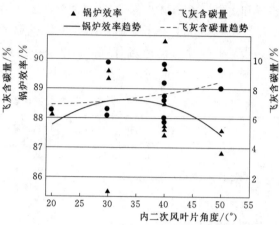

图 5-28　锅炉效率和飞灰含碳量与
内二次风叶片角度的关系

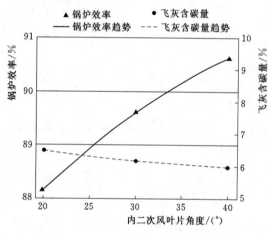

图 5-29　锅炉效率和飞灰含碳量与
内二次风叶片角度的关系（调风盘开度 200mm）

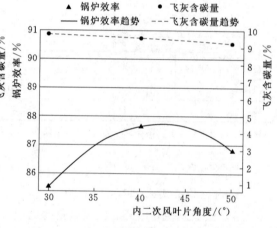

图 5-30　锅炉效率和飞灰含碳量与内二次
风叶片角度的关系（调风盘开度 150mm）

图 5-29 和图 5-30 显示，飞灰含碳量变化很小，但受煤质变化的影响，锅炉效率变化较大。图 5-30 中，虽然在由于内二次风风叶片角度 50°时飞灰含碳量最低，但此时炉渣含碳量较高，因而锅炉效率较低。

由图 5-29 和图 5-30 可见，锅炉效率大约在内二次风风叶片角度 40°时达到最大值、但内二次风风叶片角度越大，飞灰含碳量越低。

3. 外二次风叶片角度的影响

煤粉燃尽需要的空气主要由外二次风提供，外二次风的旋流强度（由外二次风旋流叶片角度控制）对煤粉火焰的行程、稳燃和燃尽都有重要影响，特别是在内二次风量较小时更是如此。随着内二次风量的减小，虽然着火情况明显改善，但火焰的下冲行程也明显减弱，此时就需要减小外二次风的旋流强度来增强煤粉火焰的下冲能力。根据经验和数值模拟计算，在内二次风量较小时，外二次风旋流叶片角度在 65°左右比较合适（在 70°时对稳燃影响较大），因此热态燃烧调整时也是在此基础上进行的。并且为了避免其他因素的干扰，在进行外二次风旋流叶片角度调整时，调风盘都保持在180mm，内二次风旋流叶片角度基本都保持在40°。因为所有外二次风旋流叶片角度在65°时，从下炉膛温度测试情况看，后墙燃烧明显好于前墙，因此主要根据下炉膛温度分布情况对前墙二次风旋流叶片角度进行了调整，而后墙外二次风旋流叶片角度一直保持在65°（炉膛温度变化情况见表5-70）。

表5-70　　　　　　外二次风旋流叶片角度调整对下炉膛温度分布的影响　　　　单位：℃

工况	看火孔	左 侧 墙			右 侧 墙		
		炉后	中央	炉前	炉前	中央	炉后
T4	第三层	1559/1399	1382/1291	1007/948	699/642	1623/1483	1424/1277
	第二层	1509/1392	1384/1260	1231/1162	1080/733	1154/888	1336/1162
	第一层	1316/1239		1001/979	1093/1032		1138/1114
T5	第三层	1457/1296	1544/1424	1232/1064	1354/1145	1388/1204	1489/1404
	第二层	1491/1351	1342/1278	1369/1247	1164/1011	1370/1244	1438/1318
	第一层	1192/1143		1028/974	1044/1014		1223/1202
T6	第三层	1486/1380	1578/1482	1139/1003	1419/1291	1580/1495	1502/1372
	第二层	1378/1275	1349/1224	1294/1166	1325/1250	1419/1309	1351/1232
	第一层	1153/1120		1044/953	1032/1000		1114/1089
T8	第三层	1561/1454	1537/1454	1244/1158	1523/1431	1513/1403	1379/1249
	第二层	1448/1381	1386/1327	1309/1278	1381/1290	1351/1305	1453/1352
	第一层	1257/1227		1077/1056	1124/1295		1186/1168

注　各工况前墙外二次风旋流叶片调整方式见表5-69，看火孔具体位置见第1章设备介绍。

由表5-70可见，在前墙外二次风旋流叶片角度全部为65°时前后墙温度偏差很大，前墙温度很低，由表5-69可知，此时锅炉效率也较低。在前墙外二次风旋流叶片角度采用中间大两边小的方式（工况T5）进行调整时，虽然前墙炉膛温度明显改善，但锅炉效率却基本没有提高，飞灰含碳量反而有所升高，说明这种方式并不成功，可能和火焰下冲能力降低较多有关（模拟计算发现，就算旋流强度一样，边上燃烧器火焰下冲能力都明显比中间燃烧器弱）。当前墙外二次风旋流叶片角度全部为55°（T6）和采用左侧角度大右侧角度小的方式进行调整（T8）时，下炉膛温度分别进一步改善，并且锅炉效率都比较高。

对锅炉效率和飞灰含碳量与前墙外二次风旋流叶片角度平均值的关系进行线性回归分析的结果如图5-31所示（说明：①对于有圆圈圈起来的数据点的外二次风旋流叶片角度为：中间4个燃烧器55°、其余45°、平均50°；②对于有方框框起来的数据点的外二次风旋流叶片角度为：左侧65°，右侧55°，平均60°）。其中图5-31（a）中包含了所有调风盘180mm时（T4-T9）的试验数据，而T9工况由于燃煤发热量明显偏低，对分析结果造成一定干扰，因此图5-31（a）中飞灰含碳量和锅炉效率对于前墙外二次风旋流叶片角度平均值的相关性不是很高（相关性系数分别为$R^2=0.403$和$R^2=0.3213$），但在排除工况 9 数据后则表现出很强的相关性，飞灰含碳量和锅炉效率对于前墙外二次风旋流叶片角度平均值的相关性系数 R^2 分别达到 0.8239 和 0.8354，如图 5－31（b）所示。

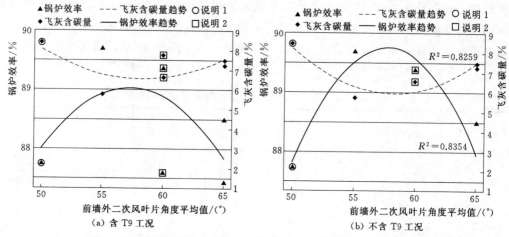

（a）含 T9 工况　　　　　　　（b）不含 T9 工况

图 5－31　锅炉效率和飞灰含碳量与前墙外二次风叶片角度的关系

由图 5－31 可见，前墙外二次风叶片角度平均值为 55°～60°时飞灰含碳量最低、锅炉效率最高。

4. 煤质的影响

在燃烧调整试验过程中，煤质的变化较大，对试验结果造成了较大影响，甚至有时影响试验的正常进行。而 B&WB－1025/17.4－M 型 W 火焰锅炉也表现出对煤质变化较高的敏感性。煤质变化主要表现在发热量和挥发分两个方面，其中发热量的变化更为明显。在完成测试的 12 个工况的调整试验中，收到基低位发热量的变化位于 18000～22000kJ/kg，干燥无灰基挥发分的变化位于 10.9%～14.6%。

为了解煤质变化对锅炉燃烧的影响程度，特利用线性回归分析的方法对试验数据进行了分析。分析结果如图 5－32 所示。其中图 5－32（a）为收到基低位发热量对锅炉效率和飞灰含碳量的影响，图 5－32（b）为干燥无灰基挥发分对锅炉效率和飞灰含碳量的影响。

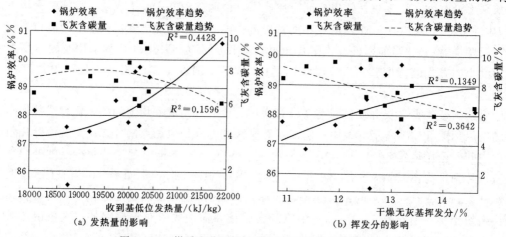

（a）发热量的影响　　　　　　　（b）挥发分的影响

图 5－32　煤质变化对锅炉效率和飞灰含碳量的影响

总体上看，发热量的影响要大于挥发分的影响。其中发热量变化对锅炉效率的影响较为显著（相关性系数 $R^2 = 0.4428$），随着燃煤发热量的降低（灰分升高），锅炉效率呈明显下降趋势，而发热量变化对飞灰含碳量的影响规律性不强（相关性系数 $R^2 = 0.1596$），随着燃煤发热量的升高，飞灰含碳量大致呈下降趋势。相比较而言，挥发分对飞灰含碳量的影响较为明显（相关性系数 $R^2 = 0.3642$），而对锅炉效率影响则不明显（相关性系数 $R^2 = 0.1349$），随着挥发分的升高，锅炉效率随之提高，而飞灰含碳量也大致呈下降趋势。

5.2.4   小结

综上所述，通过燃烧调整，大幅度提高了 B&WB-1025/17.4-M 型 W 火焰锅炉的效率（锅炉效率提高 3 个百分点左右），并且通过对试验结果的分析和研究得到如下结论：

（1）内二次风量的大小对锅炉燃烧有显著影响，较小的内二次风量对锅炉稳燃和燃尽都十分有利，但同时需要较小的外二次风旋流强度来保证煤粉的燃尽。

（2）在较小的内二次风量下，内二次风旋流强度对锅炉燃烧影响不大，锅炉效率和飞灰含碳量测试结果与内二次风旋流叶片角度的相关性不强，但仍可大致看出，内二次风旋流叶片角度控制 40°左右比较合适。

（3）外二次风旋流强度的大小对锅炉稳燃和燃尽都有重要影响。外二次风旋流叶片角度控制在 55°~65°比较合适，角度过小（旋流强度大）对燃尽不利，而角度过大则对稳燃不利。在实际的燃烧调整工作中，还需要根据炉膛温度分布情况对各燃烧器外二次风旋流叶片角度进行细调，一般炉膛温度较低的一侧外二次风旋流叶片角度应小一些。此外，考虑到炉膛两侧靠边上的燃烧器下冲能力相对较弱，同时稳燃条件也较差，因此外二次风旋流叶片角度的调整不宜采用中部燃烧器角度大、边上燃烧器角度小的方式。角度均等或边上燃烧器角度略大的调整方式效果会比较好。

（4）锅炉燃烧对煤质变化比较敏感，特别是燃煤收到基低位发热量降到 18000kJ/kg 以下时，锅炉燃烧显著恶化。在燃煤收到基低位发热量 18000kJ/kg 以上时，燃煤发热量的变化对锅炉效率影响较显著，但对飞灰含碳量影响不明显；而燃煤干燥无灰基挥发分对飞灰含碳量地影响较明显，但对锅炉效率的影响不明显。

5.3   MBEL 型 W 火焰锅炉燃烧系统改造与调整

5.3.1   HG1025/17.3-WM18 型 W 火焰锅炉燃烧系统改造

5.3.1.1   背景与存在的问题

贵州 MBEL 型 300MW 等级 W 火焰锅炉均为哈尔滨锅炉厂引进英巴（MBEL）技术生产的 HG1025/17.3-WM18 型缝隙式燃烧器 W 火焰锅炉（设备介绍参见本书第 1 章）。贵州某厂 4 台 HG1025/17.3-WM18 型 W 火焰锅炉，从机组整套试运开始就表现出燃烧稳定性和经济性差的问题，锅炉对煤质适应性差，熄火次数频繁。后来随着锅炉入炉煤煤质严重下降，制粉系统严重超出力，问题也就更加严重，并且还出现了侧墙、翼墙结渣严重的问题。为此贵州电力科学研究院与电厂合作，开展了该厂型 HG1025/17.3 - WM18 锅炉燃烧系统的改造和优化调整（设计燃用煤质见表 5 - 71）。

表 5 - 71　　　　　　　　　　　　　设 计 燃 用 煤 质

项　目	符号	单位	设计煤种	校核煤种
收到基碳	C_{ar}	%	63.14	58.08
收到基氢	H_{ar}	%	2.36	2.01
收到基氧	O_{ar}	%	1.36	1.06
收到基氮	N_{ar}	%	0.86	0.37
收到基硫	S_{ar}	%	0.62	0.62
收到基灰分	A_{ar}	%	23.66	27.5
全水分	M_t	%	8	10
空干基水分	M_{ad}	%	1.95	2.25
干燥无灰基挥发分	V_{daf}	%	8.05	7.1
收到基低位发热量	$Q_{net,ar}$	kJ/kg	23354	21302
可磨性系数	HGI		60	60
变形温度	DT	℃	1190	1120
软化温度	ST	℃	1400	1300
熔融温度	FT	℃	>1500	1410

5.3.1.2　改造方案研究

　　MBEL 型的 W 火焰锅炉燃烧系统有其鲜明的特点，与 FW 型的 W 火焰锅炉是截然不同的。MBEL 型的 W 火焰锅炉拥有一个相对巨大的下炉膛。它的下炉膛又高又深，截面接近正方形，下炉膛容积热负荷是几种类型 W 火焰锅炉中最低的，这些特征都有利于一次风火焰下冲和延迟煤粉停留时间。然而它的燃尽高度也是最低的，因此一旦下炉膛的燃烧不能正常进行，造成的影响也是最大的。

　　和其巨大的下炉膛相适应，MBEL 型的 W 火焰锅炉特别强调一次风火焰的下冲能力。它的燃烧器数量少、单个燃烧器出力大。同样 300MW 等级的锅炉，FW 型的 W 火焰锅炉有 24 个燃烧器、48 个一次风喷口（加上乏气，一共有 96 个含粉喷口）均匀布置在拱上，而 HG1025/17.3 - WM18 型锅炉只有 16 只燃烧器，并且每两个燃烧器的 4 个喷口集中布置在一起，相当于就是一个大的燃烧器，HG1025/17.3 - WM18 型锅炉就只有 8 个这样的"大燃烧器"，每个大燃烧器之间距离也较远。

　　考虑到低挥发分煤稳燃的要求，MBEL 型的 W 火焰锅炉燃烧器的一次风风速也是很低的，就算一次风喷口布置得很集中也不能满足下冲的要求。因此和 FW 型的 W 火焰锅炉绝大部分二次风从拱下送入不同，MBEL 型的 W 火焰锅炉大部分二次风是从拱上燃烧器喷入的，其燃烧器一二次风喷口都是狭长的缝隙式喷口，并且每两个二次风喷口夹一个二次风喷口，之间距离很近，对一次风火焰有很强的携带下冲作用。

　　强大的拱上下冲射流能带来充分热烟气回流，从而保证着火、稳燃，而缝隙式的喷口设计也是为了更好地卷吸热烟气。但问题是，如果一二次风混合的时机不当，例如二次风在一次风充分着火前就混入，就会显著增大煤粉气流的着火热，同时也不利于着火锋面的稳定，从而极大地影响着火稳燃，相应地，良好稳定的着火，燃尽也就无从谈起，就是停留时间再长也无济于事。

通过分析，HG1025/17.3-WM18 型 W 火焰锅炉的主要问题就在于，对于它燃用的煤质来说，它的燃烧器一二次风喷口之间距离太近、混合太早。因此，合理的方案应该是对一二次喷口进行重新规划布置。但改造工期有限，同时也为了稳妥起见，因而采取了如下折中方案。

1. 对调空气喷口和部分二次风喷口

将乏气喷口和部分二次风喷口对调，使煤粉相对集中而二次风相对后移，在改善着火的同时加强对炉墙的保护。

从磨煤机出来的煤粉，经过旋风分离器后，分成浓淡两股煤粉气流，风量各占 50%。浓相含 90% 左右的煤粉，进入一次风喷口燃烧；另外含 10% 煤粉的单相（乏气）进入乏气喷口燃烧。原乏气风喷口布置于靠前后墙侧，一二次风采用"二—二二—二"的相间布置方式，一二次风相距较近，使一二次风过早混合，降低了煤粉浓度，使煤粉着火困难。解决的思路是使煤粉燃料在向火侧形成相对集中布置，使煤粉在高温条件下有较高的煤粉浓度，减小着火热，达到煤粉燃烧稳定的目的。因此，将乏气风调整到靠炉膛中心侧的二次风处，如图 5-33 所示，数值模拟计算结果如图 5-34 所示。

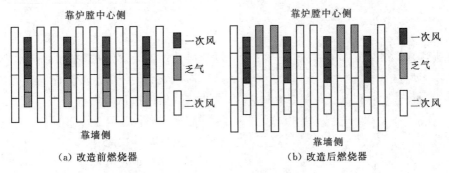

图 5-33 燃烧器改造前后喷口的变化

乏气风布置于靠炉膛中心侧的二次风处有以下优点：

（1）煤粉燃料在向火侧形成相对集中布置。煤粉燃料在向火侧形成相对集中布置主要通过两方面进行：一方面减少部分向火侧的二次风；另一方面在原向火侧二次风处布置乏气风，位于两条一次风之间，使向火侧煤粉浓度进一步得到增加。减少部分向火侧的二次风，使一次风和二次风不至于过早混合，煤粉整体向高温区移动，直接接受高温烟气辐射热量，有利于煤粉快速着火燃烧。

（2）在前后墙形成贴壁风。原乏气位置布置二次风，使二次风整体向前后墙侧移动，保证靠墙侧的烟气氧化性气氛，防止前后墙结渣。

（3）保证燃烧气流的下冲能力。二次风整体向前后墙集中布置，保证二次风有足够的刚性，带动煤粉气流下冲，同时卷吸高温回流烟气，使煤粉快速着火燃烧。

2. 三次风加装下倾小风道

三次风布置于拱下，通过两根水冷壁管之间的间隙形成喷口通道。三次风主要是对燃

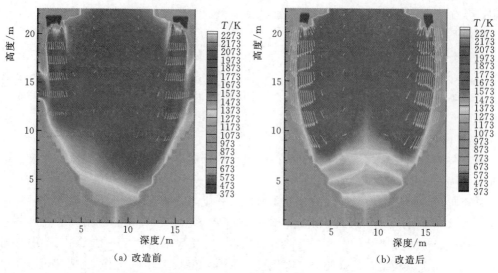

（a）改造前　　　　　　　　　　（b）改造后

图 5 - 34　燃烧器改造前后数值模拟计算结果对比图

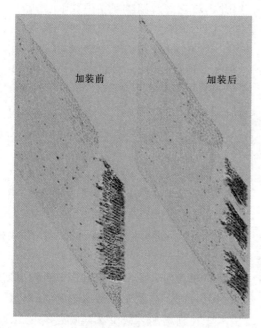

图 5 - 35　加装小风道前后三次风出口下倾角度数值模拟计算结果

烧进行后期补风，实现煤粉的分级燃烧。三次风过早与主煤粉气流混合，将对主燃烧气流起干扰作用，导致冷态下前后墙流场的不对称，使燃烧偏差增大。三次风应以一定角度下倾，以保证燃烧的稳定性和经济性。原来三次风室设计为 55°下倾结构，通过现场试验和数值模拟试验发现，由于三次风喷口宽度比三次风风室宽度要小得多，经过水冷壁管绕流后，三次风在水平方向速度有一个加速作用，而垂直方向速度基本不变，导致三次风喷口出口实际倾角基本呈水平方向。为获得下倾的三次风，必须使三次风在入口和出口保持相同的流通截面积，才能实现三次风按规定的方向流动。采取的办法是对每个喷口加装与风箱倾角一致的小风道。加装小风道后，三次风在小风道的作用下，保持了喷口处三次风倾角与风箱倾角一致。原理如图 5 - 13 所示，计算机模拟效果如图 5 - 35 所示，三次风室结构示意图如图 5 - 36 所示。

3. 增设防焦风

为减轻翼墙和侧墙结焦，通过在水冷壁鳍片上开细缝、通入二次风作为防焦风，以改善翼墙还原性气氛，达到防止翼墙结渣的目的。防焦风包含整个翼墙易结渣部位。防焦风通过在炉外加装单独的防焦风箱来实现，防焦风设置可调的风门挡板，根据实际结渣情况，以控制防焦风量的大小。防焦风量设计按 5%总风量考虑。增设防焦风后，翼墙附近温度有较

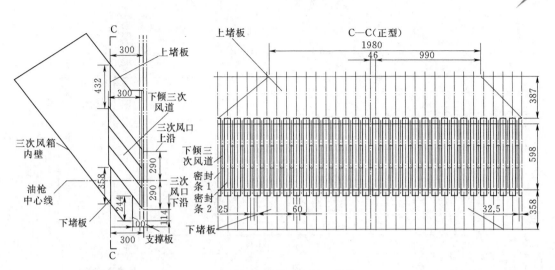

图 5-36 三次风室结构示意图（单位：mm）

明显降低，这对减轻翼墙结焦很有帮助。同时炉膛整体温度水平没有明显降低，因而对稳燃、燃尽不会有明显影响。翼墙开缝和防焦风箱结构示意图如图 5-37 和图 5-38 所示。

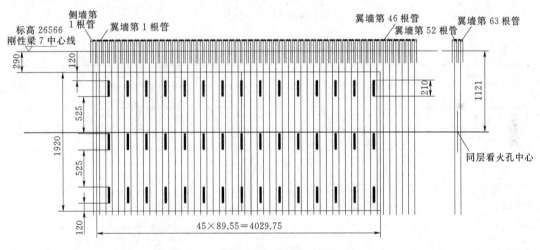

图 5-37 翼墙开缝示意图（单位：mm）

5.3.1.3 燃烧系统改造后的优化调整

1. 第一阶段燃烧调整

第一阶段调整，拱上二次风和拱下三次风挡板开度见表 5-72 和表 5-73，翼墙防焦风下层开度 100%，上层 3 号角 100%、其余 50%。

在上述挡板设置下，根据炉膛出口氧量情况，逐渐增加二次风（送风）风量，维持炉膛出口氧量在 3%～4%，观察燃烧稳定性和经济性，结果如下：

（1）锅炉燃烧稳定性。基本工况下锅炉燃烧稳定，机组滑停期间可降负荷至 60MW 不投油，机组启动升负荷至 150MW 时能很稳定地断油，断油后至 300MW 负荷期间锅炉炉膛压力总体波动幅度较修前小约 100Pa。

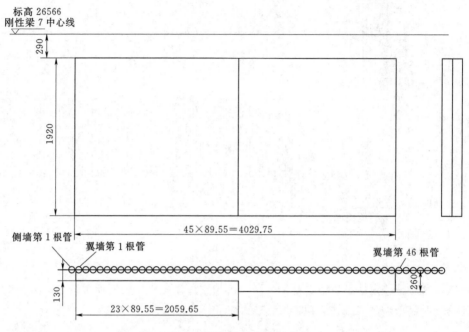

图 5-38　防焦风箱结构三视图（单位：mm）

表 5-72		二次风挡板开度					%
风门编号	A1	A2	D1	D2	D3	D4	A3	A4
开度	43		57		55		43	
风门编号	B1	B2	C1	C2	C3	C4	B3	B4
开度	44		62		46		43	

表 5-73		三次风挡板开度					%
风门编号	A1	A2	D1	D2	D3	D4	A3	A4
开度	70		55		55		71	
风门编号	B1	B2	C1	C2	C3	C4	B3	B4
开度	72		44		72		70	

（2）锅炉燃烧经济性。经过初步调整后，机组 300MW 负荷下锅炉飞灰含碳量为 7.3%（电除尘灰样化验结果），较修前降低 1.2%，大渣含碳量 9.3%，较修前降低 1.53%。机组 290MW 负荷下锅炉飞灰含碳量为 6.3%（电除尘灰样化验结果），较修前降低 2.2%，大渣含碳量 10.3%，较修前降低 0.53%。机组 280MW 负荷下锅炉飞灰含碳量为 7.8%（电除尘灰样化验结果），大渣含碳量 8.5%。以上情况说明锅炉燃烧经济性较修前有一定程度的提高。

（3）锅炉结焦情况。260MW 负荷后，观察锅炉冷灰斗下部，发现 A、B 侧两端有熔融状焦块从上部流下，开大三次风门至 70%～75%，并将翼墙防焦风下层开至 100% 后，此现象消除。目前机组 300MW 负荷下冷灰斗处一直未再出现熔融状焦块流淌，从各个看火孔处也未观察到炉内有大的焦块。但由于锅炉看火孔很少，能观察到的区域有限，且机组带高负荷运行的时间还不长，还需要机组带高负荷运行和进一步的燃烧调整后方能有准确的结论。

（4）受热面超温情况。机组启动升负荷期间在 190MW 负荷时投运 A 磨煤机时曾出现高过、高再部分壁温超温情况，经调整二次风后此现象消除，目前机组带 300MW 负荷各受热面壁温正常，减温水尚有很大余量。因为此次燃烧系统改造将乏气风位置进行了移动，乏气需要较大的二次风量才能引射下冲，故火嘴投运后需立即开大对应二次风门，否则易造成乏气上漂短路，炉膛出口温度上升较快致使受热面超温。

（5）烟温情况。目前锅炉三次风量较修前明显增大，锅炉总体氧量控制在 3.3%～4.0%（实测值），较修前略高，且由于乏气风位置改后靠近炉膛中心，故锅炉烟温较修前有所提高，排烟温度比修前高 5℃左右。经调整，已经消除了炉内偏烧情况。现炉膛温度分布较均匀，整体炉膛温度较高。

第一阶段发现的一些机组设备问题如下：①煤粉偏粗，B、C 磨煤粉细度 R_{90} 经常超过 10%，建议增加 B、C 磨钢球装载量；②引风机电机轴承温度偏高，制约了锅炉出力和风量调整，机组带 300MW 负荷 3～4h 后轴承温度就已升高至接近保护跳闸值，随之机组必须降负荷运行；③炉膛出口氧量表盘显示值不准确，与就地实测值偏差较大（A 侧 DCS 显示为 2.2% 左右时，实测 4%，B 侧 DCS 显示为 2.0% 左右时，实测 3.3%）；④部分乏气手动门调节螺杆与闸板门的连接螺丝脱落，手动门无法调节，且所有的乏气手动门调节螺杆均未上油，锈蚀严重；⑤脱硫系统出力不足，影响机组带负荷。

2. 第二阶段燃烧调整内容

针对燃烧调整第一阶段发现的问题，电厂进行了相应的处理。在第一阶段燃烧调整结束后锅炉运行的一段时间，发现炉内有垮大焦情况（主要是两边侧墙和翼墙），为此，在燃烧调整第二阶段，对二次风配风方式做了重新调整。同时第二阶段磨煤机分离器经过清理，煤粉细度恢复正常，为燃烧调整提供了必要的安全保障。为了减少结焦的危险性，在锅炉燃烧稳定的情况下，第二阶段调整二次风配风方式为两边大、中间小，配煤方式为两边小、中间大，同时尽量维持炉膛高氧量运行。在第二阶段燃烧调整过程中，主要摸索了乏气缩孔、乏气手动门和三次风挡板开度对燃烧的影响。各调整工况情况一览参见表 5-74。

经过调整，在关部分乏气缩孔、三次风开度 100% 时效率达到了 90.72%（T5 工况），第二阶段对各工况炉膛温度及氧量分布进行了测量。

表 5-74　　　　　　　　　　　第二阶段燃烧调整工况

工况	工况说明	负荷/MW	飞灰/%	大渣/%	$Q_{net,ar}$/(MJ/kg)	备注
T1	原始工况 1	270	4.35	2.41	17.85	三次风 60%
T2	原始工况 2	290	5.25	3.99	19.26	三次风 60%
T3	关乏气缩孔 1	270	5.15	3.99	18.28	
T4	关乏气缩孔 2	300	4.78	2.86	18.28	
T5	三次风 100%	300	5.80	4.59	19.45	
T6	关乏气手动门 1	300	7.53	6.17	19.56	

续表

工况	工况说明	负荷/MW	飞灰/%	大渣/%	$Q_{net,ar}$/(MJ/kg)	备注
T7	关乏气手动门 2，高氧量	300	6.48	5.52	19.56	
T8	关乏气手动门 3，三次风 60%	300	7.69	6.54	19.56	
T9	三次风 100%，开乏气手动门，开乏气缩孔，高氧量，平行工况 1	300	5.51	4.07	18.75	效率工况
T10	三次风 100%，开乏气手动门，开乏气缩孔，高氧量，平行工况 2	300	5.93	4.12	19.84	效率工况
T11	三次风 100%，开乏气手动门，关乏气缩孔，高氧量	300	4.56	3.82	18.36	效率工况

第二阶段各工况炉膛温度见表 5-75。

表 5-75　　　　　　　第二阶段各工况炉膛温度　　　　　　单位：℃

	T1						T2				
	A			B			A			B	
前	1216~1366	1070~1344	后	1180~1356	998~1261	前 前	1148~1328	1049~1337	后	1093~1351	858~1313	前
	1212~1321	1162~1386		1254~1384	1162~1386		1146~1339	1117~1418		1261~1443	733~1169	

	T3						T4				
	A			B			A			B	
前	1193~1363	1041~1224	后	1098~1258	1098~1275	前 前	1183~1398	1015~1262	后	1015~1262	1052~1264	前
	1161~1248	1258~1471		1072~1280	1058~1217		1231~1383	1069~1443		866~1402	848~1330	

	T5						T6				
	A			B			A			B	
前	1106~1338	1168~1357	后	1120~1341	1044~1196	前 前	1113~1369	1047~1242	后	1064~1220	1178~1335	前
	1100~1377	1037~1406		1156~1442	917~1272		1231~1383	1069~1443		1062~1281	1154~1354	

	T7						T8				
	A			B			A			B	
前	1257~1404	1032~1236	后	1106~1302	1105~1261	前 前	1224~1367	1031~1272	后	1043~1351	1106~1306	前
	1221~1417	996~1324		1136~1410	1022~1327		1233~1393	976~1280		1044~1309	1043~1297	

	T9						T10				
	A			B			A			B	
前	1207~1362	1067~1271	后	1139~1351	924~1202	前 前	1319~1439	1128~1393	后	1048~1241	1115~1378	前
	1239~1448	1153~1373		1139~1391	1021~1252		1244~1441	1170~1352		1106~1335	1137~1427	

	T11					
	A			B		
前	1069~1396	1009~1242	后	974~1288	988~1282	前
	1243~1361	1057~1467		1111~1368	1025~1343	

可看出，在第二阶段燃烧调整过程中，飞灰含碳量和大渣含碳量都有大幅度下降，炉膛温度分布较均匀，最高值基本维持为 1300～1500℃。

第二阶段主要调整情况如下：

（1）拱上二次风分配的调整。在保证锅炉燃烧稳定性的情况下，根据炉内氧量发布，调节二次风挡板开度，同时通过开大边上二次风挡板，保证炉膛两侧的氧量充分，控制炉膛两侧结渣。拱上二次风箱压力一般维持在 0.7～0.8kPa。燃烧调整时发现，在同样的二次风挡板开度下，A 侧氧量比 B 侧氧量要高，实际运行时，维持 B 侧边二次风挡板开度比 A 侧大 5%，实际测量结果显示，空气预热器入口平均氧量 A 侧比 B 侧高 0.5%～0.7%。二次风挡板按表 5-76 的开度运行。

表 5-76　　　　　　　　　　　第二阶段二次风挡板开度　　　　　　　　　　　%

风门编号	A1	A2	D1	D2	D3	D4	A3	A4
开　度	50		45		46		56	
风门编号	B1	B2	C1	C2	C3	C4	B3	B4
开　度	50		45		45		55	

（2）拱下三次风的调整。通过拱下三次风挡板开度的大小，调整拱下三次风风量，观察锅炉燃烧稳定性。三次风开度的大小对燃烧稳定性有较大的影响。实际燃烧调整过程中，当三次风开度从 60% 关至 40% 时，炉内燃烧明显恶化，炉膛负压波动加大，最高达608Pa。开大三次风后，炉膛负压波动明显减小。原因在于，减小三次风，二次风相应增加，造成煤粉着火距离加长，使燃烧不稳。而适当加大三次风，既有利于拱上煤粉着火，又有利于煤粉燃烧的后期补风。所以开大三次风对燃烧稳定性和经济性都有益。

改造前三次风虽然风箱设计成 55°下倾，但实际经过水冷壁管绕流后，三次风基本呈水平喷入炉膛，与垂直下倾的主燃烧气流提前相碰，造成炉内气流不稳定，其表现为燃烧炉膛负压波动大，前后墙偏烧严重（即前后前后墙炉膛温度相差大），改造前三次风一般只能开到 40%～50%，而改造后，三次风能开到 100%，炉内燃烧稳定，炉膛温度分布均匀，无前后墙偏烧情况。三次风挡板按表 5-77 的开度运行。

表 5-77　　　　　　　　　　　第二阶段三次风挡板开度　　　　　　　　　　　%

风门编号	A1	A2	D1	D2	D3	D4	A3	A4
开　度	100		100		100		100	
风门编号	B1	B2	C1	C2	C3	C4	B3	B4
开　度	100		100		100		100	

（3）翼墙风的调整。通过调整翼墙风挡板开度的大小，观察翼墙的结焦情况和燃烧稳定性。增加翼墙风量，提高翼墙处氧量，有利于防止翼墙结焦。由于在燃烧调整第一阶段后的锅炉运行期间发生了侧墙或翼墙垮大焦情况，故翼墙防焦风上、下层开度均为100%，经过观察，翼墙看火孔无明显的焦块堆积现象，同时配合风量和煤量的调整，炉内亦未出现垮大焦导致锅炉熄火现象。

（4）氧量的调整。在燃烧稳定的前提下，根据炉膛出口氧量情况，逐渐增加二次风（送风）风量，维持炉膛出口氧量在 3%～4.5%，燃烧经济性有明显的提高，高氧量同时对防止炉内结焦亦有好处。第二阶段各工况空气预热器入口氧量分布见表 5-78。

表 5-78　　　　　第二阶段各工况空气预热器入口氧量分布 (A → B)　　　　　%

工况	左 侧 氧 量							右 侧 氧 量						
	(1)	(2)	(3)	(4)	(5)	(6)	(7)	(8)	(9)	(10)	(11)	(12)	(13)	(14)
T1	5.40	5.14	4.80	5.80	4.82	4.41	4.51	4.53	4.46	4.32	4.24	3.84	4.75	4.67
T2	4.55	4.63	4.41	3.72	3.87	3.46	3.72	4.03	3.76	3.42	3.79	3.68	3.48	4.21
T9	5.14	5.04	4.92	4.75	4.77	4.36	3.99	3.67	3.60	3.76	3.96	4.32	4.22	4.50

(5) 磨煤机之间的负荷分配。在燃烧稳定的前提下，为防止炉内两侧墙结焦，应提高炉膛两侧氧量水平，为此采用中间大，两边小的配煤方式。根据炉内燃烧器火嘴的分布，磨煤机负荷分配为中间 C、D 比边上 A、B 负荷稍高方式运行。实践证明，此运行方式可控制炉内结大焦，同时锅炉经济性和燃烧稳定都有保障。

(6) 乏气缩孔和手动门的调整。将靠侧墙的 8 个乏气手动全关 (T6、T7、T8 工况)，燃烧经济性明显下降，燃烧稳定性也有所降低。关掉部分乏气缩孔，同时将三次风开大后 (T5、T11 工况)，燃烧稳定，燃烧也经济性得到提高。

此次改造，将靠前后墙的乏气喷口移动至靠炉膛中心侧，两个乏气喷口合并成一个喷口，位于原两股一次风相夹的靠炉膛中心侧的一节二次风处。从燃烧原理上来说，这样改造之后，靠近炉膛中心的二次风量减少，煤粉浓度增加，而靠前后墙侧则二次风量增加，煤粉浓度减少。由于乏气煤粉较细，且夹在两股浓一次风中间，而向火侧烟气温度较高，所以乏气煤粉很快着火燃烧，对浓相煤粉形成强有力的燃烧支持，使燃烧稳定性得到提高。同时，靠前后墙侧由于二次风风量的增加和粉量的减少，靠前后墙侧氧量水平提高，可有效控制前后墙结焦。实际的燃烧数值模拟也证明了这点。所以实际运行应全开乏气手动门，而关掉部分缩孔是为了改善炉膛中心侧煤粉燃烧部分缺氧的状况。乏气缩孔状态见表 5-79。

表 5-79　　　　　　　　　　乏 气 缩 孔 状 态

编号	A1	A2	D1	D2	D3	D4	A3	A4
开度	关 3/4	未关	关 1/8	关 3/4	全关	关 1/3	关 1/6	关 3/4
编号	B1	B2	C1	C2	C3	C4	B3	B4
开度	关 1/6	关 3/4	关 1/3	未关	未关	全关	关 1/4	关 3/4

第二阶段主要试验结果见表 5-80 和表 5-81。

表 5-80　　　　　　　第二阶段主要效率试验结果 (T1～T5)

名　称	单位	数　据				
工况号		T1	T2	T3	T4	T5
入炉煤水分 M_t	%	7.70	8.2	8.6	8.6	8.0
入炉煤灰分 A_{ad}	%	40.42	36.39	38.72	38.72	35.84

名 称	单位	数 据				
工况号		T1	T2	T3	T4	T5
入炉煤低位发热量 $Q_{net,ar}$	kJ/kg	17850	19260	18280	18280	19450
入炉煤挥发分 V_{ad}	%	8.54	8.34	8.05	8.05	7.98
实际电负荷	MW	270	290	270	290	300
飞灰含碳量	%	4.48	5.23	5.15	4.78	5.804
炉渣含碳量	%	2.41	3.99	3.99	2.86	4.59
进风温度	℃	12.9	9.9	10.3	10.5	20.6
排烟温度	℃	132.58	136.4	128.6	139.9	140.2
空气预热器入口氧量	%	4.69	3.91	4.35	3.94	3.19
空气预热器出口氧量	%	5.43	4.69	5.11	4.72	4.00
排烟损失	%	5.89	5.76	5.62	6.04	4.99
可燃气体未完全燃烧热损失	%	0.00	0.00	0.00	0.00	0.00
固体未完全燃烧热损失	%	3.12	3.17	3.51	3.15	3.47
散热损失	%	0.54	0.49	0.56	0.49	0.47
灰渣物理热损失	%	0.42	0.37	0.40	0.41	0.34
锅炉效率	%	90.04	90.21	89.92	89.91	90.72
修正后锅炉效率	%	89.83	90.20	89.75	89.86	90.55

表 5-81 第二阶段主要效率试验结果（T6～T11）

名 称	单位	数 据					
工况号		T6	T7	T8	T9	T10	T11
入炉煤水分 M_t	%	7.6	7.6	7.6	8.3	8.1	8.9
入炉煤灰分 A_{ad}	%	36.37	36.37	36.37	35.88	33.57	37.13
入炉煤低位发热量 $Q_{net,ar}$	kJ/kg	19560	19560	19560	19110	19770	18360
入炉煤挥发分 V_{ad}	%	7.16	7.16	7.16	7.88	8.1	7.8
实际电负荷	MW	300	300	300	300	300	300
飞灰含碳量	%	7.53	6.48	7.69	5.51	5.93	4.56
炉渣含碳量	%	6.17	5.52	6.54	4.07	3.82	4.12
进风温度	℃	15.3	18.9	19.4	12.0	13.0	11.5
排烟温度	℃	132.9	140.3	139.9	136.3	132.7	134.3
空气预热器入口氧量	%	3.60	4.06	4.58	4.35	4.27	4.35
空气预热器出口氧量	%	4.39	4.83	5.33	5.120	4.990	5.160
排烟损失	%	5.16	5.46	5.53	5.77	5.53	5.86
可燃气体未完全燃烧热损失	%	0.00	0.00	0.00	0.00	0.00	0.00
固体未完全燃烧热损失	%	4.65	3.98	4.78	3.33	3.19	2.99

名　称	单位	数　据					
工况号		T6	T7	T8	T9	T10	T11
散热损失	%	0.49	0.48	0.48	0.48	0.48	0.48
灰渣物理热损失	%	0.35	0.35	0.35	0.36	0.32	0.38
锅炉效率	%	89.35	89.74	88.87	90.06	90.48	90.28
修正后锅炉效率	%	89.25	89.61	88.71	90.16	90.47	90.25

3. 第二阶段燃烧调整结果分析

(1) T1 和 T2 工况。T1 和 T2 工况为原始燃烧调整前的运行工况，即为二次风挡板开度为两边大、中间小的方式，三次风开度均为 60％。由于受电网负荷的影响，这两个工况均未带满 300MW 额定负荷工况。其中 T1 工况平均负荷为 270MW，T2 工况平均负荷为 290MW。T1 工况锅炉效率为 90.04％，T2 工况锅炉效率为 90.21％。两个工况锅炉效率均大于 90％，T2 工况比 T1 工况高 0.17％。T1 工况锅炉负荷比 T2 工况小 20MW，T2 工况煤质要好于 T1 工况。从实际测量的空气预热器入口氧量来看，T2 工况比 T1 工况低 0.78％。

(2) T3 和 T4 工况。T3 和 T4 工况为在 T1 和 T2 工况基础上关小部分乏气缩孔后的燃烧工况。其中 T3 工况平均负荷为 270MW，T4 工况平均负荷为 300MW。T3 工况锅炉效率为 89.92％，T4 工况锅炉效率为 89.91％。两工况入炉煤质基本相同，而锅炉效率基本相等。

(3) T5 工况。T5 工况为在 T3 和 T4 工况基础上开三次风从 60％至 100％，锅炉效率提高至 90.72％。说明三次风量加大对锅炉煤粉燃烧有明显好处。

(4) T6、T7、T8 工况。T6 工况为在 T5 工况基础上关乏气手动门，T7 工况为在 T6 工况基础上提高氧量运行，T8 工况为在 T5 工况基础上将三次风从 100％减小至 60％开度。从这三个工况可看出，关乏气手动门后，锅炉效率均小于 90％，说明关乏气手动门不利于锅炉煤粉燃烧。

(5) T9、T10 工况。T9、T10 工况为两个平行效率试验工况，试验工况为：三次风100％，开乏气手动门，开乏气缩孔，高氧量，T9 工况锅炉效率为 90.06％，T10 工况锅炉效率为 90.48％。在此工况下，锅炉效率较高。

(6) T11 工况。T11 为效率工况：三次风 100％，开乏气手动门，关乏气缩孔，高氧量，T11 工况锅炉效率为 90.28％，在此工况下，锅炉效率较高。

4. 燃烧优化调整的基本原则与建议

(1) 一般维持二次风挡板中间小、两边大的方式，配煤方式采用两边小、中间大的方式有利于维持燃烧稳定，也有利于保证锅炉燃烧经济性和控制炉内结焦。

(2) 省煤器后平均氧量保持在 4.5％左右比较合适，过大或过小对燃烧经济性不利。

(3) 三次维持较大开度，有利于燃烧后期补风，对燃烧稳定性和经济性都有好处。

(4) 煤粉细度对燃烧影响很大。建议加强对煤粉细度的取样监测，发现异常及时对磨煤机分离器进行清理。

（5）防焦风应视翼墙结焦情况，适当开启，注意防焦风过大对炉膛燃烧有不利影响。

5. 改造效果和效率考核试验

4 台 HG1025/17.3-WM18 型 W 火焰锅炉先后都进行了改造。与改造前相比，改造效果主要体现在以下几个方面：

（1）改造后燃烧稳定性得到极大增强。改前锅炉燃烧不稳，负压波动较大（±200Pa以上），锅炉垮焦熄火频繁（基本上是每周熄一火，严重时每天都有发生），不但严重影响机组和电网的安全稳定运行，并且还要消耗大量的稳燃和启动用油。改造后消除了炉膛前后墙偏烧现象，在锅炉氧量和风量显著增加的条件下（改造前锅炉氧量只能达到 3% 左右，氧量能够达到 4.5% 以上），炉膛负压波动大幅度减小到 ±70Pa 以内，锅炉燃烧稳定性得到极大增强，这也为燃烧经济性的改善打下了坚实的基础。

（2）改造后燃烧经济性大幅度提高。改造后，锅炉燃烧经济性大幅度提高，锅炉飞灰含碳量由 9% 左右降到了 5% 左右，大渣含碳量也降到了 3.5% 左右，平均锅炉效率提高了 2 个百分点左右。同时由于锅炉燃烧稳定性和经济性的改善，锅炉煤质适应能力和带负荷能力也得到了明显改善。

（3）锅炉减温水量明显降低。改造前在较低风量和氧量下锅炉减温水经常在 80～100t/h。改造后，虽然锅炉风量和氧量大幅度增加，但锅炉减温水仍然降到了 30t/h 左右，煤质稍好时甚至无需投运减温水。

（4）锅炉结焦得到有效控制。通过改造加装的防焦风箱在炉内翼墙进行补风，同时结合二三次风挡板调整和磨煤机之间的负荷分配，锅炉结焦得到有效控制，炉内无明显大焦情况，各看火孔也无厚焦块堆积现象。

综上所述，此次改造锅炉燃烧稳定性得到较大提高，燃烧经济性有明显改善，炉膛结焦得到了有效控制，锅炉带负荷能力强，燃烧系统改造取得了成功。改造前后效率考核试验情况对比详见表 5-82。

表 5-82　　　　　　　　　锅炉效率考核试验结果及与改造前的比较

工况说明	单位	2 号炉改造前	2 号炉改造后
入炉煤收到基水分	%	6.90	8.10
入炉煤收到基灰分	%	31.74	31.46
入炉煤收到基低位发热量	kJ/kg	20080.00	19770.00
入炉煤干燥无灰基挥发分	%	11.30	12.56
实际电负荷	MW	281.31	300.00
飞灰含碳量	%	8.54	5.93
炉渣含碳量	%	11.12	3.82
进风温度	℃	32.64	19.35
排烟温度	℃	140.91	133.06
空气预热器入口氧量	%	3.26	4.36
空气预热器出口氧量	%	4.76	4.99
排烟损失	%	5.15	5.53

工况说明	单位	2 号炉改造前	2 号炉改造后
可燃气体未完全燃烧热损失	%	0.00	0.00
固体未完全燃烧热损失	%	5.48	3.19
散热损失	%	0.56	0.48
灰渣物理热损失	%	0.31	0.32
锅炉效率	%	88.50	90.48

5.3.2　HG‑1900/25.4‑WM10 型 W 火焰锅炉的改进与调整

5.3.2.1　技术背景

贵州两台 MBEL 型超临界 W 火焰锅炉型号为 HG‑1900/25.4‑WM10，是哈尔滨锅炉厂引进英国 Mitsui‑Babcock 技术设计制造的。目前，该型 W 火焰锅炉燃烧系统有常规设计和改进设计两种方式。而贵州两台 MBEL 型超临界 W 火焰锅炉燃烧系统就是在常规设计进行改进的结果（改进设计）。

常规设计燃烧器喷口的布置和 MBEL 型 300MW 等级亚临界 W 火焰锅炉是基本一致的（参见第 1 章），只是燃烧器和磨煤机数量发生了变化：共 6 台双进双出磨煤机对应 24 只缝隙式燃烧器，仍然是 2 个燃烧器一组，共 12 组。磨煤机与燃烧器的对应关系如图 5‑39 所示。

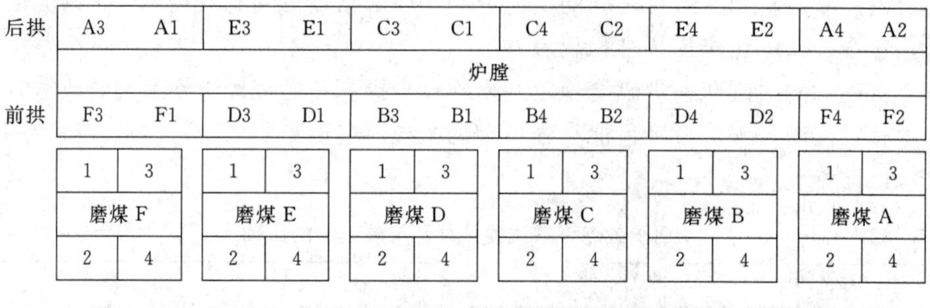

后拱	A3	A1	E3	E1	C3	C1	C4	C2	E4	E2	A4	A2

炉膛

前拱	F3	F1	D3	D1	B3	B1	B4	B2	D4	D2	F4	F2

1	3		1	3		1	3		1	3		1	3
磨煤 F			磨煤 E			磨煤 D			磨煤 C			磨煤 B		磨煤 A
2	4		2	4		2	4		2	4		2	4

图 5‑39　HG‑1900/25.4‑WM10 型锅炉磨煤机与燃烧器的对应关系

云南某电站采用常规设计的锅炉投运后出现了水冷壁超温、拉裂、炉内热负荷分配不均、结焦严重、燃烧不稳定、易波动、飞灰含碳量高等问题。

5.3.2.2　改进设计

在上述背景下，哈尔滨锅炉厂与高校合作，在常规设计的基础上开发出一种基于多次引射分级燃烧技术的低 NO_x W 火焰锅炉狭缝式直流煤粉燃烧器（多次分级引射燃烧原理如图 5‑40 所示）。改进型燃烧器在拱上的排列方式与常规设计相同，风箱型式及布置也与常规方式相同，拱上煤粉喷口气流及二次风气流仍然垂直向下喷入炉膛。

1. 主要改进内容

（1）采用双通道叶片式浓淡分离器代替原来的旋风分离器，可以降低阻力约 2000Pa。双通道叶片式浓淡分离器由方圆节、带有中间隔板的双通道叶片分离器以及浓淡分配器组成，如图 5‑41 所示，浓缩器出口处浓、淡两侧截面积比为 4∶6，设计浓、淡两侧风量之比为 0.4 : 0.6。浓缩器内部采用内衬陶瓷结构，可达到有效防磨的目的，提高其使用寿命。

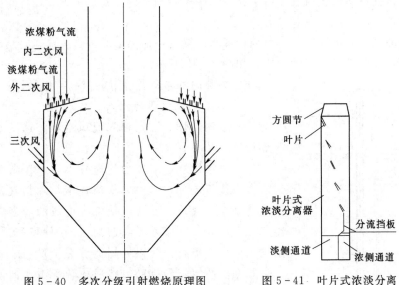

图 5-40 多次分级引射燃烧原理图 　　　图 5-41 叶片式浓淡分离

（2）燃烧器喷口布置的改进。改进后的燃烧器喷口布置如图 5-42 所示。每 2 个燃烧器为一组，每组燃烧器由 8 个浓一次风喷口、8 个乏气喷口、8 个内二次风喷口、4 个油二次风喷口、2 个边界二次风喷口和 12 个外二次风喷口组成。浓煤粉喷口移至靠近炉膛中心位置，乏气喷口移至靠近水冷壁侧，实现浓淡燃烧；隔在浓煤粉气流和乏气之间动量大的内二次风延迟浓煤粉和乏气的混合，避免了常规设计乏气受拱下高温回流烟气挤压而偏转向浓煤粉气流并提前混合，实现浓淡燃烧。

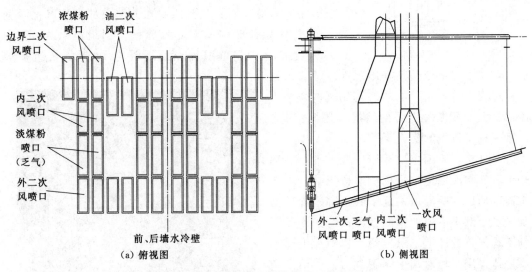

图 5-42 改进后燃烧器喷口的布置

（3）三次风喷口的改进。三次风喷口布置位置与常规设计相同，改进后在三次风喷口内加装了固定的下倾导流装置，使三次风向下倾斜 45° 喷入炉膛，实现分级燃烧、延长煤粉行程、减轻炉内前后墙气流偏斜、提高燃烧稳定性和经济性等目的。

（4）炉拱设计防结渣风。在拱上靠近炉膛中心侧水冷壁扁钢位置，设计布置有缝隙式防结渣风喷口。

（5）翼墙设计防结渣风。将翼墙局部水冷壁管拉稀，形成垂直风口，防结渣风水平进入炉膛，防止翼墙处形成大的焦块，如图 5-43 所示。

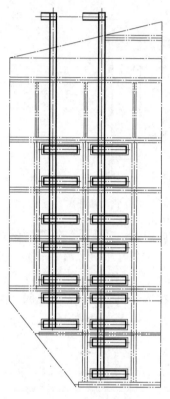

图 5-43　翼墙防结渣风

（6）炉膛内侧墙和翼墙卫燃带品字形敷设。

2. 改进后的燃烧器的特点

（1）浓淡燃烧。浓煤粉气流风量小、速度较低，有利于煤粉气流及时着火。

（2）分级燃烧。浓煤粉气流着火后，在高速二次风引射携带下往下流动，同时二次风逐渐与煤粉气流混合，边燃烧边补充空气；一二次风及乏气形成的混合煤粉气流在冷灰斗上部某一区域处受高速喷入的下倾三次风进一步引射携带而继续下行，使得火炬能够完全贯通下部炉膛，并在炉膛底部产生强烈扰动，然后才转弯 180° 向上流动，使此处的燃烧猛烈。这种配风方式有利于煤粉的燃尽，同时降低 NO_x 的生成。

（3）设置防结渣风，减轻炉拱、侧墙及翼墙的结焦。

5.3.2.3　存在的主要问题

改进设计燃烧器锅炉投产初期出现的主要问题有以下几方面：

（1）水冷壁管超温拉裂。调试期间，水冷壁壁温及同层壁温偏差不易控制，主要体现在前墙上部水冷壁壁温偏高，600MW 负荷时前墙上部水冷壁壁温最高点为 480～490℃，上部水冷壁壁温偏差最高时约 100℃。机组投运后，前墙上部水冷壁频繁出现水冷壁管与鳍片拉裂现象（图 5-44），甚至出现冷灰斗水冷壁管大面积断裂泄漏的情况（图 5-45），严重影响了机组的安全运行。

经分析，原因主要有以下几方面：①锅炉上下部水冷壁连接采用过渡段型式，下部水冷壁形成的壁温偏差延续到上部水冷壁并加剧了上部水冷壁的壁温偏差；②炉内热负荷不均匀，设计上，每台磨煤机对应的煤粉燃烧器采用了相对集中布置的方式，沿炉膛宽度方向上局部热负荷较集中；③火焰下冲行程太长，从燃烧器结构上看，拱上二次喷口数量较多，设计二次风速偏高（55m/s），

图 5-44　水冷壁管及鳍片拉裂

图 5-45 冷灰斗水冷壁管断裂

二次风动量大，携带一次风粉气流垂直向下冲，火焰尾部甚至冲刷至冷灰斗水冷壁管，同时三次风采用下倾 45°的固定导流板结构形式，下倾进入炉膛的三次风引射拱上的下行火焰，延长了火焰下冲行程。另外，采用百叶窗式分离器后，系统阻力减小，一次风粉气流下冲动量增强，延长了火焰行程；④侧墙和翼墙卫燃带采用品字形布置方式，增加了下炉膛水冷壁吸热面积，增大下炉膛水冷壁工质的吸热量，水冷壁管内蒸发段提前，造成上部水冷壁超温及偏差增大。

（2）过、再热汽温低。从表 5-83 可见，锅炉过、再热器汽温均低于设计值，再热汽温比设计值最多低 57℃，过热汽温最多低 36℃，大大降低了机组运行的经济性。

表 5-83   **600MW 负荷工况下主要运行参数**

项 目	单位	设计值	实际值
过热蒸汽出口压力	MPa	25.28	23.44～25.24
过热蒸汽出口温度	℃	571	535～550
再热蒸汽进口压力	MPa	4.467	4.17～4.21
再热蒸汽出口压力	MPa	4.290	4.27～4.31
再热蒸汽进口温度	℃	313.0	300～302
再热蒸汽出口温度	℃	569	512～534
给水温度	℃	280.2	278～279
一次风温度	℃	346.7	362～375
二次风温度	℃	321.7	340～352
排烟温度	℃	133.9	140～150

（3）高负荷时捞渣机船体水温高，且渣水呈酸性。根据电厂化验结果，捞渣机船体渣水 pH 值小于 5，除渣系统辅助设备及管道腐蚀严重，影响锅炉的安全运行。

（4）排烟温度高。从表 5-83 可以看出，600MW 负荷时，排烟温度比设计值高 6～16℃，降低了锅炉效率，降低了机组运行的经济性。

（5）NO_x 排放水平高，超过厂家设计值。

5.3.2.4　锅炉燃烧调整及改造

针对上述出现的问题，在调试期间及机组投运后进行了多次燃烧调整。

1. 锅炉改造前的数据分析

调试期间，机组 600MW 负荷，锅炉燃烧调整后的表盘数据与设计数据对比见表 5-84。从表 5-84 中可以看出，低温过热器（包含墙式过热器）吸热、再热器吸热明显比设计值偏少，空气预热器入口烟温比设计值高，空气预热器一二次风吸热明显比设计值高，因此空气预热器出口一二次风温比设计高。

表 5-84　　　　　　　调试期间燃烧调整后锅炉表盘数据与设计数据对比

名　称	单位	表盘数据 1	表盘数据 2	设计数据
过热器出口蒸汽温度	℃	534.7	542.3	571.0
过热器出口蒸汽压力	MPa	24.42	24.93	25.28
低过出口蒸汽温度	℃	413.1	416.7	421.6
低过温升（含包墙过热器）	℃	14.6	13.8	44.5
低过焓增（含包墙过热器）	kJ/kg	108.36	96.75	246.2
屏过入口蒸汽温度	℃	427.1	430.5	454.9
屏过出口蒸汽温度	℃	491.1	506.7	542.5
屏过温升	℃	64.0	76.2	87.6
屏过焓增	℃	312.7	349.84	339.8
高过入口蒸汽温度	℃	503.9	499.9	524.5
高过出口蒸汽温度	℃	534.7	542.3	571.0
高过温升	℃	39.6	42.4	46.5
高过焓增	kJ/kg	137.5	148.6	151.6
再热器入口蒸汽温度	℃	293.9	302.6	313.0
再热器出口蒸汽温度	℃	499.2	548.1	571.0
再热器温升	℃	205.3	245.5	258.0
再热器焓增	kJ/kg	512.81	599.4	622.04
省煤器入口给水温度	℃	280.0	—	280.2
省煤器出口温度	℃	307.4	—	318.0
省煤器温升	℃	27.4	—	37.8
空气预热器入口烟气温度	℃	391.93	409.9	370.0
空气预热器出口烟气温度	℃	141.03	154.37	130.0
空气预热器烟气温降	℃	250.9	255.5	240.0
空气预热器入口一次风温度	℃	33.0	28.0	30.0
空气预热器出口一次风温度	℃	366.6	388.0	351.0
空气预热器一次风温升	℃	333.6	360.0	321.0
空气预热器入口二次风温度	℃	28.0	23.0	23.0
空气预热器出口二次风温度	℃	342.0	367.0	324.0
空气预热器二次风温升	℃	314.0	344.0	301.0

2. 第一次改造

锅炉厂提供的改造内容包括:

(1) 在拱上靠近喉口位置增加一排燃尽风喷口,如图 5 - 46 所示。经过锅炉厂计算,增加燃尽风光喷口后,下炉膛出口烟温可以提高约 80℃。当炉膛出口烟气温度增加约 100℃时,各级过热器吸热量增大,水冷壁吸热量减少,分离器温度降低,分离器温度低于目前运行值主蒸汽就可达到 571℃的额定值。同时燃烬风分级送入炉膛,降低锅炉 NO_x 排放水平。

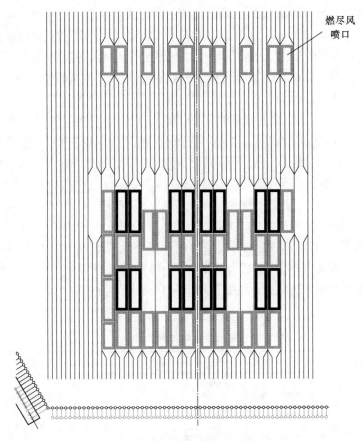

图 5 - 46 增设的燃尽风喷口

(2) 适当增加侧墙水冷壁卫燃带面积。锅炉厂计算表明,侧墙水冷壁增加卫燃带后,上部侧墙水冷壁壁温可以降低约 10℃。

(3) 将三次风下倾角度由 45°改为 20°,消除或减弱三次风对拱上下冲气流的引射作用,抬高炉膛火焰中心,进一步提升炉膛出口烟温,提高过、再热蒸汽温度,降低水冷壁壁温。

(4) 增加三次风面积。将布置在拱下原三次风位置的微油点火燃烧器拆除,恢复原设计的三次风喷口数量,将三次风面积由 3.47m² 增加到 4.95m²。增大三次风面积及三次风对拱上下冲气流的托举作用。

改造结果:锅炉出口氮氧化物 NO_x 从改前的 1200mg/m³ 降至改后的 1077mg/m³,下降明显，但整体排放值偏高；飞灰含碳量、大渣含碳量分别由改前的4％、9％大幅度上升至7.78％、12.77％；过、再热蒸汽温度均有所提升，但仍未达到设计值；除渣系统渣水pH值偏低的问题没有得到解决；因种种原因，下炉膛侧墙卫燃带面积并未增加，上部侧墙水冷壁超温问题未得到改善；锅炉排烟温度仍然高于设计值。

3. 第二次改造

锅炉厂根据第一次改造的结果，提出了第二次改造方案，主要内容包括：①增加低温再热器约5000m²，提高再热汽温，降低空气预热器入口烟温和排烟温度；②在下炉膛侧水冷壁增加卫燃带，每台炉增加约108m²，减小下炉膛侧墙水冷壁吸热，降低上部侧墙水冷壁壁温水平；③翼墙增加燃尽风，进一步降低锅炉出口氮氧化物NO_x排放水平；④将三次风下倾角度由20°改为45°，降低锅炉飞灰和大渣含碳量，提高锅炉运行经济性。

调试期间，锅炉厂和电厂对2号实施了上述改造方案。在机组168h试运行期间进行了燃烧调整，主要有以下内容：

(1) 过剩空气系数（炉膛出口氧量）的调整。在典型工况450MW和600MW工况下，分别进行了变氧量调整试验，观察不同的炉膛出口氧量对锅炉飞灰含碳量、排烟温度等主要经济指标的影响。变氧量燃烧调整试验结果见表5-85。可以看出，在450MW工况下，炉膛出口氧量由3.5％降至3.0％时，总风量减少约100t/h，排烟温度略有降低，但飞灰含碳量上升较多；在600MW工况下，炉膛出口氧量由3.5％降至2.5％时，风门开度保持不变时，总风量降低约130 t/h，飞灰含碳量有所升高。由于二次风箱风压降低了0.25kPa，拱上气流下冲深度减小，炉膛火焰中心上移，因此，排烟温度增加7℃，分离器出口温度有所降低，过、再热器汽温均有所增加，同时炉膛火焰中心上移，对水冷壁的安全运行也是有利的，综合起来看，对机组运行的安全性和经济性是有利的。

表5-85　　　　　　　　　　　锅炉变氧量燃烧调整试验结果

负　荷	单位	450	450	600	600
给水流量（含减温水）	t/h	1390	1380	1849	1796
过热器一减流量（A/B）	t/h	2.4/1.7	2.5/1.7	2.98/1.98	0/0
过热器二减流量（A/B）	t/h	4.1/10.0	13.2/13.6	3.64/0	0/0
过热器烟气挡板开度	％	100	100	100	100
再热器烟气挡板开度	％	100	100	50	80
再热器减温水流量（A/B）	t/h	0/0	0/0	0/0	0/0
投运磨煤机台数 A、B、C、D、E、F		B~F	B~F	A~F	A~F
二次风门开度	％	55	55	65	65
三次风门开度	％	45	45	50	45
燃烬风门/翼墙燃烬风门开度	％	100/0	100/0	100/0	100/0
一次风温	℃	335	333	355	358
二次风温	℃	313	314	324	333
给水温度	℃	257.5	257.7	274	274

续表

负 荷	单位	450	450	600	600
分离器出口温度	℃	405	405	420	418
分离器出口过热度	℃	36.0	36.0	/	/
过热蒸汽温度(A/B)	℃	569/568	565/566	568/553	569/567
过热蒸汽压力(A/B)	MPa	20.4/20.4	20.4/20.5	23.84/23.87	23.51/23.51
再热蒸汽进口温度(A/B)	℃	316/316	316/316	314/315	320/320
再热蒸汽进口压力(A/B)	MPa	3.02/3.01	3.03/3.01	4.14/4.12	4.09/4.09
再热蒸汽出口温度(A/B)	℃	555/561	548/554	552/560	562/563
再热蒸汽出口压力(A/B)	MPa	2.97/2.97	2.98/2.98	4.04/4.04	4.01/4.01
热一次风母管压力	kPa	7.5	7.5	6.6	6.7
二次风箱压力	kPa	0.65	0.63	1.12	0.87
空气预热器进口氧量	%	3.5	3.0	3.5	2.5
排烟温度(A/B)	℃	135/131	133/127	136/130	146/134
总燃煤量	t/h	235	232	275	264
总风量	t/h	1650	1550	2084	1950
过热器壁温		无超温报警	无超温报警	无超温报警	无超温报警
再热器壁温		无超温报警	无超温报警	无超温报警	无超温报警
水冷壁壁温		无超温报警	无超温报警	无超温报警	无超温报警
一、二电场飞灰含碳量	%	4.52/4.18	5.73/8.38	4.11/6.71	4.90/7.00

(2) 拱上、拱下二次风比例调整试验。调试期间,与锅炉厂技术人员道,在 450MW 及 600MW 负荷下,进行了多个工况的变拱上、拱下二次风比例调整试验。表 5-86 为改变拱上、拱下二次比例燃烧调整试验工况表,表 5-87、表 5-88 分别为 450MW、600MW 负荷下变拱上、拱下二次比例燃烧调整试验结果。

表 5-86　　　　　　　变拱上、拱下二次风比例燃烧调整试验工况表

工况	负荷/MW	炉膛出口氧量/%	二次风门开度/%	三次风门开度/%	燃烬风门开度/%
1	450	3.5	55	25	35
2	450	3.5	55	45	30
3	450	3.5	55	45	50
4	450	3.5	55	45	100
5	450	3.5	55	65	40
6	600	3.5	65	45	30
7	600	3.5	65	45	50
8	600	3.5	65	50	70
9	600	3.5	45	65	100
10	600	3.5	55	65	60

表 5 - 87　　450MW 负荷变拱上、拱下二次风比例燃烧调整试验参数及结果表

名　称	单位	工况 1	工况 2	工况 3	工况 4	工况 5
负荷	MW	450	450	450	450	450
给水流量（含减温水）	t/h	1400	1420	1403	1390	1362
过热器一减流量（A/B）	t/h	3/0	5.4/1.5	5.0/6.0	2.4/1.7	4.8/0
过热器二减流量（A/B）	t/h	20/20	0/0	9.0/5.0	4.1/10.0	3.6/4.9
过热器烟气挡板开度	%	100	100	100	100	100
再热器烟气挡板开度	%	20	100	65	100	100
再热器减温水流量（A/B）	t/h	0/0	0/0	0/0	0/0	0/0
投运磨煤机台数 A、B、C、D、E、F		A～F	A～F	A～E	B～F	A～E
一次风温	℃	330	345	342	335	342
二次风温	℃	310	318	322	313	317
给水温度	℃	257	258	258	257	257
分离器出口温度	℃	410	401	403	405	403
分离器出口过热度	℃	41	33	33	36	35.6
过热蒸汽温度（A/B）	℃	571/570	570/560	569/566	569/568	561/562
过热蒸汽压力（A/B）	MPa	21.5/21.5	20.5/20.5	20.6/20.6	20.4/20.4	20.5/20.5
再热蒸汽进口温度（A/B）	℃	315/300	312/312	314/315	316/316	315/314
再热蒸汽进口压力（A/B）	MPa	3.0/3.0	3.05/3.05	2.97/2.96	3.02/3.01	2.99/2.98
再热蒸汽出口温度（A/B）	℃	563/566	552/560	556/557	555/561	558/555
再热蒸汽出口压力（A/B）	MPa	2.96/2.96	3.0/3.0	2.92/2.92	2.97/2.97	2.94/2.94
热一次风母管压力	kPa	7.2	7.6	7.3	7.5	7.5
二次风箱压力	kPa	0.90	0.83	0.95	0.65	0.67
空气预热器进口氧量	%	3.5	3.5	3.5	3.5	3.5
排烟温度（A/B）	℃	132/126	135/130	131/128	135/131	130/120
总燃煤量	t/h	210	230	217	235	202
二次风量	t/h	1550	1620	1520	1650	1550
过热器壁温		无报警	无报警	无报警	无报警	无报警
再热器壁温		无报警	无报警	无报警	无报警	无报警
水冷壁壁温		无报警	无报警	无报警	无报警	无报警
一、二电场飞灰含碳量	%	4.42/5.38	5.17/6.54	4.92/5.89	4.52/4.18	4.63/6.36

表 5 - 88　　600MW 负荷变拱上、拱下二次风比例燃烧调整试验参数及结果表

名　称	单位	工况 6	工况 7	工况 8	工况 9	工况 10
负荷	MW	600	600	600	600	600
给水流量（含减温水）	t/h	1950	1950	1817	1847	1865

名　称	单位	工况 6	工况 7	工况 8	工况 9	工况 10
过热器一减流量（A/B）	t/h	2.6/1.5	0/0	2.8/1.4	0/0	0/0
过热器二减流量（A/B）	t/h	0/0	0/0	10.2/4.8	0/0	7.8/0
过热器烟气挡板开度	%	100	100	100	100	100
再热器烟气挡板开度	%	20	20	50	30	37
再热器减温水流量（A/B）	t/h	0/0	0/0	0/0	0/0	0/1.6
投运磨煤机台数 A、B、C、D、E、F		A~F	A~F	A~F	A~F	A~F
一次风温	℃	355	345	353	360	351
二次风温	℃	320	313	326	329	324
给水温度	℃	275	275	274	275	275
分离器出口温度	℃	416	418	423	420	423
分离器出口过热度	℃	40	40	49	44	—
过热蒸汽温度（A/B）	℃	555/539	560/550	570/569	570/567	568/565
过热蒸汽压力（A/B）	MPa	24.8/24.9	24.4/24.4	25.0/25.0	25.2/25.2	25.4/25.4
再热蒸汽进口温度（A/B）	℃	303/303	310/310	320/300	315/302	316/288
再热蒸汽进口压力（A/B）	MPa	4.24/4.22	4.2/4.2	4.13/4.13	4.13/4.12	4.2/4.18
再热蒸汽出口温度（A/B）	℃	555/565	557/565	563/568	568/571	566/568
再热蒸汽出口压力（A/B）	MPa	4.16/4.16	4.11/4.1	4.05/4.05	4.05/4.05	4.1/4.1
热一次风母管压力	kPa	7.6	7.6	6.6	6.6	6.5
二次风箱压力	kPa	1.4	1.26	1.15	1.5	1.32
空气预热器进口氧量	%	3.5	3.5	3.5	3.5	3.5
排烟温度（A/B）	℃	147/140	144/136	136/130	143/136	136/130
总燃煤量	t/h	292	320	280	295	285
二次风量	t/h	2190	2165	2050	2100	2100
过热器壁温		无报警	无报警	无报警	无报警	无报警
再热器壁温		无报警	无报警	无报警	无报警	无报警
水冷壁壁温		无报警	无报警	无报警	无报警	无报警
一、二电场飞灰含碳量	%	5.26/7.64	10.3/4.45	5.32/6.8	3.35/5.47	—

　　机组负荷 450MW 的燃烧调整过程中，二次风门关至 45%、三次风门开至 65%，前墙上部中间部分水冷壁壁温超温报警，最高壁温达 530℃。从表 5-87 可以看出，机组450MW 时，需保证拱上二次风门一定的开度，以保证拱上气流适当的下冲能力。在水冷壁壁温不超温报警的前提下，尽量关小甚至全关燃尽风门，适当降低三次风门开度，保证拱上气流一定的下冲动量，提高机组的经济性。在低负荷下，炉膛温度较低，煤粉着火条件差，由于燃尽风喷口距离浓煤粉喷口距离较近，关小三次风，有利于防止燃尽风过快与浓煤粉气流混合，保证煤粉的着火和燃尽，减小飞灰含碳量。450MW 工况下，经过二次、三次风门以及燃尽风门的调整，过、再热蒸汽温度都能达到设计值。

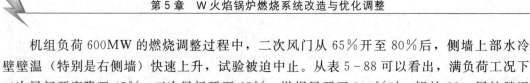

机组负荷 600MW 的燃烧调整过程中，二次风门从 65％开至 80％后，侧墙上部水冷壁壁温（特别是右侧墙）快速上升，试验被迫中止。从表 5-88 可以看出，满负荷工况下二次风门开度降至 45％、三次风门开至 65％、燃烬风开至 100％时，锅炉 22m 层炉膛温度水平偏高（最高达 1380℃），水冷壁并未发生壁温超温报警现象，过、再热蒸汽温度都能达到设计值，飞灰含碳量较低，减温水流量为 0，说明炉膛火焰中心适中，炉内热负荷均匀，既保证了锅炉运行的安全性，又兼顾了机组运行的经济性。从工况 9 和工况 10 可以看出，满负荷工况下，二次风门不宜开得过大，三次风门应适当开大，一方面可以提高过、再热蒸汽温度，提高机组运行的经济性；另一方面可以防止拱上气流下冲动量太大，危及水冷壁的安全运行。

但是，机组升负荷期间，特别是在 70~150MW 的低负荷区间，高温再热器壁温超温现象严重，需要全开事故喷水减温水、短时间关小再热器烟气挡板至 10％、总风量控制的很小等极端措施才勉强将高温再热器壁温控制住，主要原因在于低温再热受热面增加余量较大所致。

（3）磨煤机和燃烧器投入方式的调整。锅炉低负荷阶段，尽量控制单台磨煤机出力不可太高，投入多台磨煤机后（三台及以上）逐渐增加单台磨煤机出力，同时控制水冷壁出口温度不超温。锅炉转干态过程中，尽量保持 4 台磨煤机运行，保证有充足的燃料富裕量，以免在干、湿态间频繁转换。锅炉高负荷阶段，应尽量投入 6 台磨煤机运行，同时保持运行磨煤机（对应燃烧器数目相等）之间负荷分配均匀，保持磨煤机两端和炉膛内投入燃烧器的对称性，保持二三次风门开度沿炉膛宽度方向上一致。燃烧器投入后，注意控制炉膛氧量，及时观察煤粉气流着火情况，并根据着火情况，及时、适当调整总风量，保证燃烧所需氧量。锅炉高负荷运行且工况稳定无大的外界扰动时，可尽量多投磨煤机容量风挡板自动，减轻运行人员手动调整的压力和工作量，降低运行人员的劳动强度。但是，如果容量风门自动调节速度偏快时，容量风门自动投的台数越多，越容易出现燃料主控震荡，从而引起锅炉主参数震荡，水冷壁壁温也会随着燃料量和分离器出口温度一同震荡，甚至危及水冷壁的安全运行。此外，在工况波动或升、降负荷时，多台磨煤机投容量风挡板自动易出现超调量过大，从而影响燃烧的稳定性，建议 3~4 台磨煤机投容量风挡板自动，其余磨煤机容量风门采用手动方式配合调整。

4. 后续改造情况

机组投运商业运行后，锅炉水冷壁［主要是前墙上部水冷壁（靠近中间部位）］频繁出现拉裂泄漏现象，冷灰斗水冷壁也出现过疲劳断裂现象，锅炉基本上无法保证连续安全运行。因此，锅炉厂在机组投入商业运行后对锅炉燃烧器喷口和三次风喷口进行了多次改造。主要内容如下：

（1）拱上分离器改为旋风分离器，并且将燃烧器布置方式改成了以炉膛中心点呈中心对称的方式（图 5-47）。

（2）对拱上二次风喷口位置、数量及尺寸进行了改造（图 5-48）。主要是大幅减少了外二次风喷口面积、适当减少了内二次风和边界风喷口面积，目的是调整拱上、拱下二次风比例，减弱拱上气流的下冲动量，防止下行气流冲刷水冷壁管。

图 5-47 改后锅炉磨煤机与燃烧器的对应关系

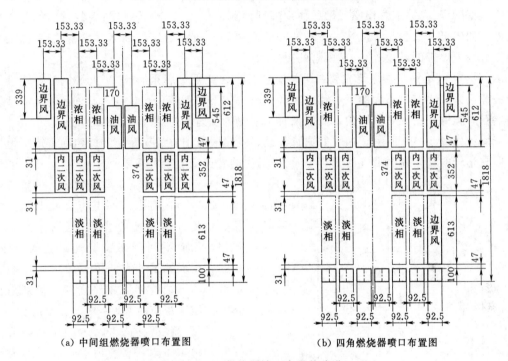

（a）中间组燃烧器喷口布置图　　　　　　（b）四角燃烧器喷口布置图

图 5-48 燃烧器喷口布置的改进

（3）三次风喷口取消原有的导流板，将喷口改为可调倾角喷口，便于运行人员根据锅炉实际情况灵活调整。

（4）炉膛下水冷壁出口增设全混合集箱，消除炉膛下部水冷壁管的吸热偏差在炉膛上部的累积，消除上部水冷壁管的超温现象，减小水冷壁管的壁温偏差，最大限度地防止水冷壁管及鳍片的拉裂现象。

增设全混合集箱后，锅炉水冷壁频繁拉裂的问题基本得到解决。燃烧器喷口改造后，机组负荷 450MW 左右，煤质波动时出现多次全炉膛灭火事故。后通过调整开大燃烧器淡相缩孔使问题得到解决。

电厂提供的情况和数据是，调整后锅炉水冷壁壁温未再出现超温报警现象，壁温偏差较小。调整前后飞灰含碳量变化不大，稳定在 3.6% 左右，大渣含碳量由调整前的 3.07% 降至调整后的 2.15%，下降了 0.92%，锅炉效率高于设计保证值 91.40%，SCR 前 NO_x：602～810mg/m³，大大低于设计值 1100mg/m³。但高温再热器部分管屏出现超温现象，需要进一步查找原因，并采取针对性的改造或调整措施。

5.4　W 火焰锅炉的稳燃、燃尽模型及相关问题讨论

5.4.1　有限空间射流动量矩守恒物理模型

在对国内三种主要类型 W 火焰锅炉进行数值模拟计算研究和现场燃烧系统改进及优化调整试验研究的基础上，贵州电力科学研究院总结提出了一种以有限空间射流动量矩守恒为依据的 W 火焰锅炉稳燃、燃尽物理模型。除了低挥发分煤燃烧的一些共同的基本原则外（如较低一次风率和风速、较高的一二次风温、较细的煤粉细度、煤粉浓缩/浓淡分离、适当卫燃带的敷设等），该模型的要点如下：

（1）W 火焰锅炉的燃烧主要在下炉膛进行，因此下炉膛是影响 W 火焰锅炉燃烧性能的关键，必须要有足够大的下炉膛空间和足够小的下炉膛容积热负荷；此外还有具有适当的上下炉膛深度比和炉拱倾角，以加强对辐射热的反射和对烟气回流的导流。

（2）如图 5-49 所示，加大下炉膛各股射流对回流中心的动量矩，按照动量矩守恒原理形成充分的整体高温烟气回流对 W 火焰锅炉的着火稳燃至关重要。

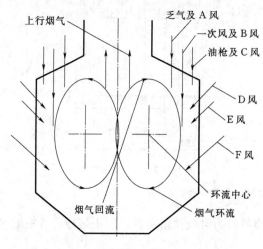

图 5-49　W 火焰锅炉稳燃、燃尽物理模型

1）上行烟气流速的影响。下炉膛各射流可以视为在有限空间上行高温烟气中的相交射流。烟气流速越快，各射流的衰减越快，因而不利于高温烟气回流的形成。因此，要保持足够大的下炉膛横截面积和最够小的下炉膛断面放热强度，特别是在高海拔地区更应注意。

2）射流位置的影响。从拱上各射流位置看，越靠外侧（靠前后墙）越对形成高温烟气回流有利（如果拱上二次风太靠近喉部可能会对回流造成干扰），但要注意避免一次风火焰刷墙；从拱下各射流位置看，位置越靠下，越对形成高温烟气回流有利；各射流越集中、刚性越强、效果越好。

3）射流角度的影响。如果定义拱上射流与垂直方向的夹角为拱上射流的倾角（偏向炉膛为正角度），则倾角越小，越有利与烟气回流。当一次风倾角为负时（偏向前后墙，如早期珞璜电厂 W 火焰锅炉燃烧器倾角即是−6°），虽然有利于烟气回流，但火焰刷墙导致的前后墙结渣难以避免，因此一般拱上一次风射流不采用负倾角。

4）射流强度和刚性的影响。要形成足够的高温烟气回流，必须要有足够大的动量矩。当与回流中心距离一定时（相应动量矩为正），保持足够大的射流动量及其刚性是必要的。特别是低挥发分煤需要保持较低的一次风风速，因此如果拱上缺少足够强大二次风的帮助的话，采用较大的燃烧器和圆形截面的一次风射流对提高一次风射流强度和刚性是有利

的。因为射流旋转对射流刚性影响很大，因此 W 火焰锅炉一般推荐采用直流燃烧器或二次风略微旋转的燃烧器。为了提供足够的射流动量，一般二次风的风速较高。

（3）在保证着火稳燃的基础上，加强各射流、特别是拱上射流动量的下冲分量，延长煤粉在下炉膛的停留时间，是 W 火焰锅炉燃尽的关键。

停留时间的影响因素和烟气回流的影响因素大体相同，但也有一些细节的不同：

1）上行烟气流速的影响。烟气流速对停留时间的影响是双重的，不但是煤粉颗粒的运动速度加快，而且一次风射流衰减加快、行程缩短，这两个方面都导致停留时间的缩短。虽然理论上相同的下炉膛容积对应的停留时间应该是一样的，但对于断面面积更小、高度更高的下炉膛而言，前提是一次风必须能够拥有足够的下冲能力，能够充分利用更高的下炉膛高度，否则烟气回流和停留时间都会缩短。

2）射流位置的影响。从对停留时间的影响来看，拱上射流的影响更加重要，特别是一次风自身的下冲能力和拱上二次风的携带下冲作用（要求和一次风距离不能太远）；拱下二次风应尽量减少对下冲一次风火焰的横向冲击和干扰，并起到一定的引射的作用，因此位置靠下的拱下二次风更为有利。

3）射流角度的影响。显然，垂直向下的拱上射流和下倾的拱下二次风射流对延长停留时间是最有利的。

4）射流强度和刚性的影响。显然拱上射流、特别是一次风射流的下冲动量和刚性，以及拱上二次风的携带下冲作用是至关重要的。

（4）避免一二次风过早混合，同时加强二次风与烟气的后期混合和扰动也是保证着火稳燃和燃尽的重要环节，同时也是实现分级燃烧、降低 NO_x 排放的要求。

1）如果二次风在一次风充分、稳定着火前混入，会增大着火热并且影响着火锋面的稳定，因此对着火稳燃不利；同时为了抑制 NO_x 的生成，更加需要推迟一二次风混合的时机。避免过早混合的措施主要是控制一次风的距离，并且保持拱上一二次风射流方向一致（平行），同时避免一次风的旋转。

2）在煤粉燃烧的后期，焦炭的燃烧速率主要取决于氧气的扩散速率，因此二次风对烟气的"穿透"，强化煤粉燃烧后期的混合、扰动，保证后期烟气氧量分布的均匀性和较高的氧量水平，是保证煤粉燃尽的关键。首先要保证拱下二次风（分级风）足够高的风速和刚性，保证和烟气的充分混合和扰动；其次，为了尽量改善燃尽性能，目前的 OFA 喷口都采用了直流、旋流组合可调的方式来保证后期混合的均匀和充分。

5.4.2　相关问题的探讨

5.4.2.1　炉膛选型

1. 国内主要类型 W 火焰锅炉的比较

（1）容积热负荷。从 300MW 等级 W 火焰锅炉的容积热负荷来看，FW 型的炉膛总的容积热负荷最大、B&W 型次之、MBEL 型最小，但差异最主要还是体现在下炉膛容积热负荷上。

相对于 300MW 等级的 W 火焰锅炉，600MW 等级 W 火焰锅炉总的炉膛容积热负荷都明显减小了（600MW 等级的 W 火焰锅炉的稳燃、燃尽性能相对都有明显改善），而

MBEL 型的减小得更加明显、FW 型的比 B&W 型的略低一些。

但在 600MW 等级的 W 火焰锅炉下炉膛容积热负荷上，相对于 300MW 等级，FW 型和 B&W 型的都反而升高了（B&W 型升高得更多），而 MBEL 型的下炉膛容积热负荷仍然是降低的。

（2）下炉膛断面热负荷、燃尽高度和下炉膛高度。在下炉膛断面热负荷上，300MW 等级的都相差不多，600MW 等级的都有所增大，但 MBEL 型的增大得最少。

在燃尽高度上，FW 型的最高、B&W 型的次之、MBEL 型的最低，从 300MW 增大到 600MW 等级后，燃尽高度都增大了，但三种类型相互之间的差距进一步加大。而在下炉膛高度上，MBEL 型的明显要高得多（其他两家相差不多）。

（3）其他方面。在炉膛宽度上，FW 型的最宽、MBEL 型的最窄。但在下炉膛宽深比上，本来是 FW 型的最大（下炉膛断面最"扁"）、MBEL 型的基本接近正方形，但在 600MW 等级锅炉上，B&W 型的反而变成最"扁"的了（但和 FW 型的相差不多）。

在上下炉膛深度比上，FW 型的最大、B&W 型的次之、MBEL 型的最小（下炉膛封闭性最大），锅炉增大到 600MW 等级后都有所增大，但相互之间差距减小。此外拱部倾角 FW 型和 MBEL 型分别保持在 25°和 15°，下炉膛断面形状都维持原来的八边形。而 B&W 型的 W 火焰锅炉设计出力增大后，拱部倾角由原来的 25°减小到 15°，下炉膛断面形状由四边形变为八边形。

在卫燃带的敷设比例上，FW 型的是最多的，MBEL 型的最小。锅炉增大到 600MW 等级后卫燃带敷设比例都有所减少（B&W 型的变化不大）。

2．评价与设想

总体来说，在炉膛轮廓上，原本 FW 型的下炉膛相对最小、最矮、最扁，燃尽高度最大，MBEL 型是另一个极端，B&W 型在两者之间。在锅炉增大到 600MW 等级超临界锅炉后，MBEL 型强化并保持了原因特点，而 FW 型和 B&W 型有所趋同，并且除了燃尽高度外，B&W 型在其他主要参数上反而超过 FW 型成为另外一极。当然上述特点和发展变化，都是和其相应的燃烧器和配风方式上的特点和变化相适应的。特别 FW 型在燃尽高度和下炉膛参数上的变化，应该是与采用 OFA 拱上燃尽风低氮燃烧技术紧密相关的。八角形的下炉膛断面形状，有利于避免角部受热很弱的水冷壁管，特别对采用低质量流速垂直上升管屏的超临界 W 火焰锅炉减小热偏差有利，因而成为共同的选择。

综合看来，较大的下炉膛更符合 W 火焰锅炉燃烧的特点和要求。但在下炉膛轮廓尺寸的选择上应保持较大的断面热负荷（主要增加宽度、适当增加深度，也要考虑利于二次风的穿透和后期混合的充分、均匀），而不能过分增加下炉膛高度，这样能给燃烧器和配风方式的设计带来更多灵活性，特别是在燃用劣质低挥发分煤（高灰、高硫）时更是如此。对于低氮燃烧，除了目前在上炉膛设置 OFA 外，还是应该更加注重强化拱下的分级燃烧，利用 W 火焰锅炉的特点，寻求从拱下解决问题的办法和途径，比如 MBEL 型 600MW 等级超临界锅炉上在下炉膛喉部加燃尽风喷口就是可以参考的思路，并且还可以和上炉膛的 OFA 组合起来使用。

目前，W 炉结渣主要集中在侧墙和翼墙，解决结渣问题的措施主要是在控制与侧墙距离的基础上，增设吹扫风、贴壁风或防焦风等，但效果都不稳定。如果能从动力场上强化热烟气回流，延长停留时间，避免过早混合的同时强化后期混合，从而减少对辐射热和卫燃带的依赖，就可以尽量减少卫燃带的敷设，这是解决结渣问题的关键。

5.4.2.2 燃烧器和配风方式的选择

1. 国内主要类型 W 火焰锅炉的比较

（1）FW 型燃烧器和配风方式的特点。FW 型燃烧器的典型设计是双旋风筒燃烧器，实质上是一种直流燃烧器（浓相一次风经过消旋后，以 5°倾角喷出），采用圆形喷口，有利于保持刚性。FW 型 W 火焰锅炉的燃烧器数量是最多的，并且一个燃烧器就有两个浓一次风喷口，且基本是沿炉宽均等布置的，非常分散，设计一次风速也很低（按设计开启乏气时约 10m/s），因而自身的下冲能力很弱（600MW 超临界锅炉虽然燃烧器数量虽然减少到 24 个，但仍然有 48 个分散的浓一次风喷口）。但同时，分散均布的一次风喷口对均匀热负荷、减少热偏差有利，这一点又特别符合超临界 W 火焰锅炉的需要。

在配风方式上，FW 技术的最大特点就是二次风大部分（约 70%）是从拱下送入的。拱上除了油枪风（C 风）外，A、B 都很小，一般只能起到保护停用喷口的作用。C 风和一次风距离很近、并且有 20°左右的夹角，油枪停用后，一般情况下必须关闭，否则对着火影响很大。而关闭 C 风后，拱上风量基本就可以忽略了（远少于 30%），因此拱上二次风对一次风下冲的帮助也很弱，这对促进热烟气回流、特别是对延长煤粉停留时间非常不利的。但好处是避免了和二次风的过早混合，这对着火和减少 NO_x 生成是有利的。

按照 FW 技术的观点，拱下送入的二次风也能起到促进热烟气回流的作用。但实际上，其拱下二次风是通过很分散的、沿炉宽均布的、数量众多的、狭窄的长条形喷口，以水平方向送入炉膛的。虽然能保护前后墙，避免结渣，但这种水平送入的"风墙"对一次风火焰有很强的冲击、抬升作用，位置较高 D、E 风根本不能开大，否则对稳燃、燃尽都影响很大；位置较低 F 风在经过改造、适当下倾后，确实起到了一定的促进热烟气回流的作用，风速很低（11m/s 左右），但因为风速很低，动量不足，其促进回流的作用也不够强。同时因为风速低且分散，对烟气的穿透、混合能力很弱，这对强化后期混合、改善燃尽也是很不利的，这也是 FW 型 W 火焰锅炉沿炉宽氧量分布严重不均（中间小两边大）的很重要的原因之一。

（2）MBEL 型燃烧器和配风方式的特点。MBEL 型的直流缝隙式燃烧器也是一种典型的直流燃烧器（采用缝隙式喷口的目的是为了增强对热烟气的卷吸能力），设计一次风速也很低（约 10m/s）但和 FW 型完全不同的是，MBEL 型燃烧器数量少且两个燃烧器集中布置在一起形成一个大燃烧器（比如 600MW 等级的 MBEL 型超临界 W 火焰锅炉就只有 12 个这样的大燃烧器，而 FW 型有 48 个分散的喷口，大燃烧器之间距离也较大），并且燃烧器是完全垂直向下布置的。

锅炉 85% 以上的二次风是从拱上送入的，并且平均每两列缝隙式二次风喷口（风速约 35m/s）夹着一列缝隙式一次风喷口，两者之间距离很近。因此，MBEL 型的一次风下冲能力是很强的，在强化一次风下冲方面可以说基本做到了极致，这也是其高大下炉膛所必需的。

但问题也在于此,因为拱上二次风量很大,离一次风又很近,并且缺少运行调整的手段,煤质或工况变化时容易产生过早的混合,对着火稳燃产生极为不利的影响。同时,同等条件下,这种集中、一二次风紧密相间布置的方式(分级风量很少),也不利于抑制 NO_x 的生成。此外,燃烧器热量过于集中输入也不利于减少热偏差,这对超临界 W 火焰锅炉极为不利。

(3) B&W 型燃烧器和配风方式的特点。和 MBEL 型类似,B&W 型的大部分二次风(约 70%)也是从拱上送入的。但 B&W 型最突出的特点是采用了旋流燃烧器。旋流燃烧器因为早期混合强烈、衰减快,一般不适合低挥发分煤的燃烧。为此 B&W 型的双调风燃烧器进行了一些针对性的设计:①为了避免刷前后墙,燃烧器倾角比较大(与拱部垂直,15°~25°倾角);②燃烧器一次风数量较少(600MW 等级超临界锅炉共 24 个喷口),一次风直流、不旋转且风速较高(20m/s 左右),而二次风是旋流的,分为内外两层送入并且内外二次风风量、旋流强度都可以调节(一般内层风量、风速较小而旋转较强),因而可以在一定范围内对一次风的下冲能力以及一二次风的前期混合和后期混合进行调整,这是它的最显著的特点。但它的主要问题仍然是一二次风的距离较近,虽然有一定的调节能力,但往往在难以在保证着火和强化下冲和后期混合间找到平衡。此外,B&W 型 W 火焰锅炉下炉膛下部温度一般都很低(约 1000℃左右),虽然有利于上部熔融的流焦的及时冷却,防止焦渣的堆积,但同时也降低了下炉膛利用率,对燃尽不利。

2. 改进与设想

通过对三种类型 W 火焰锅炉的综合比较分析和燃烧调整与改造的实践,针对 W 火焰锅炉的燃烧器和配风方式,在与炉膛选型相互匹配的前提下,提出了一些优化改进的设想。

(1) 燃烧器一次风喷口。燃烧器一次风喷口形式以直流方式垂直向下布置为最佳。面对降低 NO_x 排放与热偏差的要求,燃烧器不宜过于集中,喷口截面以圆形为佳。采用较低一次风速为宜(<20m/s),一次风的下冲要考虑拱上二次风的帮助。

(2) 配风方式的选择。在拱上/拱下二次风的分配上以拱下为主为宜,但应设计成分配比例较大范围可调的形式(比如拱上风量在 20%~50% 之间可调)。

拱上二次风倾角以垂直向下为宜,应与一次风保持合适的距离,既要起到帮助下冲的作用,又要避免过早混合,控制距离和混合时机很重要。因此至少应在一次风和前后墙之间设置 2 个以上的二次风喷口,两个喷口间风量比例可调,这样就可以控制一二次风之间的距离和混合时机,同时可以防止前后墙上部结渣;在一次风和炉膛之间不设二次风喷口,或者布置在喉部、以接近水平的方向喷入、作为一级燃尽风使用。

拱下风量分为两部分,其中很少一部分在易结渣部位以贴壁风的形式,均匀、低风速送入,以防止结渣;剩余的大部分拱下二次风应以集中喷口的形式、在较低位置、以较高风速(30~40m/s)射入下炉膛,并且设计成下倾角度可调的形式,一方面强化二次风射流对烟气的穿透,加强后期混合;另一方面,配合下倾角度的调整,可以强化热烟气回流,并且加强对一次风的引射,调节和一次风的混合时机,调节一次风的下冲行程,调节火焰中心。

(3) 乏气风的布置。目前,乏气风喷口有布置在下炉膛、上炉膛、拱上靠前后墙侧和拱上靠炉膛侧等几种选择，各有优缺点。但应以远离一次风喷口为宜，否则起不到应有的浓淡分离燃烧的作用和效果，反而会干扰一次风的着火和燃烧。对于直吹式系统，浓淡分离得到的乏气一般风速不会太高，因此宜与较高风速的二次风组合在一起，以保住和高温烟气的混合。布置在下部炉膛（以一定角度下倾）有利于燃尽，而布置在上部炉膛有利于降低 NO_x 排放，但可能对燃尽不利。

参 考 文 献

［ 1 ］ 范从振. 锅炉原理 ［M］. 北京：中国电力出版社，1998.

［ 2 ］ GB/T 5751—2009，中国煤炭分类 ［S］. 中国煤炭工业协会，2010.

［ 3 ］ DL/T 831—2015，大容量煤粉燃烧锅炉炉膛选型导则 ［S］. 国家能源局，2015.

［ 4 ］ DL/T 466—2004，电站磨煤机及制粉系统选型导则 ［S］. 中华人民共和国国家发展和改革委员会，2004.

［ 5 ］ GB/T 10184—2015，电站锅炉性能试验规程 ［S］. 中华人民共和国国家质量监督检验检疫总局，中国国家标准化管理委员会，2015.

［ 6 ］ 阎维平. ASMEPTC4－2008 锅炉性能试验规程 ［M］. 北京：中国电力出版社，2011.

［ 7 ］ 赵振宁，张清峰. 电站锅炉性能试验原理方法及计算 ［M］. 北京：中国电力出版社，2010.

［ 8 ］ 赵振宁，张清峰，郑飞. 关于锅炉性能试验应用方法的最新研究 ［J］. 华北电力技术，2014 (9)：27－34.

［ 9 ］ 刘文铁，阮根健，孙洪宾，等. 锅炉热工测试技术 ［M］. 哈尔滨：哈尔滨工业大学出版社，1989.

［10］ 莫乃榕. 工程流体力学 ［M］. 武汉：华中科技大学出版社，2000.

［11］ DL/T 469—2004，电站锅炉风机现场性能试验 ［S］. 中华人民共和国国家发展和改革委员会，2004.

［12］ DL/T 467—2004，电站锅炉磨煤机及制粉系统性能试验 ［S］. 中华人民共和国国家发展和改革委员会，2004.

［13］ 西安热工研究所，东北电力局技术改进局. 煤粉锅炉燃烧调整试验方法 ［M］. 北京：水利电力出版社，1976.

［14］ 岑可法. 锅炉燃烧试验研究方法及测量技术 ［M］. 北京：水利电力出版社，1987.

［15］ 张唯一，龚家彪. 圆管中充分发展湍流的流速分布与平均流速位置的研究 ［J］. 计量学报，1983，4 (1)：1－5.

［16］ 刘大猛，石践，席光辉，等. 基于风量测量的圆管流场分布及平均速度位置特性研究 ［J］. 贵州电力技术，2016，19 (10)：7－11.

［17］ 薛银春，龚家彪. 充分发展圆管流流速分布统一模型及其平均流速位置的研究 ［J］. 计量学报，1985，6 (4)：274－278.

［18］ 李侠，何奇善. 直吹式制粉系统磨煤机风量测量装置及其标定 ［J］. 华北电力技术，2010，(12)：6－11.

［19］ 朱珍锦，张长鲁. 切圆锅炉炉内冷态模化理论研究 ［J］. 中国电机工程学报，2001，21 (5)：48－50.

［20］ 李之光. 相似与模化 ［M］. 北京：国防工业出版社，1982.

［21］ 赵成东，孙文举，殷晓红，等. 锅炉炉膛空气动力场的冷态等温模化 ［J］. 黑龙江电力，2000，22 (5)：17－18.

［22］ 刘大猛，罗小鹏，陈玉忠，等. 600MW 超临界 W 火焰锅炉冷态空气动力场试验研究 ［J］. 贵州电力技术，2012，15 (9)：22－24.

［23］ 周文台，程智海，金鑫，等. 600MW 超临界 W 火焰锅炉防超温燃烧调整试验研究 ［J］. 动力工程学报，2013，33 (10)：755－758.

［24］ 岑可法，姚强，骆仲泱，等. 燃烧理论与污染控制 ［M］. 北京：机械工业出版社，2004.

［25］ 张丽丽. 秸秆作为再燃燃料对 NO_x 生成影响数值模拟 ［D］. 保定：华北电力大学，2007.

［26］ 赵坚行. 燃烧的数值模拟 ［M］. 北京：科学出版社，2002.

［27］ 徐向乾. 生物质掺煤混烧氮析出规律及再燃脱硝特性实验研究 ［D］. 济南：山东大学，2008.

［28］ 曾汉才. 燃烧技术 ［M］. 武汉：华中理工大学出版社，1990.

［29］ 路春美，王永征. 煤燃烧理论与技术 ［M］. 北京：地震出版社，2001.

［30］ 刘峰. 高海拔低压煤粉燃烧特性的热重实验研究 ［D］. 武汉：华中科技大学，2009.

［31］ E. M, Suuberg, W. A. Peters. and J. B. Howard. Product Composition and Kinetics of Lignite Pyrolysis Ind. Eng. Chem ［J］. Process Des. Dev. 17，37，1978.

［32］ 夏福明. 煤的着火特性及动力学研究 ［D］. 武汉：武汉理工大学，2005.

［33］ 陈建元，孙学信. 煤的挥发分释放特性指数及燃烧特性指数的确定 ［J］. 动力工程，1987 (5)：13－18，61.

［34］ 孙学信. 燃煤锅炉燃烧试验技术与方法 ［M］. 北京：中国电力出版社，2001.

［35］ 冯晓东，王渐芬，李敏，等. 煤燃烧特性研究方法概述 ［J］. 能源工程，1998 (1)：24－26.

［36］ 卢洪波，徐海军，贾春霞，张冬雷. 煤燃烧特性的热重实验研究 ［J］. 电站系统工程，2006，22 (6)：11－15.

［37］ 陈镜泓，李传儒. 热分析及其应用 ［M］. 北京：科学出版社，1983.

［38］ 聂其红，孙绍增，李争起，等. 褐煤混煤燃烧特性的热重分析法研究 ［J］. 燃烧科学与技术 2001，7 (1)：73－76.

［39］ 常爱英. 煤粉着火特性试验研究 ［D］. 杭州：浙江大学，2002.

［40］ 黄晓宏. 基于平面火焰携带流反应器的煤粉富氧燃烧特性研究 ［D］. 武汉：华中科技大学，2013.

［41］ 吴乐，徐明厚，乔瑜，等. 空气和 O_2/CO_2 气氛下煤粉着火特性试验研究 ［J］. 华中科技大学学报 (自然科学版)，2011 (8)：129－132.

［42］ 刘纯林，张薇. 基于高温悬浮态实验的煤粉燃烧动力学分析 ［J］. 煤炭转化，2008，31 (1)：57－60.

［43］ 车丹，马小霞. 无烟煤在 W 型火焰锅炉中的燃烧特性与存在问题的探讨 ［J］. 中国科技信息，2009 (6)：21－22.

［44］ 樊泉桂，阎维平. 锅炉原理 ［M］. 北京：中国电力出版社，2003.

［45］ 李建波. 1160t/h W 型火焰燃煤锅炉的燃烧调整 ［J］. 华东电力，1999 (3)：39－42.

［46］ 车刚，苗长信，郭玉泉. W 型火焰锅炉的燃烧机理及应用介绍 ［J］. 山东电力技术，2002 (4)：39－41.

［47］ 王忠会，孟建刚. 我国发展超临界"W"火焰锅炉状况的分析 ［J］. 电力建设，2007，28 (9)：65－69.

［48］ 梁晓宏，樊建人，岑可法. W 型火焰煤粉锅炉炉内三维流动和燃烧过程的数值模拟 ［J］. 中国电机工程学报，1997，17 (4)：243－247.

［49］ 王为术，刘军，张红生，等. W 火焰锅炉炉内三维流场和颗粒运动轨迹的数值模拟 ［J］. 华北水利水电学院学报，2010，31 (4)：64－68.

［50］ 车刚，何力明，徐通模，等. 燃烧器角度对 W 火焰锅炉空气动力场的影响研究 ［J］. 动力工程，2001，21 (2)：1132－1136.

［51］ J. R. FAN, X. H. LIANG, Q. S. XU, et al. Numerical simulation of flow and combustion processes in a three－dimensional W－shaped boiler furnace ［J］. Energy，1997，22 (8)：847－857.

［52］ 高正阳，孙小柱，宋玮，等. W 火焰锅炉结构效应对火焰影响的数值模拟 ［J］. 中国电机工程学报，2009，29 (29)：13－18.

［53］ 方庆艳，周怀春，汪华剑，等. W 火焰锅炉结渣特性数值模拟［J］. 中国电机工程学报，2008，28（23）：1－7.

［54］ 王磊，许明峰，杜青林，等. 660MW "W" 火焰超临界锅炉调试［J］. 锅炉技术 2012，43（3）：20－23.

［55］ 侯昭毅. 基于 "MBEL" W 火焰锅炉结焦现象原因分析及其对策［J］. 锅炉技术，2010，41（6）：37－41.

［56］ 郭玉泉. W 火焰锅炉燃烧及运行特性试验研究［D］. 济南：山东大学，2006.

［57］ Blas J. Q. Spanish Experience with Burning Low－Grade Coal［J］. Combustion，1970，42（3）：6－13.

［58］ 徐鸿恩，柳成亮，徐少平，等. FW 型 W 火焰锅炉灭火原因探究［J］. 电力学报，2011，26（6）：512－516.

［59］ 张绮，潘挺. W 型火焰锅炉燃烧系统的设计与优化［J］. 发电设备，2010，24（3）：180－184.

［60］ 王希寰. 超临界 W 火焰锅炉水冷壁拉裂问题探讨［J］. 湖南电力，2012，32（1）：48－52.

［61］ 任枫. FW 型 W 火焰锅炉高效低 NO_x 燃烧技术研究［D］. 哈尔滨：哈尔滨工业大学，2010.

［62］ Plumed A，Cañadas L，Otero P，Espada M. I.，Castro M.，Gonzálcz J. F.，Rodríguez F. Primary Measures for Reduction of NO_x in Low Volatile Coals Combustion［J］. Coal Science and Technology，1995，24：1783－1786.

［63］ 柳宏刚，白少林. 现役各类 W 火焰锅炉 NO_x 排放对比分析研究［J］. 热力发电，2007，36（3）：1－4.

［64］ 上海发电设备成套设计研究所. 电站锅炉水动力计算方法［M］. 无锡：江苏省机械工业锅炉科技情报网，1984.

［65］ Chen J C. Correlation for boiling heat transfer to saturated fluids in convective flow［J］. Industrial & Engineering Chemistry Process Design and Development，1966，5（3）：322－329.

［66］ 周强泰. 两相流动与热交换［M］. 北京：水利电力出版社，1987.

［67］ 黄伟，苏国红，等. 世界首台 600MW 超临界燃用无烟煤 W 火焰锅炉典型工况对水冷壁安全的研究［C］. 2010 年中国电机工程学会年会会议论文，2010.

［68］ 尹猛，赵明，等. 600MW 超临界 W 火焰锅炉水冷壁超温分析［J］. 云南电力技术，2013，41（8）：54－57.

［69］ 刘佳利，冯立斌，赵明. 超临界 W 型火焰锅炉壁温超温分析［J］. 工业加热，2014，43（1）：40－42.

［70］ 梁晓斌. 防止 W 火焰锅炉水冷壁拉裂的优化设计探讨［J］. 广西电力，2013，36（5）：79－81.

［71］ 周文台，程智海，等. 600MW 超临界 W 型火焰锅炉防超温燃烧调整试验研究［J］. 动力工程学报，2013，33（10）：753－758.

［72］ 李铁，冉燊铭，等. 600MW 超临界 W 型火焰锅炉水冷壁开裂原因初探及对策［J］. 东方电气评论，2013，108（27）：35－43.

［73］ 于猛，俞谷颖，等. 超临界变压运行锅炉垂直上升内螺纹管的传热特性［J］. 动力工程学报，2011，31（5）：321－324.

［74］ 蔡宏，吴燕华，杨冬. 低质量流速优化内螺纹管的传热特性试验研究［J］. 中国电机工程学报，2011，31（26）：65－70.

［75］ 王为术，朱晓静，等. 超临界 W 型火焰锅炉垂直水冷壁低质量流速条件下热敏感性研究［J］. 中国电机工程学报，2010，30（20）：15－21.

［76］ 黄锦涛，陈听宽，等. 热敏感性对直流锅炉水冷壁安全运行的影响［J］. 热能动力工程，2000，89（15）：473－476.

［77］ 樊泉桂. 超临界锅炉水冷壁工质温度的控制［J］. 动力工程，2006，26（1）：38－41.

［78］ 张志正，周云龙. 垂直管屏式直流锅炉热态水动力调整方法［J］. 热能动力工程，2004，

19（1）：95－97.

［79］ 俞谷颖，张富祥，等.超（超）临界压力锅炉垂直管屏水冷壁水动力与热偏差调整建议［J］.动力工程学报，2010，30（9）：658－662.

［80］ 樊泉桂，阎书耕.超临界W火焰锅炉水冷壁的优化设计［J］.中国电力，2010，43（8）：13－16.

［81］ 樊泉桂.超临界锅炉垂直管屏水冷壁变压运行特性分析［J］.锅炉技术，2006，37（5）：5－10.

［82］ 冯强，魏同生，等.600MW超临界"W"火焰锅炉启动过程中水冷壁超温原因分析［J］.河北电力技术，2013，32（6）：48－49.

［83］ 王为术，毕勤成，等.直流锅炉水冷壁热敏感性的研究［J］.动力工程，2009，29（6）：522－527.

［84］ 李铁，王军等.超超临界参数锅炉螺旋水冷壁与垂直水冷壁运行中工质温度偏差比较与分析［C］.中国动力工程学会锅炉专业委员会2010年学术研讨会，2010.

［85］ 张魏静，杨冬，等.超临界直流锅炉螺旋管圈水冷壁流量分配及壁温计算［J］.动力工程，2009，29（4）：342－347.

［86］ 王为术，徐维晖，等.1000MW超超临界锅炉高热负荷区垂直水冷壁温度特性研究［J］.电站系统工程，2011，27（6）：9－12.

［87］ 陈听宽，罗毓珊，等.超临界锅炉螺旋管圈水冷壁传热特性的研究［J］.工程热物理学报，2004，25（2）：247－250.

［88］ 蔡宏，杨冬，等.低质量流速优化内螺纹管应用在超临界W火焰锅炉上的传热特性试验研究［C］.第九届锅炉专业委员会第二次学术交流会议，2009.

［89］ 王为术，赵鹏飞，等.超超临界锅炉垂直水冷壁水动力特性［J］.化工学报，2013，64（9）：3213－3218.

［90］ 杨秋梅.国内外W型电站锅炉燃烧技术综述［J］.锅炉制造，1995（1）：5－19.

［91］ 石践.福斯特惠勒拱型锅炉（"W"火焰炉）设计的特点及其大型化［J］.贵州电力技术，1998（2）：24－26.

［92］ Large－Capacity Steam Generator Design Challenges for Anthracite, Heat Engineering, Foster Wheeler Corporation, Winter, 1995/96.

［93］ 武卫红，李国栋，王红云.阳泉二电厂"W"火焰锅炉调试问题分析［J］.山西电力技术，1999（1）：35－38.

［94］ 邹忠学，毕玉森.燃煤对W型火焰锅炉运行经济性的影响［J］.热力发电，1998（3）：12－16.

［95］ 雷继尧.引进"W"火焰锅炉的运行［J］.中国电力，1993（9）：6－11.

［96］ 樊泉桂，阎维平.W火焰锅炉调峰特性的探讨［J］.华北电力学院学报，1995（1）：40－45.

［97］ 车刚，等.燃烧器角度对W型火焰锅炉空气动力场的影响研究［J］.动力工程，2001（2）：1132－1136.

［98］ 车刚，等.W型火焰锅炉冷态空气动力特性的测试研究［J］.热能动力工程，2001（1）：19－22.

［99］ 白正刚，等.DG1025/18.2－Ⅱ7型"W"火焰锅炉燃烧特性研究［J］.山西电力技术，1998（3）：1－4，9.

［100］ 阎维平，等.300MW机组W型火焰锅炉燃烧调整试验研究［J］.动力工程，1999（1）：23－26.

［101］ 车刚，等.改造W型火焰锅炉结构的实验研究［J］.锅炉技术，2000（5）：6－11，17.

［102］ 徐旭常，等.燃烧理论与燃烧设备［M］.北京：机械工业出版社，1990.

［103］ 章明川，等.煤粉燃烧［M］.北京：水利电力出版社.1989.

［104］ 樊泉桂.亚临界和超临界参数锅炉［M］.北京：中国电力出版社.2000.